scikit-learn 机器学习超入门

算法原理与实践

黄永昌◎编著

U0436356

清華大学出版社
北 京

内 容 简 介

本书通过通俗易懂的语言、丰富的图示和生动的实例，拨开了笼罩在机器学习上方的复杂数学“乌云”，让读者能以较低的门槛和学习成本快速入门机器学习。

本书共 11 章，详细介绍在 Python 环境下学习 scikit-learn 机器学习框架的相关知识，涵盖的主要内容有机器学习应用开发的典型步骤、Python 机器学习软件包、机器学习理论基础、*k*-近邻算法、线性回归算法、逻辑回归算法、决策树算法、支持向量机算法、朴素贝叶斯算法、PCA 算法和 *k*-均值算法等。

本书内容丰富，讲解通俗易懂，适合有一定 Python 语言基础而想快速入门机器学习、深度学习和人工智能相关技术的人员和爱好者阅读，也适合作为相关院校和培训机构的教材或参考书。

版权所有，侵权必究。举报：010-62782989，beiqinquan@tup.tsinghua.edu.cn。

图书在版编目（CIP）数据

scikit-learn 机器学习超入门 ： 算法原理与实践 / 黄永昌编著.
北京 ： 清华大学出版社, 2025. 4. -- ISBN 978-7-302-68806-8

Ⅰ. TP181

中国国家版本馆 CIP 数据核字第 20250KJ910 号

责任编辑： 王中英
封面设计： 欧振旭
责任校对： 徐俊伟
责任印制： 杨　艳

出版发行： 清华大学出版社
网　　址： https://www.tup.com.cn，https://www.wqxuetang.com
地　　址： 北京清华大学学研大厦 A 座　　**邮　　编：** 100084
社 总 机： 010-83470000　　**邮　　购：** 010-62786544
投稿与读者服务： 010-62776969，c-service@tup.tsinghua.edu.cn
质量反馈： 010-62772015，zhiliang@tup.tsinghua.edu.cn

印 装 者： 河北鹏润印刷有限公司
经　　销： 全国新华书店
开　　本： 185mm×260mm　　**印　　张：** 15.25　　**字　　数：** 288 千字
版　　次： 2025 年 5 月第 1 版　　**印　　次：** 2025 年 5 月第 1 次印刷
定　　价： 69.80 元

产品编号：110811-01

前言

机器学习是近年来非常热门的技术。然而普通程序员想要转行机器学习却并不容易，因为很多人一开始可能就会被一大堆数学公式和推导过程所折磨。笔者也经历过这一过程，至今还历历在目。但实际上，在机器学习的从业人员中究竟有多少人需要从头去实现一个算法？又有多少人有机会去发明一个新算法？从一开始就被细节和难点缠住，这会严重打击想进入机器学习领域的新人的热情和信心。

笔者编写本书就是要解决这个问题。本书尽量用通俗易懂的语言去描述算法的工作原理，并使用 scikit-learn 工具包演示算法的具体使用及其能解决的实际问题，从而让那些非科班出身而想半路“杀进”人工智能领域的程序员和对机器学习感兴趣的人能够以较低的门槛和学习成本快速入门机器学习。本书阅读门槛很低，甚至可以作为机器学习的科普读物阅读。可以说，本书几乎适合所有对机器学习算法和人工智能感兴趣的人阅读。

当然，这里并不否认数学对于机器学习算法实现的重要性，毕竟它是人工智能的基础。万事开头难，相信只有打开一扇门，才能发现一个五彩缤纷的世界。希望本书能帮助广大读者打开机器学习的大门，从而迈入机器学习的新世界。

本书特色

- **内容丰富**：涵盖机器学习应用开发的典型步骤、Python 机器学习软件包、机器学习理论基础、*k*-近邻算法、线性回归算法、逻辑回归算法、决策树算法、支持向量机算法、朴素贝叶斯算法、PCA 算法和 *k*-均值算法等相关内容。
- **门槛超低**：拨开笼罩在机器学习知识上方的复杂数学“乌云”，让数学功底薄弱的读者也可以快速入门机器学习。
- **通俗易懂**：尽量避免大篇幅讲解晦涩难懂的专业术语和数学公式，而是用平实的语言将机器学习常用算法的基本原理讲透，并结合大量的图示、示例和实例帮助读者理解，非常符合学习和认知规律。
- **图文并茂**：结合近 100 幅示意图详解机器学习 8 个常用算法的基本原理与应用，用图文并茂的方式帮助读者高效、直观地理解核心知识点，从而有效降低学习难度。

- **实用性强**：讲解时给出 20 多个典型示例，并详解 8 个应用实例，展示如何使用机器学习算法解决实际应用问题，从而提高读者的实际动手能力。
- **提供习题**：每章最后都提供多道习题（全书共 79 道），方便读者巩固和自测所学的知识，以达到更好的学习效果。
- **资源超值**：免费提供书中涉及的配套源代码和教学 PPT 等资源，方便读者学习以及相关院校与培训机构的老师教学时使用。

本书内容

第 1 章机器学习概述，主要介绍机器学习的定义、应用场景及其分类，并通过一个简单的示例，帮助读者了解机器学习的典型步骤及该领域的一些专业术语。

第 2 章 Python 机器学习软件包，主要介绍 scikit-learn 开发环境的搭建步骤，以及 IPython、NumPy、pandas 和 Matplotlib 等软件包的基本用法，并通过一个实例介绍 scikit-learn 机器学习的基本原理和通用规则。

第 3 章机器学习理论基础，主要介绍算法模型性能评估的指标和评估方法等理论基础。本章内容是本书关键的理论基础知识，对理解其他章节的内容非常重要。

第 4 章 *k*-近邻算法，主要介绍一个有监督的机器学习算法，即 *k*-近邻算法。该算法可以解决分类问题，也可以解决回归问题。

第 5 章线性回归算法，主要介绍单变量线性回归算法和多变量线性回归算法的原理，以及如何通过梯度下降算法迭代求解线性回归模型，并给出一个预测房价的实例。另外，本章对成本函数和使用线性回归算法对数据进行拟合也做了讲解。

第 6 章逻辑回归算法，主要介绍逻辑回归算法的原理与成本函数的用法，涵盖算法原理、多元分类、正则化和算法参数等内容，并给出一个实例——如何使用逻辑回归算法解决乳腺癌检测的问题。

第 7 章决策树算法，主要介绍决策树算法的基本原理和参数，并给出一个实例——预测泰坦尼克号上的幸存者，最后对决策树的构建算法和集合算法做了必要讲解。

第 8 章支持向量机算法，主要介绍支持向量机算法的基本原理与常用核函数的用法，以及 scikit-learn 中支持向量机算法的实现，并给出一个乳腺癌检测的实例。

第 9 章朴素贝叶斯算法，首先介绍贝叶斯定理与朴素贝叶斯分类法，然后结合一个简单的示例说明该算法的基本原理，接着介绍概率分布的概念与几种典型的概率分布，最后通过一个文档分类实例说明朴素贝叶斯算法的应用。

第 10 章 PCA 算法，首先介绍 PCA 算法的基本原理，然后通过简单的模拟运算示例帮助读者理解该算法的原理和实现步骤，接着介绍 PCA 的数据还原率与应用，最后给出一个人脸识别实例。另外，本章在讲解中推荐了一些优秀的线性代数资源，供读者学习时参考。

第 11 章 *k*-均值算法，首先介绍 *k*-均值算法的基本原理与关键迭代步骤，然后结合一个简单示例介绍如何使用 scikit-learn 中的 *k*-均值算法解决聚类问题，最后结合一个文本聚类分析实例介绍 *k*-均值算法的应用，并介绍典型的无监督机器学习算法的性能评估指标。

读者对象

阅读本书，建议读者最好有一定的 Python 语言基础。如果不熟悉 Python 语言，那么最好有 C++或 Java 等其他编程语言基础。具体而言，本书的读者对象如下：

- 机器学习入门人员；
- 人工智能技术爱好者；
- 有一定编程经验但不满足于一直“搬砖”的软件工程师；
- 想转型机器学习的程序员；
- 高等院校计算机与人工智能等专业的师生；
- 相关培训机构的学员。

阅读建议

如果你只是好奇机器学习背后的基本原理，那么只要阅读书中的基本原理讲解而跳过代码实现环节即可；如果你想用本书敲开机器学习的这扇大门，并且在未来想从事这一行业，那么建议你按章节次序系统地阅读本书，而且要亲自动手完成书中的所有示例和实例。本书提供书中所有示例和实例的完整源代码，建议你认真阅读并亲自编写和运行这些源代码，而且可以调整相关参数，看看结果有什么变化，最后再独立把这些例子实现一遍。

配套资源获取方式

本书涉及的源代码和教学 PPT 等配套资源有两种获取方式：一是关注微信公众号“方大卓越”，回复数字“45”自动获取下载链接；二是在清华大学出版社网站（www.tup.com.cn）上搜索到本书，然后在本书页面上找到“资源下载”栏目，单击“网络资源”按钮进行下载。

售后服务

由于笔者水平所限，书中可能存在疏漏与不足之处，恳请广大读者批评与指正。读者在阅读本书的过程中如果有疑问，可以发送电子邮件到 bookservice2008@163.com 获得帮助。

黄永昌

2025 年 3 月

目录

第 1 章　机器学习概述

本章简要介绍机器学习的定义、应用场景及机器学习的分类，并通过一个简单的示例介绍机器学习的典型步骤，以及机器学习领域的一些专业术语。本章涵盖的主要内容如下：

- 机器学习的概念；
- 机器学习要解决的问题分类；
- 使用机器学习解决问题的一般步骤。

1.1　什么是机器学习

机器学习是近几年的热门话题，然而其历史要追溯到 20 世纪 50 年代。1959 年，Arthur Samuel 给出的机器学习的定义是：

Field of study that gives computers the ability to learn without being explicitly programmed，即让计算机在没有被显式编程的情况下，具备自我学习的能力。

Tom M. Mitchell 在操作层面给出了更直观的定义：

A computer program is said to learn from experience E with respect to some class of tasks T and performance measure P, if its performance at tasks in T, as measured by P, improves with experience E，用大白话说就是：针对某件事情，计算机会从经验中学习，并且越做越好。

从机器学习领域的先驱和“大牛”们给出的定义，我们可以自己总结出对机器学习的理解：**机器学习是一个计算机程序，针对某个特定的任务，从经验中学习，并且越做越好**。在这个理解基础上，我们可以得出以下针对机器学习最重要的内容。

- **数据**：经验最终要转换为计算机能理解的数据，这样计算机才能从经验中学习。谁掌握的数据量大、质量高，谁就占据机器学习和人工智能领域最有利的资本。用人类来类比，数据就像我们的教育环境，一个人要变得聪明，一个很重要的条件是能享受到优质的教育。从这个方面来讲就能理解类似

Google 这样的互联网公司开发出来的机器学习程序性能为什么那么好了，因为它们能获取到海量的数据。

- **模型**：即算法，是本书要介绍的主要内容。有了数据之后，可以设计一个模型，让数据作为输入来训练这个模型。经过训练的模型最终成为机器学习的核心，使得模型成为能产生决策的中枢。一个经过良好训练的模型，当输入一个新事件时，它会做出适当的反应，产生优质的输出。

1.2 机器学习有什么用

受益于摩尔定律，随着计算机性能的提高，算力变得越来越便宜，机器学习在诞生半个多世纪的今天，得到了越来越广泛的应用。你可能感受不到，但是你的日常生活已经与人工智能密不可分了。

例如，早晨起床，用 iPhone 打开 Siri，问今天天气怎样。Siri 会自动定位到你当前所在的城市，并且把天气信息展现出来。这个功能用起来很简单，但其运行原理是异常复杂的。

其一是语音识别，这是机器学习最早的应用研究领域，Siri 需要先把你说的话转换为文字。大家知道，语音从本质上是一系列幅度不同的波，要将其转换为文字，就需要设计一个模型，先通过大量的语音输入来训练这个模型，等模型训练好之后，再把语音输入模型，这样就可以输出文字了。语音识别在 20 世纪 50 年代就开始有人研究了，其模型是不断演变的。其中一个比较大的演变，就是由基于模式识别的算法演变为基于统计模型的算法，这一转变大大提高了语音识别的准确率。

其二是自然语言处理，这是机器学习和人工智能又一个非常重要的研究方向。Siri 把语音转成文字后，软件需要理解文字的意思才能给出准确的回答。要让计算机理解文字，可不是件简单的事情。首先要有大规模的语料库，其次要有相应的语言模型，然后通过语料库来训练语言模型，最后才能理解文字的部分语义。关于自然语言处理及搜索引擎的相关技术，可以参阅吴军老师的《数学之美》，这是一本把高深的数学讲得通俗易懂、妙趣横生的科普读物。

下面接着讲前面起床的例子。在洗漱期间，你抽空浏览手机上的新闻，发现新闻下方有感兴趣的行车记录仪的广告，点进去后打开了某知名电商网站，你看了一下产品的价格和评价，顺手就买了。接着浏览新闻，发现这个新闻客户端越来越人性化，它会自动把你感兴趣的 IT 新闻及体育新闻排在首页。好不容易收拾完毕可以出门了，你坐在地铁上，打开音乐播放器，浏览了一遍曲库，没有找到特别想听的歌，于是就让系统给你推荐一些歌。系统推荐的歌还挺“靠谱”的，虽然很多都没听过，但是很对你的“胃口”。

这些体验的实现，依赖于推荐系统，这也是机器学习的一个重要应用方向。推荐系统的核心是不断地学习用户的使用习惯，从而刻画出用户的画像，然后根据用户的画像向用户推荐感兴趣的商品和文章。

公司新上线了人脸识别系统，在这个“刷脸”的时代，已经不存在“忘带工牌”这个牵强的借口了。你走到公司大门口，人脸识别系统会自动把你识别出来然后开门，并准确地通过语音播报的方式和你打招呼。

目前，最先进的人脸识别系统基本上都是基于深度学习模型算法实现的。这一领域也由早期的传统方法慢慢地被深度学习模型所替代。

当然，机器学习不止这些应用场景。在介绍具体算法的时候，会详细列举每个算法的应用场景。

延伸阅读：强人工智能

未来学家 Ray Kurzweil 预言，人类将在 2045 年实现强人工智能，就是说到时人工智能将远远强于人类。那个时候人类与强人工智能的差距，要比蚂蚁与人类的差距大几个数量级。这是个让人“脑洞”大开的想象。网络上有一篇很“火”的翻译过来的文章《为什么最近有很多名人，比如比尔·盖茨、马斯克、霍金等，让人们警惕人工智能？》，推荐读者阅读一下，其比普通的科幻小说要好看得多。喜欢阅读英文原文的读者，可以在 waitbutwhy.com 上搜索 The AI Revolution。

1.3　机器学习的分类

机器学习可以分成以下两类。

- **有监督学习（Supervised learning）**：通过大量已知的输入和输出相配对的数据，让计算机从中学习规律，从而能针对一个新的输入做出合理的输出预测。例如，我们有大量不同特征（面积、地理位置、朝向、开发商等）的房子的价格数据，通过学习这些数据，可以预测一个已知特征的房子的价格，这称为**回归学习（Regression learning）**，即输出结果是一个具体的数值，它的预测模型是一个连续的函数。再比如，我们有大量的邮件，每个邮件都已经标记是否垃圾邮件。通过学习这些已标记的邮件数据，最后得出一个模型，这个模型能准确地判断出新邮件是否垃圾邮件，这称为**分类学习（Classfication**

learning），即输出结果是离散的，要么输出 1 表示是垃圾邮件，要么输出 0 表示不是垃圾邮件。

- **无监督学习（Unsupervised learning）**：通过学习大量无标记的数据，分析出数据本身的内在特点和结构。例如，我们有大量的用户购物的历史记录信息，需要从数据中分析用户的不同类别。针对这个问题，最终能划分几个类别？每个类别有哪些特点？这些我们事先是不知道的。这称为**聚类（Clustering）**。这里需要特别注意和有监督学习中的分类的区别，分类问题是我们已经知道有哪几种类别；而聚类问题是我们在分析数据之前其实是不知道有哪些类别的。即分类问题是在已知答案中选择一个，而聚类问题的答案是未知的，需要利用算法从数据中挖掘出数据的特点和结构。

网络上流传着这样一个阴谋论：如果你是一个很好说话的人，那么网购时收到有瑕疵的商品的概率会比较高。为什么呢？理由是电商库存里会有一部分有小瑕疵但不影响使用的商品，为了保证这些商品能够顺利地卖出去并且不影响用户体验，不被用户投诉，他们会把有瑕疵的商品卖给那些很好说话的人。可问题是，哪些人是好说话的人呢？一个最简单的方法是直接把有小瑕疵的商品寄给一个用户，如果这个用户没有投诉或退货，并且还给出了好评，就说明他是个好说话的人。还可以通过机器学习来优化这一过程。电商网站有你的大量交易记录和行为记录，如果你从来没有投诉过，买东西之前也不会和卖家沟通太久，买东西之后也没有上网评价或者全部给好评，那么机器学习算法从你的行为特征中会判定你为“好对付”的人。这样你就成了电商们的瑕疵商品的倾销对象了。在这个案例中，电商通过用户的行为和交易数据，分析出不同的用户特点，如哪些人是“老实”人、哪些人是有车一族、哪些人是“土豪”、哪些人家里有小孩等。这就属于无监督学习的聚类问题。

有监督学习和无监督学习的最大区别是，有监督学习的训练数据中有已知的结果来“监督”；而无监督学习的训练数据中没有结果来“监督”，不知道到底能分析出什么样的结果。

1.4 机器学习应用开发的典型步骤

本节通过一个例子来介绍一下机器学习应用开发的典型步骤，以及机器学习领域的一些常用概念。假设要开发一个房价评估系统，目的是对一个已知特征的房子价格进行评估预测。建立这样一个系统需要以下几步。

1.4.1　数据采集和标记

我们需要大量不同特征的房子和所对应的价格信息，可以直接从房产评估中心获取房子的相关信息，如房子的面积、地理位置、朝向和价格等。另外还有一些信息房产评估中心不一定有，如房子所在地的学校情况，这个特征往往会影响房子的价格，这个时候就需要通过其他途径收集这些数据，这些数据叫作**训练样本**或**数据集**。房子的面积、地理位置等称为**特征**。在数据采集阶段，需要收集尽量多的特征。特征越全，数据越多，训练出来的模型才会越准确。

通过这个过程也可以感受到数据采集的成本可能是很高的。人们常说石油是黑色的“黄金”，在人工智能时代，数据成了透明的“石油”，这也说明为什么蚂蚁金服估值这么高了。蚂蚁金服有海量的用户交易数据，据此可以计算出用户的信用指标，称为芝麻信用。根据芝麻信用，给用户一定的预支额，这就是一家新的信用卡公司了。而这还只是单单一个点的价值，真正的价值在于互联网金融。

在房价评估系统这个例子中，房子的价格信息是从房产评估中心获得的，这些数据可能不准确。有时候，房子的评估价格比房子的真实交易价格低很多。这时就需要采集房子的实际成交价格，这一过程称为**数据标记**。标记可以是**人工标记**，如逐个从房产中介处打听房子的实际成交价格；也可以是自动标记，如通过数据分析，找出房产评估中心标的房子评估价格和真实成交价格的匹配关系，然后直接算出来。数据标记对有监督的学习方法来说是必需的。例如，针对垃圾邮件过滤系统，训练样例必须包含这个邮件是否垃圾邮件的标记数据。

1.4.2　数据清洗

假设采集到的数据中房子面积有按平方米计算的，也有按平方英尺计算的，这时需要对面积单位进行统一，这个过程称为**数据清洗**。数据清洗还包括去掉重复的数据及噪声数据，让数据具备结构化特征，方便作为机器学习算法的输入数据。

1.4.3　特征选择

假设采集到了 100 个房子的特征，通过逐个分析这些特征，最终选择 30 个特征作为输入，这个过程称为**特征选择**。特征选择的方法之一是人工选择方法，即对逐个特征进行人员分析，然后选择合适的特征集合。另外一个方法是通过模型来自动完成，如本书即将介绍的 PCA 算法。

1.4.4 模型选择

房价评估系统是属于有监督学习的回归学习类型，我们可以选择最简单的线性方程来模拟。选择哪个模型，和问题领域、数据量大小、训练时长及模型的准确度等多方面有关，这些内容将在第 3 章介绍。

1.4.5 模型训练和测试

把数据集分成**训练数据集**和**测试数据集**，一般按照 8∶2 或 7∶3 来划分，然后用训练数据集来训练模型。训练出参数后，再使用测试数据集来测试模型的准确度。为什么要单独分出一个测试数据集进行测试呢？答案是必须确保测试的准确性，即模型的准确性是要用它“没见过”的数据来测试，而不能用那些用来训练这个模型的数据来测试。理论上合理的数据集划分方案是分成 3 个，此外还要再加一个**交叉验证**数据集。相关内容将在第 3 章介绍。

1.4.6 模型的性能评估和优化

模型出来后，需要对机器学习的算法模型进行性能评估。性能评估包括很多方面，下面简单介绍一下。

训练时长是指需要花多长时间来训练这个模型。对一些海量数据的机器学习应用，可能需要 1 个月甚至更长的时间来训练一个模型，此时算法的训练性能就变得很重要了。

另外，还需要判断数据集是否足够多。一般而言，对于复杂特征的系统，训练数据集越大越好。然后还需要判断模型的准确性，即对一个新的数据能否准确地进行预测。最后需要判断模型是否能满足应用场景的性能要求，如果不能满足要求，就需要优化，然后继续对模型进行训练和评估，或者更换为其他模型。

1.4.7 模型的使用

训练出来的模型可以把参数保存起来，下次使用时直接加载即可。一般来讲，模型训练需要的计算量是很大的，也需要较长的时间来训练，这是因为一个好的模型参数，需要对大型数据集进行训练后才能得到。而真正使用模型时，其计算量是比较少的，一般是直接把新样本作为输入，然后调用模型即可得出预测结果。

本书的重点是机器学习的算法介绍及 scikit-learn 工具包的使用，对数据采集、数据清洗和特征选择等内容没有深入介绍，但并不代表这些内容不重要。在实际工程应用领域，由于机器学习算法模型只有固定的几种，而数据采集、标记、清洗和特征选择等往往和具体的应用场景相关，机器学习工程应用领域的工程师做得更多的反而是这些工作。

1.5 习　　题

1. 机器学习分为哪两类？它们之间有什么区别？
2. 无监督机器学习的优势有哪些？
3. 机器学习应用开发的典型步骤有哪些？
4. 为什么要把数据集分成训练数据集和测试数据集？

第 2 章　Python 机器学习软件包

本章将介绍 scikit-learn 相关开发环境的搭建步骤，以及 IPython、NumPy 和 pandas、Matplotlib 等软件包的基础知识，最后通过一个 scikit-learn 机器学习实例，介绍 scikit-learn 的一般性原理和通用规则。本章涵盖的主要内容如下：

- 搭建 Python 机器学习编程环境；
- 熟悉 IPython 交互式编程环境；
- 熟悉 NumPy 包的基础操作；
- 熟悉 pandas 包的基础操作；
- 熟悉 Matplotlib 及常用的画图操作；
- 熟悉 scikit-learn 软件包，并完成一个手写识别机器学习程序。

2.1　开发环境搭建

如果读者没有安装过 Python，一个最简单的方式是直接安装 Python 针对科学计算而发布的开发环境 Anaconda。访问 https://www.anaconda.com/download 网站，根据使用的操作系统，下载合适的版本安装即可。Anaconda 中包含本书要求的所有工具包，包括 IPython、NumPy、SciPy、Matplotlib 和 scikit-learn 等，针对主流的操作系统 Windows、Linux 和 macOS 都提供了相应的安装包。

如果读者已经安装了 Python 或者觉得 Anaconda 安装包太大了，只想安装需要的工具包，则可以逐个安装这些工具包。这里假设已经安装了 Python 和 pip，那么可以通过 pip 命令来安装所需要的工具包：

```
pip install jupyter numpy matplotlib scipy scikit-learn pandas seaborn
```

如果读者没有安装 pip，则可以登录 pip 官方网站 pip.pypa.io/en/stable/installing，下载 get-pip.py 文件，然后用 python 命令执行这个文件即可完成 pip 的安装。

安装完成后，可以在终端输入 ipython 命令启动 IPython，并在 IPython 环境中检查我们所需要的工具包的版本号。这里安装的工具包及其版本号如下：

```
$ ipython
Python 3.10.2 (main, Feb  2 2022, 05:51:25)
Type "copyright", "credits" or "license" for more information.

IPython 8.1.1 -- An enhanced Interactive Python. Type '?' for help

In [1]: import numpy

In [2]: import matplotlib

In [3]: import sklearn

In [4]: numpy.__version__
Out[4]: '1.22.3'

In [5]: matplotlib.__version__
Out[5]: '3.5.1'

In [6]: sklearn.__version__
Out[6]: '1.0.2'
```

- **Python**：3.10.2；
- **IPython**：8.1.1；
- **NumPy**：1.22.3；
- **Matplotlib**：3.5.1；
- **Sklearn**：1.0.2。

本书所有的示例程序均在上面的环境中测试通过。建议初学者安装和笔者一样的编程环境及软件版本，避免由于开源软件升级带来的不兼容问题，造成不必要的困扰。要安装和笔者一样的软件版本，可以下载随书代码，找到代码主目录，并在主目录下执行 pip install -r requirements.txt 命令即可。注意，笔者使用的是 Python 3 环境。

2.2　IPython 基础与 Jupyter 图形界面

IPython 是公认的现代科学计算中最重要的 Python 工具之一。它是一个加强版的 Python 交互式命令行工具，与系统自带的 Python 交互环境相比，IPython 具有以下几个明显的特点：

- 与 Shell 紧密关联，可以在 IPython 环境中直接执行 Shell 指令。
- 结合 Jupyter 可以直接在 Web GUI 环境中绘图，在机器学习领域，探索数据模式，对数据进行可视化，绘制学习曲线时，这个功能特别有用。

❑ 更强大的交互功能，包括内省、Tab 键自动完成和魔术命令等。

2.2.1 IPython 基础

如果读者以前没有接触过 IPython，那么现在是打开计算机体验 IPython 的绝好时机，这种提高工作效率的软件，仅看书是无法体验它的“威力”和便利性的。

正确安装 IPython 后，在命令行输入 ipython 即可启动 IPython 交互环境。

```
$ ipython
Python 3.10.2 (main, Feb  2 2022, 05:51:25)
Type "copyright", "credits" or "license" for more information.

IPython 8.1.1 -- An enhanced Interactive Python.
?          -> Introduction and overview of IPython's features.
%quickref  -> Quick reference.
help       -> Python's own help system.
object?    -> Details about 'object', use 'object??' for extra details.

In [1]:
```

可以像使用 Python 交互环境一样使用 IPython 交互环境。

```
In [1]: a = 5

In [2]: a + 3
Out[2]: 8
```

跟 Python 交互环境相比，IPython 的输出排版更简洁、优美。

```
In [3]: import numpy as np

In [4]: data = {i: np.random.randn() for i in range(8)}

In [5]: data
Out[5]:
{0: -0.12696712293771154,
 1: -0.9291628055121173,
 2: 0.8248356377337012,
 3: -0.5381098900612056,
 4: 2.0246437691867816,
 5: -2.089016766007329,
 6: 1.234086243284236,
 7: 0.39953080301369065}
```

对比一下标准的 Python 交互环境下的输出：

```
>>> import numpy as np
```

```
>>> data = {i: np.random.randn() for i in range(8)}
>>> data
{0: -0.7989884322559587, 1: 0.2275777042011071, 2: 0.012864065192735426,
3: -1.318348022658795 8, 4: -0.9149466170543599, 5: -0.68337736340472 6,
6: -0.8964451905483575, 7: -0.37082447512220285}
>>>
```

很多时候并不是我们不懂审美，而是没有机会发现美。此外，IPython 的 Tab 键自动补全功能是提高效率的秘籍。例如，输入 np.random.rand 命令后，按 Tab 键，会自动显示 np.random 命名空间下以 rand 开头的所有函数。这个功能的便利性赶上了主流 IDE。

```
In [6]: np.random.rand<TAB>
np.random.rand                    np.random.random
np.random.randint                 np.random.random_integers
np.random.randn                   np.random.random_sample
```

记住一些快捷键，可以让你在 IPython 环境下体验“健步如飞”的感觉。对于熟悉 Shell 命令的读者，这些命令会有似曾相识的感觉。

- **Ctrl+A**：移动光标到本行的开头。
- **Ctrl+E**：移动光标到本行的结尾。
- **Ctrl+U**：删除光标所在位置之前的所有字符。
- **Ctrl+K**：删除光标所在位置之后的所有字符，包含当前光标所在的字符。
- **Ctrl+L**：清除当前屏幕上显示的内容。
- **Ctrl+P**：以当前输入的字符作为命令的起始字符，在历史记录中向后搜索匹配的命令。
- **Ctrl+N**：以当前输入的字符作为命令的起始字符，在历史记录中向前搜索匹配的命令。
- **Ctrl+C**：中断当前脚本的执行。

另外，IPython 提供了强大的内省功能。在 Python 交互环境中，只能使用 help() 函数来查阅内置文档，而在 IPython 环境中，可以直接在类或变量后面加上一个问号“?”来查阅文档：

```
In [7]: np.random.randn?
Docstring:
randn(d0, d1, ..., dn)

Return a sample (or samples) from the "standard normal" distribution.
......
```

在类、变量或函数后面加两个问号“??”，可以直接查看源代码。结合星号“*”和问号“？”，还可以查询命名空间中的所有函数和对象。例如，查询 np.random 下面以 rand 开头的所有函数和对象：

```
In [12]: np.random.rand*?
np.random.rand
np.random.randint
np.random.randn
np.random.random
np.random.random_integers
np.random.random_sample
```

从这些特性中可以看出，IPython 鼓励**探索性编程**。也就是说，当你对环境还不熟悉的时候，允许通过简便快捷的方式来找到你想找的信息。

除此之外，IPython 还提供了强大的魔术命令。例如，在当前工作目录下有一个 hello.py 文件，其内容如下：

```
msg = 'hello ipython'
print(msg)
```

在 IPython 中输入%run hello.py 命令，即可直接运行这个 Python 文件。这个文件是在一个空的命名空间中运行的，并且运行之后，该文件中定义的全局变量和函数就会自动引用到当前的 IPython 空间中。

```
In [13]: %run hello.py
hello ipython

In [14]: msg
Out[14]: 'hello ipython'
```

还有一个常用的魔术命令是%timeit，可以用来快速评估代码的执行效率。例如，下面的代码用来评估一个 100×100 的矩阵点乘所需要运行的时间。

```
In [15]: a = np.random.randn(100, 100)
In [16]: %timeit np.dot(a, a)
1 loops, best of 3: 261 us per loop
```

还可以使用%who 或%whos 命令来查看当前环境下的变量列表。

```
In [17]: %who
a            msg       np

In [18]: %whos
Variable  Type     Data/Info
--------------------------------
a         ndarray  100x100: 10000 elems, type `float64`, 80000 bytes
msg       str      hello ipython
np        module   <module 'numpy' from 'C:\<...>ages\numpy\
                   __init__.pyc'>
```

还有一些比较常用的魔术命令如下：

- **%quickref**：显示 IPython 的快速参考文档。
- **%magic**：显示所有的魔术命令及其详细文档。
- **%reset**：删除当前环境下的所有变量和导入的模块。
- **%logstart**：开始记录 IPython 的所有输入命令，默认保存在当前工作目录的 ipython_log.py 中。
- **%logstop**：停止记录并关闭 log 文件。

需要说明的是，在魔术命令后面加上问号“?”可以直接显示魔术命令的文档。我们来查看%reset 魔术命令的文档。

```
In [28]: %reset?
Docstring:
Resets the namespace by removing all names defined by the user, if
called without arguments, or by removing some types of objects, such
as everything currently in IPython's In[] and Out[] containers (see
the parameters for details).
```

IPython 与 Shell 交互的能力，可以让程序员不离开 IPython 环境即可完成很多与操作系统相关的功能，特别是在 Linux 和 Mac OS X 系统下工作时。最简单的方式就是在命令前加上感叹号“!”，即可直接运行 Shell 命令（Windows 系统下运行 cmd 命令）。例如下面的命令可以很方便地在 IPython 交互环境下输出网络地址：

```
In [36]: !ifconfig | grep "inet "
    inet 127.0.0.1 netmask 0xff000000
    inet 192.168.1.103 netmask 0xffffff00 broadcast 192.168.1.255
```

以感叹号为前缀的 Shell 命令是和操作系统相关的，Windows 系统和 Linux、Mac OS X 系统相差很大。当使用%automagic on 启用自动魔术命令功能后，省略百分号“%”的输入即可直接运行魔术命令：

```
In [68]: %automagic on

Automagic is ON, % prefix IS NOT needed for line magics.

In [69]: pwd
Out[69]: u'/Users/kamidox'

In [70]: ls
Applications/     Pictures/           lab/
Desktop/          Public/             osx/
Documents/        android/            scikit_learn_data/
Downloads/        bin/                tools/

In [71]: cd lab
/Users/kamidox/lab
```

```
In [72]: pwd
Out[72]: u'/Users/kamidox/lab'
```

我们经常会用 import 命令导入自己写的 Python 模块，在调试过程中修改这个模块后，如果想让当前的修改马上起作用，则必须使用 reload()函数重新载入该模块。假设当前的工作目录下有一个名为 hello.py 的文件，其内容如下：

```
def say_hello():
    print('hello ipython')
```

导入模块并运行 say_hello()函数：

```
In [84]: import hello

In [85]: hello.say_hello()
hello ipython
```

把 hello.py 文件内容改为下面的内容并保存：

```
def say_hello():
    print('ipython is a great tool')
```

此时，如果直接调用 say_hello()函数，得到的依然是旧的输出，只有调用 reload()函数重新载入模块，才能得到最新的输出：

```
In [86]: hello.say_hello()
hello ipython

In [87]: reload(hello)
Out[87]: <module 'hello' from 'hello.py'>

In [88]: hello.say_hello()
ipython is a great tool
```

2.2.2 Jupyter 图形界面

除了控制台环境外，借助 Jupyter 可以实现强大的基于网页的图形编程环境。与控制台环境相比，它有两个显著的特点：

- ❑ 方便编写多行代码。
- ❑ 可以直接把数据可视化并在当前页面显示。

安装完 Jupyter 后，直接在命令行输入 jupyter lab，即可启动网页版的图形编程界面。它会在命令行启动一个轻量级的 Web 服务器，同时用默认浏览器打开当前目录所在的页面，在这个页面下可以直接打开某个 notebook 或者创建一个新的 notebook。notebook 是以.ipynb 作为后缀名的基于 JSON 格式的文本文件。

```
$ jupyter lab
[I 2021-04-13 23:29:10.593 ServerApp] jupyterlab was successfully
linked.
[I 2021-04-13 23:29:10.978 ServerApp] Jupyter Server 1.6.1 is running
at:
[I 2021-04-13 23:29:10.978 ServerApp] http://localhost:8888/
lab?token=153d60960462bbb6826df83a958196e3d2eb6a9e4e9530ee
[I 2021-04-13 23:29:10.978 ServerApp] Use Control-C to stop this server
and shut down all kernels (twice to skip confirmation).
```

我们新建一个 Notebook 并且画一条正弦曲线。

```
# 设置 inline 方式，直接把图片画在网页上
%matplotlib inline
# 导入必要的库
import numpy as np
import matplotlib.pyplot as plt

# 在 [0, 2*PI] 之间取 100 个点
x = np.linspace(0, 2 * np.pi, num=100)
# 计算这 100 个点的正弦值并保存到变量 y 中
y = np.sin(x)
# 画出 x、y，即正弦曲线
plt.plot(x, y)
```

代码的注释已经把意图说明得很清楚了，读者可以自己动手尝试一下，也可以参考随书代码 ch02.01.ipynb。运行效果如图 2-1 所示。

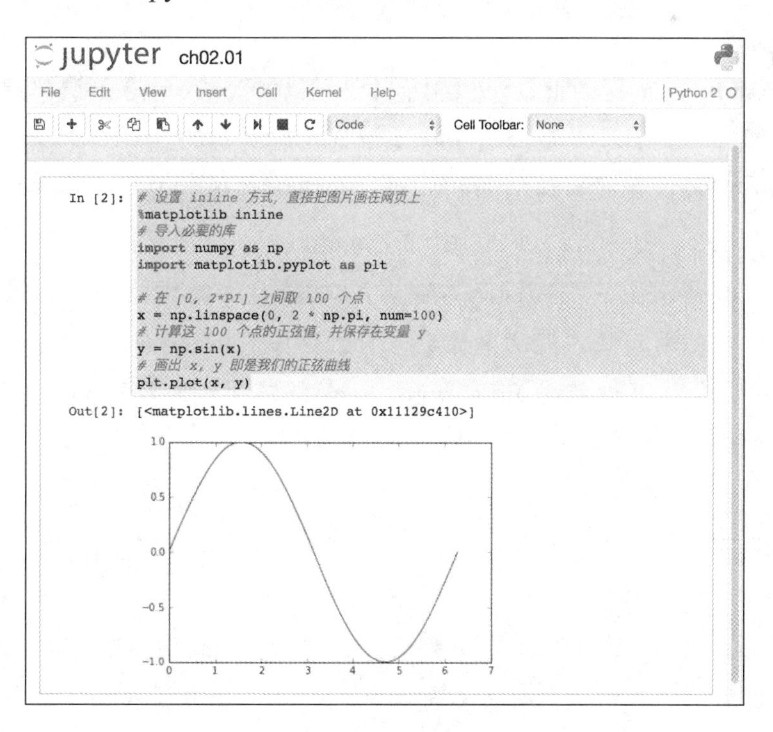

图 2-1　正弦曲线

几乎所有的 IPython 控制台的技巧都可以在 Jupyter notebook 中使用。一个比较大的区别是，Jupyter notebook 使用 cell 作为一个代码单元。在控制台中，写完代码直接按 Enter 键即可运行，而在 Jupyter notebook 中需要单击“运行”按钮或用快捷键 Ctrl+Enter 才能运行当前 cell 中的代码。另外一个区别是 Jupyter notebook 有两个模式，一个是编辑模式，可以直接在这个 cell 中编写代码，另一个是命令模式，即输入的按键作为命令，而不是作为文本处理。这个机制和 Vim 很类似。这个描述很抽象，读者可以直接打开 Jupyter notebook，按 Ctrl+M 快捷键在命令模式和编辑模式之间切换，直观地体验二者的不同。

掌握一些 Jupyter notebook 特有的快捷键，对提高效率不无裨益。通过选择菜单 Help | Keyboard Shortcuts 命令，可以查看系统快捷键列表。不同操作系统的快捷键前导键略有不同。例如，下面是 Windows 系统常用的快捷键，分为命令模式和编辑模式。

命令模式如下：

- **J**：焦点上移一个 cell。
- **K**：焦点下移一个 cell，熟悉 Vim 的读者对这个模式应该比较习惯。
- **A**：在当前的 cell 上面插入一个新的 cell。
- **B**：在当前的 cell 下面插入一个新的 cell。
- **DD**：连续按两次 D 键，删除当前的 cell。这是另一个 Vimer“喜欢”的功能。

编辑模式如下：

- **Ctrl+Enter**：执行当前的 cell 代码。相信大部分人对这个快捷键都不陌生，很多即时聊天工具就是用这个快捷键来发送消息的。
- **Shift+Enter**：执行当前的 cell 代码，并把焦点移到下一个 cell 处。如果没有下一个 cell，则会自动创建一个新的 cell。

掌握以上这些常用的快捷键基本够用了。Jupyter 的优势和便利描述起来总是略显苍白，实际使用起来才能深刻体会。看到这里，请读者打开 Jupyter 并输入一些代码体验一下，快速地熟悉 Jupyter notebook 的界面元素及基本操作要领。

2.3 NumPy 简介

NumPy 是 Python 科学计算的基础库，主要提供了高性能的 *N* 维数组实现及计算功能，还提供了和其他语言如 C/C++集成的功能，此外还实现了一些基础的数学算法，如线性代数相关、傅里叶变换及随机数生成等。

2.3.1　NumPy 数组

可以直接用 Python 列表来创建数组。

```
In [1]: import numpy as np

In [2]: a = np.array([1,2,3,4])

In [3]: a
Out[3]: array([1, 2, 3, 4])

In [4]: b = np.array([[1, 2], [3, 4], [5, 6]])

In [5]: b
Out[5]:
array([[1, 2],
       [3, 4],
       [5, 6]])
```

可以查看 array 的属性，包括数据的维度和类型。

```
In [6]: b.ndim
Out[6]: 2

In [7]: b.shape
Out[7]: (3, 2)

In [8]: b.dtype                          # 查看数组里元素的数据类型
Out[8]: dtype('int32')
```

也可以使用 NumPy 提供的函数来创建数组。

```
In [6]: c = np.arange(10)                # 创建连续的数组

In [9]: c
Out[9]: array([0, 1, 2, 3, 4, 5, 6, 7, 8, 9])

In [10]: d = np.linspace(0, 2, 11)  # [0, 2] 分成 11 等分后的数组

In [11]: d
Out[11]: array([ 0. , 0.2, 0.4, 0.6, 0.8,  1. , 1.2, 1.4, 1.6, 1.8, 2. ])

In [12]: np.ones((3, 3))                 # 注意参数两边的括号，参数是个元组
Out[12]:
array([[ 1.,  1.,  1.],
       [ 1.,  1.,  1.],
       [ 1.,  1.,  1.]])
```

```
In [13]: np.zeros((3, 6))
Out[13]:
array([[ 0.,  0.,  0.,  0.,  0.,  0.],
       [ 0.,  0.,  0.,  0.,  0.,  0.],
       [ 0.,  0.,  0.,  0.,  0.,  0.]])


In [14]: np.eye(4)
Out[14]:
array([[ 1.,  0.,  0.,  0.],
       [ 0.,  1.,  0.,  0.],
       [ 0.,  0.,  1.,  0.],
       [ 0.,  0.,  0.,  1.]])

In [17]: np.random.randn(6, 4)                # 创建 6×4 的随机数组
Out[17]:
array([[-0.49815866, -0.34571599, -0.44144955,  0.28833876],
       [ 1.48639293, -0.56259401, -0.32584788,  0.39799156],
       [ 1.35458161, -1.21808153, -0.17011994,  0.95870198],
       [-1.36688808,  0.75892299, -1.25336314, -1.12267624],
       [-2.24057506, -0.25099611,  1.6995657 , -0.14504619],
       [ 0.52316692, -1.55100505,  0.65085791, -1.45710045]])
```

NumPy 提供了灵活的索引机制来访问数组内的元素。

```
In [23]: a = np.arange(10)

In [24]: a
Out[24]: array([0, 1, 2, 3, 4, 5, 6, 7, 8, 9])

In [25]: a[0], a[3], a[-1]
Out[25]: (0, 3, 9)

In [26]: a[:4]              # 半开闭区间，不包含最后一个元素
Out[26]: array([0, 1, 2, 3])

In [27]: a[3:7]
Out[27]: array([3, 4, 5, 6])

In [28]: a[6:]
Out[28]: array([6, 7, 8, 9])

In [29]: a[2:8:2]           # 3 个参数表示起始、结束和步长，不包含结束位置
Out[29]: array([2, 4, 6])

In [30]: a[2::2]            # 结束位置可以省略
Out[30]: array([2, 4, 6, 8])
```

```
In [31]: a[::3]                   # 开始和结束都省略
Out[31]: array([0, 3, 6, 9])
```

二维数据的索引分成行和列两个维度，更灵活一些。

```
# 创建一个 6 行 6 列的二维数据，使用了广播机制，后文介绍
In [32]: a = np.arange(0, 51, 10).reshape(6, 1) + np.arange(6)

In [33]: a
Out[33]:
array([[ 0,  1,  2,  3,  4,  5],
       [10, 11, 12, 13, 14, 15],
       [20, 21, 22, 23, 24, 25],
       [30, 31, 32, 33, 34, 35],
       [40, 41, 42, 43, 44, 45],
       [50, 51, 52, 53, 54, 55]])

In [34]: a[0, 0], a[2, -1]
Out[34]: (0, 25)

In [35]: a[0, 2:5]
Out[35]: array([2, 3, 4])

In [36]: a[:3, 3:]
Out[36]:
array([[ 3,  4,  5],
       [13, 14, 15],
       [23, 24, 25]])

In [37]: a[2, :]
Out[37]: array([20, 21, 22, 23, 24, 25])

In [38]: a[:, 3]       #结果应该是列向量，但 NumPy 会自动转换为行向量形式
Out[38]: array([ 3, 13, 23, 33, 43, 53])

In [39]: a[:, ::2]
Out[39]:
array([[ 0,  2,  4],
       [10, 12, 14],
       [20, 22, 24],
       [30, 32, 34],
       [40, 42, 44],
       [50, 52, 54]])

In [40]: a[::2, ::3]
Out[40]:
array([[ 0,  3],
       [20, 23],
       [40, 43]])
```

另外一个索引的方法是通过布尔数组。

```
# 在[10, 20]之间产生 6 个随机数
In [45]: a = np.random.randint(10, 20, 6)

In [46]: a
Out[46]: array([12, 11, 14, 11, 18, 19])

In [47]: a % 2 == 0
Out[47]:array([ True, False,  True, False,  True, False], dtype=bool)

In [48]: a[a % 2 == 0]
Out[48]: array([12, 14, 18])
```

需要特别注意的是，NumPy 总是试图自动把结果转换为行向量，这个机制对熟悉 MATLAB 的读者来讲会觉得很别扭。例如下面的例子，对二维数组进行布尔索引时，结果变成了一个行向量：

```
In [49]: a = np.arange(0, 51, 10).reshape(6, 1) + np.arange(6)

In [50]: a
Out[50]:
array([[ 0,  1,  2,  3,  4,  5],
       [10, 11, 12, 13, 14, 15],
       [20, 21, 22, 23, 24, 25],
       [30, 31, 32, 33, 34, 35],
       [40, 41, 42, 43, 44, 45],
       [50, 51, 52, 53, 54, 55]])

In [51]: a[a % 2 == 0]
Out[51]:
array([ 0,  2,  4, 10, 12, 14, 20, 22, 24, 30, 32, 34, 40, 42, 44, 50,
       52, 54])
```

另外需要注意的是，在大部分情况下，NumPy 数组是共享内存的，如果要独立保存，则需要显式地备份。可以使用 np.may_share_memory()函数来判断两个数组是否共享内存。

```
In [52]: a = np.arange(6)

In [53]: a
Out[53]: array([0, 1, 2, 3, 4, 5])

In [54]: b = a[2:5]

In [55]: b
Out[55]: array([2, 3, 4])
```

```
In [56]: b[1] = 100

In [57]: b
Out[57]: array([  2, 100,   4])

In [58]: a                                          # 数组 a 的值也改变了
Out[58]: array([  0,   1,   2, 100,   4,   5])

In [59]: np.may_share_memory(a, b)
Out[59]: True

In [60]: b = a[2:6].copy()                          # 显式地备份

In [61]: b
Out[61]: array([  2, 100,   4,   5])

In [62]: b[1] = 3

In [63]: b
Out[63]: array([2, 3, 4, 5])

In [64]: a                                          # 数组 a 的值没有改变
Out[64]: array([  0,   1,   2, 100,   4,   5])

In [65]: np.may_share_memory(a, b)
Out[65]: False
```

作为一个有趣的例子，我们使用埃拉托斯特尼筛法（Sieve of Eratosthenes）输出[0, 100]之间的所有质数。HandWiki 页面 https://handwiki.org/wiki/Sieve%20of%20Eratosthenes 上有个动画图片清楚地展示了该算法的原理。其主要思路是，从第一个质数 2 开始，数据中所有能被 2 整除的数字都不是质数，即从 2 开始、以 2 为步长，每跳经过的数字都能被 2 整除，则把其标识为非质数。接着从下一个质数 3 开始，重复上述过程。最终即可算出[1, 100]之间的所有质数。

```
import numpy as np

a = np.arange(1, 100)
n_max = int(np.sqrt(len(a)))
# 创建一个包含 100 以内的元素的数组，用来标记是否为质数
is_prime = np.ones(len(a), dtype=bool)
is_prime[0] = False

for i in range(2,n_max):
    if i in a[is_prime]:                            # 跳过非质数
```

```
        # 减 1 是为了修复从 0 开始索引的问题
        is_prime[(i**2 - 1)::i] = False

print(a[is_prime])
```

最终输出的结果如下：

```
[ 2  3  5  7 11 13 17 19 23 29 31 37 41 43 47 53 59 61 67 71 73 79 83
89 97]
```

2.3.2 NumPy 运算

最简单的数值计算是数组和标量计算，计算过程是对数组里的元素和标量逐个进行计算：

```
In [2]: a = np.arange(6)

In [3]: a
Out[3]: array([0, 1, 2, 3, 4, 5])

In [4]: a + 5                                   # 数组和标量加法
Out[4]: array([ 5,  6,  7,  8,  9, 10])

In [7]: b = np.random.randint(1, 5, 20).reshape(4, 5)

In [8]: b
Out[8]:
array([[3, 3, 2, 3, 4],
       [3, 2, 2, 4, 3],
       [2, 4, 2, 1, 2],
       [2, 4, 4, 4, 2]])

In [9]: b * 3                                   # 数组和标量乘法
Out[9]:
array([[ 9,  9,  6,  9, 12],
       [ 9,  6,  6, 12,  9],
       [ 6, 12,  6,  3,  6],
       [ 6, 12, 12, 12,  6]])
```

使用 NumPy 的优点是运行速度比较快，我们可以对比一下使用 Python 的循环与使用 NumPy 运算在效率上的差别，从 Log 中看到运行效率相差近 100 倍。

```
In [10]: c = np.arange(10000)

In [11]: %timeit c + 1
10000 loops, best of 3: 23.7 us per loop
```

```
In [12]: %timeit [i + 1 for i in c]
100 loops, best of 3: 2.61 ms per loop
```

另外一种是数组和数组的运算，当数组的维度相同时，将每个数组相同的行和列上的元素逐个进行数学运算。得到的结果将会组成新的数组。

```
In [16]: a = np.random.random_integers(1, 5, (5, 4))

In [17]: a
Out[17]:
array([[3, 1, 3, 2],
       [1, 1, 4, 2],
       [1, 3, 5, 4],
       [3, 3, 3, 4],
       [5, 1, 5, 1]])

In [23]: b = np.ones((5, 4), dtype=int)

In [24]: b
Out[24]:
array([[1, 1, 1, 1],
       [1, 1, 1, 1],
       [1, 1, 1, 1],
       [1, 1, 1, 1],
       [1, 1, 1, 1]])

In [25]: a + b                         # 数组加法
Out[25]:
array([[4, 2, 4, 3],
       [2, 2, 5, 3],
       [2, 4, 6, 5],
       [4, 4, 4, 5],
       [6, 2, 6, 2]])

In [26]: c = np.random.random_integers(1, 5, (3, 4))

In [27]: c
Out[27]:
array([[5, 5, 4, 5],
       [2, 2, 1, 3],
       [5, 1, 1, 5]])

In [28]: d = np.random.random_integers(1, 5, (3, 4))

In [29]: d
Out[29]:
array([[3, 4, 5, 4],
       [4, 3, 4, 2],
```

```
        [1, 4, 5, 4]])

In [30]: c * d                    # 数组相乘，逐元素相乘，不是矩阵内积运算
Out[30]:
array([[15, 20, 20, 20],
       [ 8,  6,  4,  6],
       [ 5,  4,  5, 20]])
```

需要注意的是，乘法是对应元素相乘，不是矩阵内积，矩阵内积使用的是 np.dot() 函数。

```
In [2]: a = np.random.random_integers(1, 5, (3, 2))

In [4]: b = np.random.random_integers(1, 5, (2, 3))

In [5]: a
Out[5]:
array([[3, 1],
       [2, 3],
       [5, 1]])

In [6]: b
Out[6]:
array([[5, 1, 2],
       [3, 1, 4]])

In [7]: np.dot(a, b)                    # 矩阵内积
Out[7]:
array([[18,  4, 10],
       [19,  5, 16],
       [28,  6, 14]])
```

如果数组的维度不同，则 NumPy 将试图使用**广播**机制进行数组运算，如果满足广播机制，就进行运算；如果不满足广播机制，则报错。

```
In [30]: a = np.random.random_integers(1, 5, (5, 4))

In [31]: a
Out[31]:
array([[3, 1, 3, 2],
       [1, 1, 4, 2],
       [1, 3, 5, 4],
       [3, 3, 3, 4],
       [5, 1, 5, 1]])

In [32]: b = np.arange(4)

In [33]: b
Out[33]: array([0, 1, 2, 3])
```

```
In [34]: a + b        # 5 × 4 数组与 1 × 4 数组的加法，满足广播条件
Out[34]:
array([[3, 2, 5, 5],
       [1, 2, 6, 5],
       [1, 4, 7, 7],
       [3, 4, 5, 7],
       [5, 2, 7, 4]])

In [35]: c = np.arange(5)

In [36]: c
Out[36]: array([0, 1, 2, 3, 4])

In [37]: a + c        # 5 × 4 数组与 1 × 5 数组加法，不满足广播条件，报错
---------------------------------------------------------------------------
ValueError                                Traceback (most recent call last)
<ipython-input-37-ca57d551b7f3> in <module>()
----> 1 a + c

ValueError: operands could not be broadcast together with shapes (5,4)
(5,)

In [38]: c = np.arange(5).reshape(5, 1)     # 转换为 5 × 1 列向量

In [39]: c
Out[39]:
array([[0],
       [1],
       [2],
       [3],
       [4]])

In [40]: a + c              # 5 × 4 数组与 5 × 1 数组的加法，满足广播条件
Out[40]:
array([[3, 1, 3, 2],
       [2, 2, 5, 3],
       [3, 5, 7, 6],
       [6, 6, 6, 7],
       [9, 5, 9, 5]])
```

从上面的例子可以看到，符合广播条件的是两个数组必须有一个维度可以扩展，然后在这个维度上进行复制，最终复制出两个相同维度的数组，然后再进行运算。具体可参阅上面代码中的注释。作为广播的一个特例，当一个二维数组和一个标量进行运算时，实际上执行的也是广播机制，它有两个维度可扩展，先在行上进行复制，再在列上进行复制，最终复制出和待运算的二维数组维度相同的数组，然

后再进行运算。

数组还可以直接进行比较，返回一个同维度的布尔数组。针对布尔数组，可以使用 all()和 any()函数返回布尔数组的标量值。

```
In [42]: a = np.array([1, 2, 3, 4])

In [43]: b = np.array([4, 2, 2, 4])

In [44]: a == b
Out[44]: array([False,  True, False,  True], dtype=bool)

In [45]: a > b
Out[45]: array([False, False,  True, False], dtype=bool)

In [46]: (a == b).all()
Out[46]: False

In [47]: (a == b).any()
Out[47]: True
```

NumPy 还提供了一些数组运算的内置函数：

```
In [48]: a = np.arange(6)

In [49]: a
Out[49]: array([0, 1, 2, 3, 4, 5])

In [50]: np.cos(a)
Out[50]:
array([ 1.        ,  0.54030231, -0.41614684, -0.9899925 ,
       -0.65364362,  0.28366219])

In [52]: np.exp(a)
Out[52]:
array([   1.        ,    2.71828183,    7.3890561 ,   20.08553692,
        54.59815003,  148.4131591 ])

In [53]: np.sqrt(a)
Out[53]:
array([ 0.        ,  1.        ,  1.41421356,  1.73205081,  2.        ,
        2.23606798])
```

NumPy 提供了一些基本的统计功能，包括求和、求平均值和求方差等：

```
In [68]: a = np.random.random_integers(1, 5, 6)

In [69]: a
Out[69]: array([2, 1, 4, 5, 4, 1])
```

```
In [70]: a.sum()
Out[70]: 17

In [71]: a.mean()
Out[71]: 2.8333333333333335

In [72]: a.std()
Out[72]: 1.5723301886761005

In [73]: a.min()
Out[73]: 1

In [74]: a.max()
Out[74]: 5

In [75]: a.argmin()                    # 最小值元素所在的索引
Out[75]: 1

In [76]: a.argmax()                    # 最大值元素所在的索引
Out[76]: 3
```

针对二维数组或者更高维度的数组，可以根据行或列来计算。

```
In [77]: b = np.random.random_integers(1, 5, (6, 4))

In [78]: b
Out[78]:
array([[3, 2, 4, 2],
       [4, 5, 1, 1],
       [4, 4, 1, 4],
       [3, 3, 4, 4],
       [3, 2, 4, 5],
       [3, 5, 2, 5]])

In [85]: b.sum()
Out[85]: 78

In [86]: b.sum(axis=0)
Out[86]: array([20, 21, 16, 21])

In [87]: b.sum(axis=1)
Out[87]: array([11, 11, 13, 14, 14, 15])

In [88]: b.sum(axis=1).sum()
Out[88]: 78

In [94]: b.min(axis=1)
Out[94]: array([2, 1, 1, 3, 2, 2])
```

```
In [95]: b.argmin(axis=1)
Out[95]: array([1, 2, 2, 0, 1, 2])

In [96]: b.std(axis=1)
Out[96]:
array([ 0.8291562 ,  1.78535711,  1.29903811,  0.5       ,
        1.11803399, 1.29903811])
```

其中，axis 参数表示坐标轴，0 表示按行计算，1 表示按列计算。需要特别注意的是，如果按列计算，则计算结果 NumPy 会默认转换为行向量。这个行为和 MATLAB、Octave 等数值计算软件有较大的差异。

下面通过例子来看一下 NumPy 数值计算的应用，考察的是简单的一维随机漫步算法。例如，两个人用一个均匀的硬币来赌博，硬币抛出正面和反面的概率各占一半。硬币抛出正面时甲方输给乙方一块钱，反面时乙方输给甲方一块钱。我们来考察在这种赌博规则下，随着抛硬币次数的增加，输赢的总金额会呈现怎样的分布。

如果要解决这个问题，可以让足够多的人两两组成一组参与这个赌博游戏，然后抛足够多的硬币次数，就可以用统计的方法算出输赢的平均金额。当使用 NumPy 实现时，会生成多个由-1 和 1 构成的足够长的随机数组，用来代表每次硬币抛出正面和反面的事件。在这个二维数组中，每行表示一组参与赌博的人抛出正面和反面的事件序列，然后按行计算这个数组的累加和就是每组输赢的金额，如图 2-2 所示。

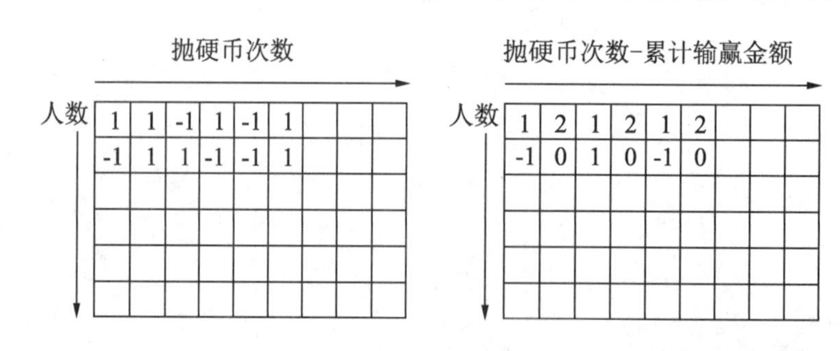

图 2-2 硬币赌博示意

在实际计算时，先求出每组输赢金额的平方，再求平均值，最后把平方根的值用绿色的点画在二维坐标上，同时画出 $y=\sqrt{t}$ 的红色曲线来对比两组曲线的重合情况。

```
%matplotlib inline
import matplotlib.pyplot as plt
import numpy as np

n_person = 2000                         # 总共创建 2000 组参加赌博
n_times = 500                           # 抛硬币 500 次
```

```
t = np.arange(n_times)
# 创建只包含 -1 和 1 两种类型元素的数组来表示输赢序列
steps = 2 * np.random.random_integers(0, 1, (n_person, n_times)) - 1

amount = np.cumsum(steps, axis=1)            # 计算每组的输赢总额
sd_amount = amount ** 2                      # 计算平方
mean_sd_amount = sd_amount.mean(axis=0)      # 所有参加赌博的组求平均值

# 画出数据（绿色），同时画出平方根的曲线（红色）
plt.xlabel(r"$t$")
plt.ylabel(r"$\sqrt{\langle (\delta x)^2 \rangle}$")
plt.plot(t, np.sqrt(mean_sd_amount), 'g.', t, np.sqrt(t), 'r-');
```

上面的代码可以直接在 IPython notebook 环境下运行。可以看到两根线基本重叠，即一维随机漫步算法的赌博法则是，输赢的金额和赌博的次数基本呈平方根曲线分布，如图 2-3 所示。

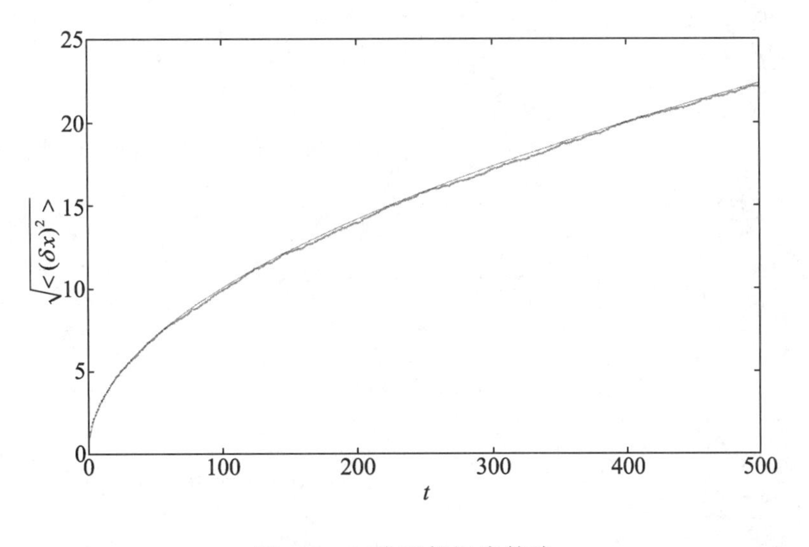

图 2-3　一维随机漫步算法

感兴趣的读者可以参阅 HandWiki 上二维随机漫步算法的描述，网址为 https://handwiki.org/wiki/Random_walk，也可以思考一下如何使用 NumPy 来实现。

在前面的代码中我们经常使用 np.reshape()进行数组维度变换，而 np.ravel()正好相反，它把多维数组“摊平”，变成一维向量。

```
In [11]: a = np.arange(12)

In [12]: a
Out[12]: array([ 0,  1,  2,  3,  4,  5,  6,  7,  8,  9, 10, 11])

In [14]: b = a.reshape(4, 3)                  # 转换为 4×3 的二维数组

In [15]: b
```

```
Out[15]:
array([[ 0,  1,  2],
       [ 3,  4,  5],
       [ 6,  7,  8],
       [ 9, 10, 11]])

In [16]: b.ravel()                          # 变为一维向量
Out[16]: array([ 0,  1,  2,  3,  4,  5,  6,  7,  8,  9, 10, 11])
```

另外一个常用的方法是使用 np.newaxis 给数组添加一个维度。

```
In [20]: a = np.arange(4)

In [21]: a
Out[21]: array([0, 1, 2, 3])

In [22]: a.shape
Out[22]: (4,)

In [23]: b = a[:, np.newaxis]          # 在列上添加一个维度，变成 4×1 数组

In [24]: b
Out[24]:
array([[0],
       [1],
       [2],
       [3]])

In [25]: b.shape
Out[25]: (4, 1)

In [26]: c = a[np.newaxis, :]          # 在行上添加一个维度，变成 1×4 数组

In [27]: c
Out[27]: array([[0, 1, 2, 3]])

In [28]: c.shape
Out[28]: (1, 4)
```

NumPy 提供了数组排序的功能，可以按行单独排序，也可以按列单独排序。排序时，可以返回一个备份，也可以直接把排序后的结果保存在当前数组中。

```
In [36]: a = np.random.random_integers(1, 10, (6, 4))

In [37]: a
Out[37]:
array([[ 1,  4,  8, 10],
       [10,  9,  6,  2],
       [ 1,  4, 10,  5],
       [ 5,  7,  1,  1],
```

```
        [ 5,  2,  2,  8],
        [ 6, 10, 10,  7]])

In [40]: b = np.sort(a, axis=1) # 按行独立排序，返回一个备份

In [41]: b
Out[41]:
array([[ 1,  4,  8, 10],
        [ 2,  6,  9, 10],
        [ 1,  4,  5, 10],
        [ 1,  1,  5,  7],
        [ 2,  2,  5,  8],
        [ 6,  7, 10, 10]])

In [42]: a.sort(axis=0)          # 按列排序，直接把结果保存到当前数组中

In [43]: a
Out[43]:
array([[ 1,  2,  1,  1],
        [ 1,  4,  2,  2],
        [ 5,  4,  6,  5],
        [ 5,  7,  8,  7],
        [ 6,  9, 10,  8],
        [10, 10, 10, 10]])
```

还可以直接计算排序后的索引，利用排序后的索引可以获取排序后的数组。

```
In [52]: a = np.random.random_integers(1, 10, 6)

In [53]: a
Out[53]: array([10,  5,  3,  8,  4,  8])

In [55]: idx = a.argsort()

In [56]: idx
Out[56]: array([2, 4, 1, 3, 5, 0])

In [57]: a[idx]
Out[57]: array([ 3,  4,  5,  8,  8, 10])
```

NumPy 的高级功能包括多项式求解及多项式拟合。下面的代码构建了一个二阶多项式 x^2-4x+3。

```
In [80]: p = np.poly1d([1, -4, 3])       # 二阶多项式的系数

In [81]: p(0)                            # 自变量为 0 时的多项式的值
Out[81]: 3

In [82]: p.roots                         # 多项式的根
```

```
Out[82]: array([ 3.,  1.])

In [83]: p(p.roots)                        # 多项式根处的值肯定是 0
Out[83]: array([ 0.,  0.])

In [84]: p.order                           # 多项式的阶数
Out[84]: 2

In [85]: p.coeffs                          # 多项式的系数
Out[85]: array([ 1, -4,  3])
```

NumPy 提供的 np.polyfit()函数可以用多项式对数据进行拟合。在下面的例子中，我们生成 20 个在平方根曲线周围引入随机噪声的点，并用一个 3 阶多项式来拟合这些点。

```
%matplotlib inline
import matplotlib.pyplot as plt
import numpy as np

n_dots = 20
n_order = 3

x = np.linspace(0, 1, n_dots)              # 在[0, 1] 之间创建 20 个点
y = np.sqrt(x) + 0.2*np.random.rand(n_dots)
p = np.poly1d(np.polyfit(x, y, n_order))        # 用 3 阶多项式拟合
print(p.coeffs)

# 画出拟合的多项式所表达的曲线及原始的点
t = np.linspace(0, 1, 200)
plt.plot(x, y, 'ro', t, p(t), '-');
```

运行效果如图 2-4 所示。

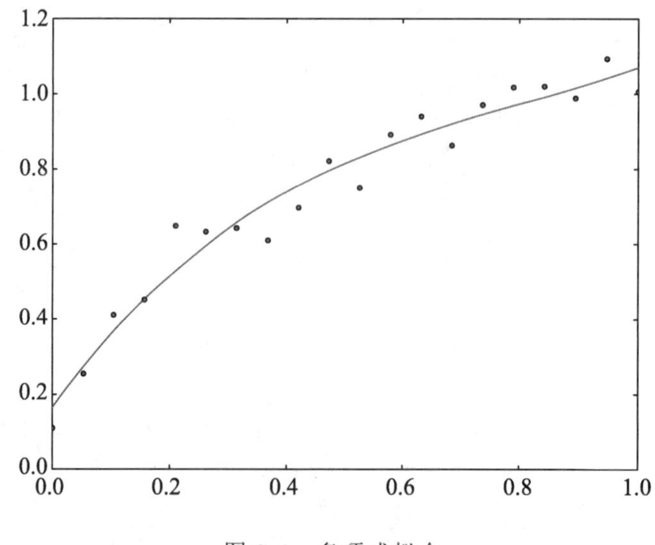

图 2-4　多项式拟合

另一个有意思的例子是使用 NumPy 求圆周率 π 的值，使用的是蒙特卡罗方法（Monte Carlo method），其主要原理是，在一个正方形内，用正方形的边长画出一个 1/4 圆的扇形，假设圆的半径为 r，则正方形的面积为 r^2，圆的面积为 $1/4\pi r^2$，它们的面积之比是 $\pi/4$。

我们在正方形内随机产生足够多的点，计算落在扇形区域内的点的个数与总的点个数的比值。当产生的随机点足够多时，这个比值和面积比值应该是一致的。这样我们就可以计算出 π 的值。判断一个点是否落在扇形区域的方法是计算这个点到圆心的距离，当距离小于半径时，说明这个点落在了扇形内，如图 2-5 所示。

```
import numpy as np

# 假设圆的半径为 1，圆心在原点
n_dots = 1000000
x = np.random.random(n_dots)
y = np.random.random(n_dots)                     # 随机产生一百万个点
distance = np.sqrt(x ** 2 + y ** 2)              # 计算每个点到圆心的距离
in_circle = distance[distance < 1]               # 所有落在扇形内的点

pi = 4 * float(len(in_circle)) / n_dots          # 计算 PI 的值
print(pi)
```

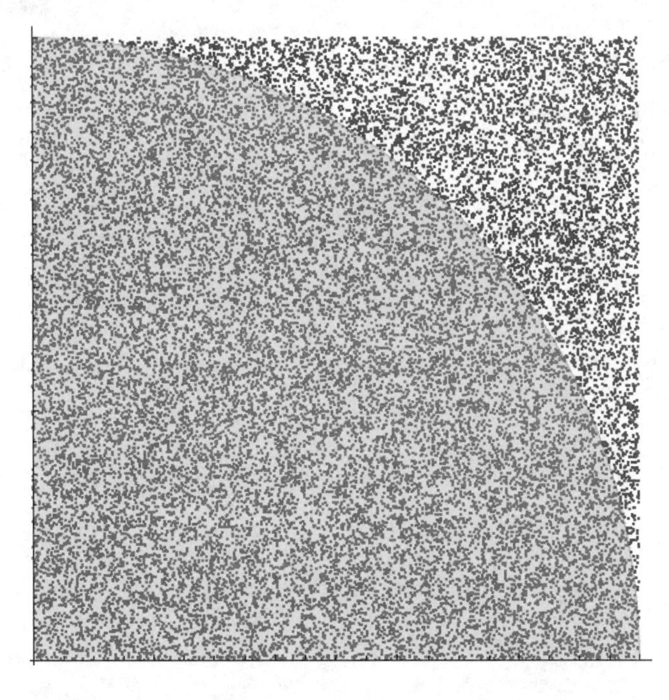

图 2-5 使用蒙特卡罗方法计算圆周率

如果取一百万个点，计算出的圆周率大概是 3.142376，读者可以修改 n_dots 的值，观察不同的点的个数对计算结果的精度影响。蒙特卡罗方法还有非常广泛的应用，感兴趣的读者可以在网络上搜索一下这个算法，详细了解其应用场景。

最后介绍一下 NumPy 文件相关的操作。NumPy 数组作为文本文件，可以直接保存到文件系统中，也可以从文件系统中读取数据。例如：

```
In [92]: a = np.arange(15).reshape(3,5)

In [93]: a
Out[93]:
array([[ 0,  1,  2,  3,  4],
       [ 5,  6,  7,  8,  9],
       [10, 11, 12, 13, 14]])

In [94]: np.savetxt('a.txt', a)

In [95]: ls
a.txt

In [96]: cat a.txt                          # 写入时把整型转换为浮点型
0.000000000000000000e+00 1.000000000000000000e+00
2.000000000000000000e+00
3.000000000000000000e+00 4.000000000000000000e+00
5.000000000000000000e+00 6.000000000000000000e+00
7.000000000000000000e+00
8.000000000000000000e+00 9.000000000000000000e+00
1.000000000000000000e+01 1.100000000000000000e+01
1.200000000000000000e+01
1.300000000000000000e+01 1.400000000000000000e+01

In [97]: b = np.loadtxt('a.txt')

In [98]: b                                  # 读出时也是浮点型
Out[98]:
array([[  0.,   1.,   2.,   3.,   4.],
       [  5.,   6.,   7.,   8.,   9.],
       [ 10.,  11.,  12.,  13.,  14.]])
```

将 NumPy 数组保存为文本格式的可读性好，但性能较低。也可以直接将 NumPy 数且保存为 NumPy 特有的二进制格式：

```
In [116]: a
Out[116]:
array([[ 0,  1,  2,  3,  4],
       [ 5,  6,  7,  8,  9],
       [10, 11, 12, 13, 14]])

In [117]: np.save('a.npy', a)

In [118]: ls -l                    # 新生成的 a.npy 与 a.txt 的大小不同
```

```
total 8
-rw-r--r-- 1 kamidox 200 Mar 27 21:27 a.npy
-rw-r--r-- 1 kamidox 375 Mar 27 21:00 a.txt

In [119]: c = np.load('a.npy')

In [120]: c                                    # 读入的是整型，不是浮点型
Out[120]:
array([[ 0,  1,  2,  3,  4],
       [ 5,  6,  7,  8,  9],
       [10, 11, 12, 13, 14]])
```

本节只是 NumPy 的快速入门介绍，详细的信息可以参阅 NumPy 的官方网站 www.numpy.org。本节介绍的几个例子可参阅随书代码 ch02.02.ipynb。

2.4　pandas 简介

pandas 是一个强大的**时间序列数据**处理工具包，最初开发是为了分析财经数据，现在已经广泛应用在 Python 数据分析领域中。本节将通过简单的介绍，让读者熟悉 pandas 的概念及操作。

2.4.1　基本数据结构

pandas 最基础的数据结构是 Series，用它来表达一行数据，可以理解为一维的数组。例如，下面的代码创建了一个包含 6 个数据的一维数组。

```
# Series 对象可以理解为一维数组
s = pd.Series([4, 2, 5, 0, 6, 3])
s
```

其输出为：

```
0    4
1    2
2    5
3    0
4    6
5    3
dtype: int64
```

另外一个关键的数据结构为 DataFrame，它表示二维数组。下面的代码创建了一个 DataFrame 对象。

```
# DataFrame 是二维数组对象
df = pd.DataFrame(np.random.randn(6,4), columns=list('ABCD'))
df
```

输出如下：

```
   A         B         C         D
0  0.968762  1.501239  -0.284952 -0.456468
1  1.413471  -0.309746 0.407559  1.536548
2  -0.399065 -0.040439 1.339359  -0.318217
3  -0.152205 -0.121888 0.841658  -1.493958
4  0.248414  -0.676985 1.326487  -0.455541
5  0.906221  -2.158694 -0.201354 -0.024769
```

DataFrame 中的数据实际上是用 NumPy 的 array 对象来保存的，读者可以输入 df.values 来查看原始数据。DataFrame 对象的行和列都是一个 Series 对象。我们可以使用行索引来访问一行数据，可以用列名称来索引一列数据。

```
[IN]: df.iloc[0]
[OUT]:
A    0.968762
B    1.501239
C   -0.284952
D   -0.456468
Name: 0, dtype: float64

[IN]: df.A
[OUT]:
0    0.968762
1    1.413471
2   -0.399065
3   -0.152205
4    0.248414
5    0.906221
Name: A, dtype: float64

[IN]:
print("Row data type: {}".format(type(df.iloc[0])))
print("Column data type: {}".format(type(df.A)))
[OUT]:
Row data type: <class 'pandas.core.series.Series'>
Column data type: <class 'pandas.core.series.Series'>
```

pandas 提供了简捷的数据访问功能。DataFrame.shape 可以查看数据的维度信息。

```
[IN]: df.shape
[OUT]: (6, 4)
```

通过 DataFrame.head()和 DataFrame.tail()方法可以访问前 *n* 行和后 *n* 行的数据。

```
[IN]: df.head(3)
[OUT]:
   A          B          C          D
0  0.968762   1.501239   -0.284952  -0.456468
1  1.413471   -0.309746  0.407559   1.536548
2  -0.399065  -0.040439  1.339359   -0.318217

[IN]: df.tail(2)
[OUT]:
   A          B          C          D
4  0.248414   -0.676985  1.326487   -0.455541
5  0.906221   -2.158694  -0.201354  -0.024769
```

通过 DataFrame.index 和 DataFrame.columns 属性，可以访问数据的行索引和列索引信息。

```
[IN]: df.index
[OUT]: RangeIndex(start=0, stop=6, step=1)

[IN]: df.columns
[OUT]: Index([u'A', u'B', u'C', u'D'], dtype='object')
```

通过 DataFrame.describe()方法可以计算出简单的数据统计信息。

```
[IN]: df.describe()
[OUT]:
       A          B          C          D
count  6.000000   6.000000   6.000000   6.000000
mean   0.497600   -0.301086  0.571459   -0.202068
std    0.709385   1.178177   0.719762   0.986474
min    -0.399065  -2.158694  -0.284952  -1.493958
25%    -0.052050  -0.585176  -0.049126  -0.456236
50%    0.577317   -0.215817  0.624608   -0.386879
75%    0.953127   -0.060802  1.205280   -0.098131
max    1.413471   1.501239   1.339359   1.536548
```

从输出结果中可以看出，describe()计算出了每列的元素个数、平均值、标准差、最小值、最大值及几种中位数的值。

2.4.2　数据排序

通过 DataFrame.sort_index()函数可以方便地对索引进行排序。例如，根据列名称进行逆序排列。

```
[IN]: df.sort_index(axis=1, ascending=False)
[OUT]:
   D          C          B          A
```

```
0   -0.456468   -0.284952   1.501239    0.968762
1   1.536548    0.407559    -0.309746   1.413471
2   -0.318217   1.339359    -0.040439   -0.399065
3   -1.493958   0.841658    -0.121888   -0.152205
4   -0.455541   1.326487    -0.676985   0.248414
5   -0.024769   -0.201354   -2.158694   0.906221
```

也可以通过 DataFrame.sort_values()对数值进行排序。例如，对 B 这一列的数据按照从小到大的顺序进行排序。

```
[IN]: df.sort_values(by='B')
[OUT]:
    A           B           C           D
5   0.906221    -2.158694   -0.201354   -0.024769
4   0.248414    -0.676985   1.326487    -0.455541
1   1.413471    -0.309746   0.407559    1.536548
3   -0.152205   -0.121888   0.841658    -1.493958
2   -0.399065   -0.040439   1.339359    -0.318217
0   0.968762    1.501239    -0.284952   -0.456468
```

2.4.3 数据访问

pandas 可以方便地对数据进行选择和访问。我们可以通过行索引范围来访问特定几行的数据，这个功能和 NumPy 类似。

```
[IN]: df[3:5]
[OUT]:
    A           B           C           D
3   -0.152205   -0.121888   0.841658    -1.493958
4   0.248414    -0.676985   1.326487    -0.455541
```

可以选择列，如选择 A、B、D 这 3 列数据。

```
[IN]: df[['A', 'B', 'D']]
[OUT]:
    A           B           D
0   0.968762    1.501239    -0.456468
1   1.413471    -0.309746   1.536548
2   -0.399065   -0.040439   -0.318217
3   -0.152205   -0.121888   -1.493958
4   0.248414    -0.676985   -0.455541
5   0.906221    -2.158694   -0.024769
```

可以使用 DataFrame.loc()函数通过标签来选择某个元素，或使用 DataFrame.iloc()函数通过数组索引来访问某个元素。

```
[IN]: df.loc[3, 'A']
[OUT]: -0.15220488957687467
```

```
[IN]: df.iloc[3, 0]
[OUT]: -0.15220488957687467

[IN]: df.iloc[2:5, 0:2]
[OUT]:
    A          B
2   -0.399065  -0.040439
3   -0.152205  -0.121888
4   0.248414   -0.676985
```

可以通过布尔值来选择某个元素。例如，可以选择 C 列中所有大于 0 的数据所在的行。

```
[IN]: df[df.C > 0]
[OUT]:
    A          B          C         D
1   1.413471   -0.309746  0.407559  1.536548
2   -0.399065  -0.040439  1.339359  -0.318217
3   -0.152205  -0.121888  0.841658  -1.493958
4   0.248414   -0.676985  1.326487  -0.455541
```

此外，还可以方便地对数据进行修改，如添加一列，列名为 TAG。

```
[IN]: df["TAG"] = ["cat", "dog", "cat", "cat", "cat", "dog"]
[OUT]:
    A          B          C          D          TAG
0   0.968762   1.501239   -0.284952  -0.456468  cat
1   1.413471   -0.309746  0.407559   1.536548   dog
2   -0.399065  -0.040439  1.339359   -0.318217  cat
3   -0.152205  -0.121888  0.841658   -1.493958  cat
4   0.248414   -0.676985  1.326487   -0.455541  cat
5   0.906221   -2.158694  -0.201354  -0.024769  dog
```

然后可以对 TAG 列进行分组统计。

```
[IN]: df.groupby('TAG').sum()
[OUT]:
      A          B          C          D
TAG
cat  0.665906   0.661926   3.222551   -2.724184
dog  2.319691   -2.468440  0.206205   1.511778
```

2.4.4　时间序列

pandas 提供了强大的时间序列处理功能，我们可以创建以时间序列为索引的数据集。例如，以 2000 年 1 月 1 日作为起始日期，创建 366 条记录数据：

```
[IN]:
n_items = 366
ts = pd.Series(np.random.randn(n_items), index=pd.date_range(
  '20000101', periods=n_items))
print(ts.shape)
ts.head(5)

[OUT]:
(366,)
Out[35]:
2000-01-01   -0.217326
2000-01-02    1.848070
2000-01-03    0.056948
2000-01-04   -0.075779
2000-01-05   -0.135918
Freq: D, dtype: float64
```

然后对这些数据按照月份进行聚合：

```
[IN]: ts.resample("1m").sum()
[OUT]:
2000-01-31    -4.777812
2000-02-29    -0.042346
2000-03-31    -6.610695
2000-04-30    11.046234
2000-05-31    -0.826357
2000-06-30   -10.103365
2000-07-31    -6.783077
2000-08-31     8.397547
2000-09-30    -0.462282
2000-10-31    -9.748931
2000-11-30    -2.069168
2000-12-31     3.206750
Freq: M, dtype: float64
```

2.4.5 数据可视化

我们还可以对数据进行可视化。下面的代码先计算 ts 序列的累加值，然后把数据按照时间序列画出来，如图 2-6 所示。

```
plt.figure(figsize=(10, 6), dpi=144)
cs = ts.cumsum()
cs.plot()
```

还可以按月累加数据，并把每个月的累加值当成柱状图画出来，如图 2-7 所示。

```
plt.figure(figsize=(10, 6), dpi=144)
ts.resample("1m").sum().plot.bar()
```

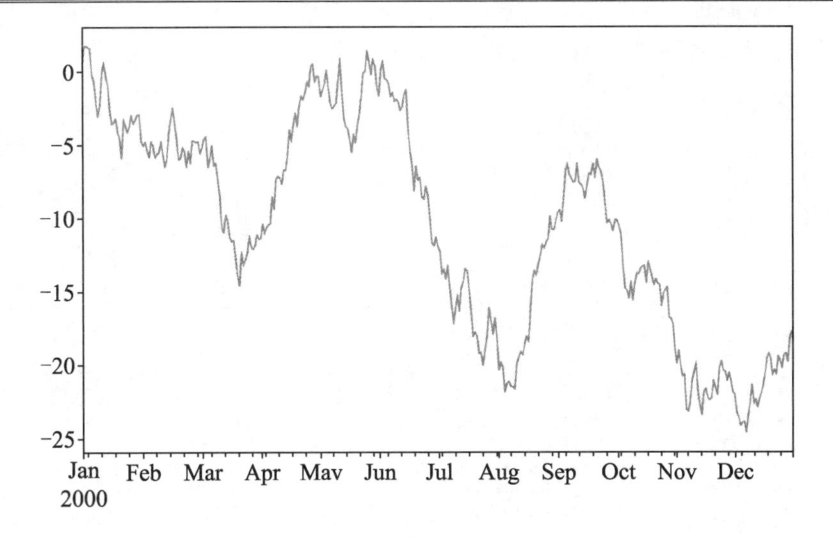

图 2-6 序列图

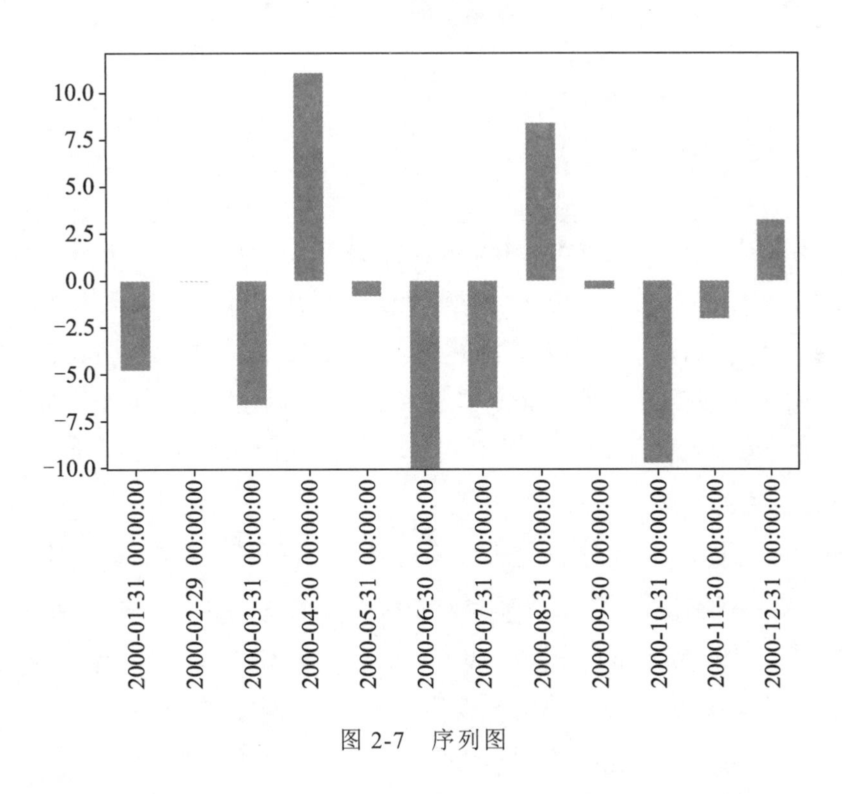

图 2-7 序列图

pandas 画图使用的工具包就是 2.5 节要介绍的 Matplotlib。pandas 只是进行了相应的封装，方便调用。

2.4.6 文件读写

我们还可以使用 DataFrame.to_csv()函数把数据保存到文件中。最常用的也是本书用得最多的还是从文件中导入数据：

```
[IN]:
df = pd.read_csv('data.csv', index_col=0)
print(df.shape)
df.head(5)

[OUT]:
(100, 4)
Out[61]:
    A          B          C          D
0   1.164909   -1.063255  -0.663549  -0.666168
1   -2.312503  -0.057273  -2.034563  -0.441740
2   -0.638638  0.931150   0.131151   0.132221
3   -0.084752  -0.962613  0.941416   1.543406
4   -1.324169  -0.916418  0.297872   -1.029558
```

2.5 Matplotlib 简介

Matplotlib 是 Python 数据可视化工具包。IPython 为 Matplotlib 专门提供了特殊的交互模式。如果要在 IPython 控制台使用 Matplotlib，则可以使用 ipython --matplotlib 命令来启动 IPython 控制台程序；如果要在 IPython notebook 中使用 Matplotlib，则在 notebook 的开始位置插入%matplotlib inline 魔术命令即可。IPython 的 Matplotlib 模式有两个优点，一是提供了非阻塞的画图操作，二是不需要显式地调用 show()方法来显示画出来的图片。

Matplotlib 下的 pyplot 子包提供了面向对象的画图程序接口。几乎所有的画图函数都与 MATLAB 类似，连参数都类似。在实际开发工作中，可以访问 MATLAB 的官方文档 cn.mathworks.com/help/matlab 来查询画图的接口和参数，这些参数可以直接在 pyplot 下的画图函数里使用。使用 pyplot 的习惯性写法是：

```
from matplotlitb import pyplot as plt
```

在机器学习领域经常需要把数据可视化，以便观察数据的模式。此外，在对算法性能进行评估时，也需要把模型相关的数据可视化，观察模型中需要改进的地方。例如，把算法的准确度和训练数据集大小的变化曲线画出来，可以清晰地看出训练数据集大小与算法准确度的关系。这就是我们需要学习 Matplotlib 的原因。

2.5.1　图形样式

通常使用 IPython notebook 的 Matplotlib 模式来画图，这样画出来的图片会直接显示在网页上。要记得在 notebook 的最上面写上魔术命令%matplotlib inline。

使用 Matplotlib 的默认样式在一个坐标轴上画出正弦和余弦曲线。

```
%matplotlib inline
from matplotlib import pyplot as plt
import numpy as np

x = np.linspace(-np.pi, np.pi, 200)
C, S = np.cos(x), np.sin(x)
plt.plot(x, C)                                    # 画出余弦曲线
plt.plot(x, S)                                    # 画出正弦曲线
plt.show()
```

通过修改 Matplotlib 的默认样式，可以画出我们需要的样式图片。图 2-8（a）为默认样式画出来的正余弦曲线，图 2-8（b）为调整后的正余弦曲线。

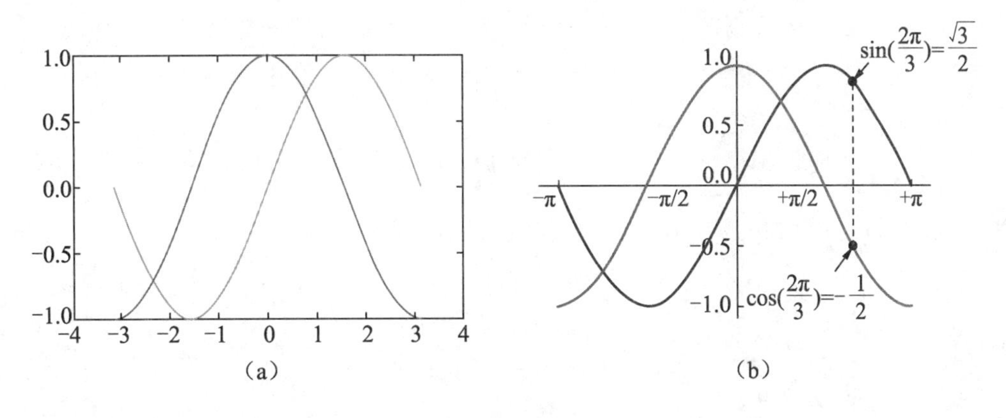

图 2-8　正弦和余弦曲线

接下来演示从左侧图逐步过渡到右侧图的过程。

（1）把正余弦曲线的线条画粗，并且定制合适的颜色。

```
# 画出余弦曲线，并设置线条颜色、宽度和样式
plt.plot(X, C, color="blue", linewidth=2.0, linestyle="-")
# 画出正弦曲线，并设置线条颜色、宽度和样式
plt.plot(X, S, color="red", linewidth=2.0, linestyle="-")
```

（2）设置坐标轴的长度。

```
plt.xlim(X.min() * 1.1, X.max() * 1.1)
plt.ylim(C.min() * 1.1, C.max() * 1.1)
```

（3）重新设置坐标轴的刻度。*X* 轴的刻度使用自定义的标签，标签的文本使用

LaTeX 来显示圆周率符号 π。

```
# 设置坐标轴的刻度和标签
plt.xticks((-np.pi, -np.pi/2, np.pi/2, np.pi),
        (r'$-\pi$', r'$-\pi/2$', r'$+\pi/2$', r'$+\pi$'))
plt.yticks([-1, -0.5, 0, 0.5, 1])
```

（4）把图 2-8（a）中 4 个方向的坐标轴改为两个方向的交叉坐标轴。方法是通过设置颜色为透明色，把上方和右侧的坐标边线隐藏起来。然后移动左侧和下方的坐标边线到原点（0, 0）的位置。

```
# 坐标轴总共有 4 条连线，通过设置透明色来隐藏上方和右侧的边线
# 通过 set_position()移动左侧和下方的边线
# 通过 set_ticks_position()设置坐标轴的刻度线的显示位置
ax = plt.gca()                  # gca 代表当前坐标轴，即 'get current axis'
ax.spines['right'].set_color('none')            # 隐藏坐标轴
ax.spines['top'].set_color('none')
ax.xaxis.set_ticks_position('bottom')           # 设置刻度显示位置
ax.spines['bottom'].set_position(('data',0))    # 设置下方坐标轴位置
ax.yaxis.set_ticks_position('left')
ax.spines['left'].set_position(('data',0))      # 设置左侧坐标轴位置
```

（5）在图的左上角添加一个铭牌，用来标识图片中的正弦曲线和余弦曲线。

```
plt.legend(loc='upper left')
```

（6）在图中标识出 $\cos(\frac{2\pi}{3})=-\frac{1}{2}$。不但把这个公式画到图上，而且还在余弦曲线上标出这个点，同时用虚线画出这个点所对应的 X 轴的坐标。

```
t = 2 * np.pi / 3
# 画出 cos(t) 所在的点在 X 轴上的位置，即使用虚线画出 (t, 0) -> (t, cos(t)) 线段
plt.plot([t, t], [0, np.cos(t)], color='blue', linewidth=1.5,
 linestyle="--")
# 画出标示的坐标点，即在 (t, cos(t))处画一个大小为 50 的蓝色点
plt.scatter([t, ], [np.cos(t), ], 50, color='blue')
# 画出标示点的值，即 cos(t)的值
plt.annotate(r'$cos(\frac{2\pi}{3})=-\frac{1}{2}$',
           xy=(t, np.cos(t)), xycoords='data',
           xytext=(-90, -50), textcoords='offset points',
           fontsize=16,
           arrowprops=dict(arrowstyle="->", connectionstyle="arc3,
           rad=.2"))
```

其中，plt.annotate()函数的功能是在图中画出标示文本，其文本内容也是使用 LaTex 公式书写。plt.annotate()函数的参数众多，具体可以参阅官方的 API 说明文档。使用相同的方法，可以在正弦曲线上也标出一个点。

（7）定制坐标轴上的刻度标签的字体，同时，为了避免正余弦曲线覆盖刻度标

签，在刻度标签上添加一个半透明的方框作为背景。

```
# 设置坐标刻度的字体大小，添加半透明背景
for label in ax.get_xticklabels() + ax.get_yticklabels():
    label.set_fontsize(16)
    label.set_bbox(dict(facecolor='white', edgecolor='None',
    alpha=0.65))
```

至此，就完成了一个 Matplotlib 样式配置的过程，把默认的样式修改为需要的样式。读者可参阅随书代码 ch02.04.ipynb。

2.5.2　图形对象

在 Matplotlib 中，一个图形（Figure）是指图片的全部可视区域，可以使用 plt.figure()来创建。在一个图形中可以包含多个子图（Subplot），可以使用 plt.subplot()来创建子图。子图按照网格形状排列显示在图形里，可以在每个子图上单独作画。坐标轴（Axes）和子图类似，唯一不同的是，坐标轴可以在图形上任意摆放，而不需要按照网格排列，这样显示起来更灵活，可以使用 plt.axes()来创建坐标轴。

当使用默认配置作画时，Matplotlib 调用 plt.gca()函数来获取当前的坐标轴，并在当前坐标轴上作画。plt.gca()函数调用 plt.gcf()函数来获取当前图形对象，如果当前不存在图形对象，则会调用 plt.figure()函数创建一个图形对象。

plt.figure()函数有以下几个常用的参数。

- **num**：图形对象的标识符，可以是数字或字符串。当 num 所指定的图形存在时，直接返回这个图形的引用，如果不存在，则创建一个以这个 num 为标识符的新图形。最后把当前作画的图形切换到这个图形上。
- **figsize**：以英寸为单位的图形大小（width, height），是一个元组。
- **dpi**：指定图形的质量，每英寸多少个点。

下面的代码创建了两个图形，一个是'sin'，并且把正弦曲线画在这个图形上，另外一个是名称为'cos'的图形，并把余弦曲线画在这个图形上。接着切换到之前创建的'sin'图形上，把余弦图片也画在这个图形上。

```
%matplotlib inline
from matplotlib import pyplot as plt
import numpy as np

X = np.linspace(-np.pi, np.pi, 200, endpoint=True)
C, S = np.cos(X), np.sin(X)

plt.figure(num='sin', figsize=(16, 4))          # 创建 'sin' 图形
```

```
plt.plot(X, S)                                      # 把正弦画在这个图形上
plt.figure(num='cos', figsize=(16, 4))              # 创建 'cos' 图形
plt.plot(X, C)                                      # 把余弦画在这个图形上
plt.figure(num='sin')                               # 切换到 'sin' 图形上
plt.plot(X, C)                    # 在原来的基础上把余弦曲线也画在这个图形上
print(plt.figure(num='sin').number)
print(plt.figure(num='cos').number)
```

执行结果如图 2-9 和图 2-10 所示。

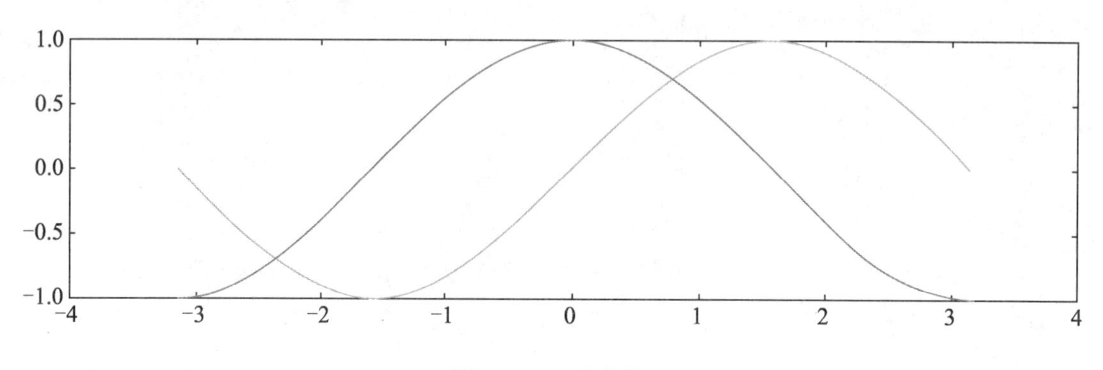

图 2-9　正弦曲线

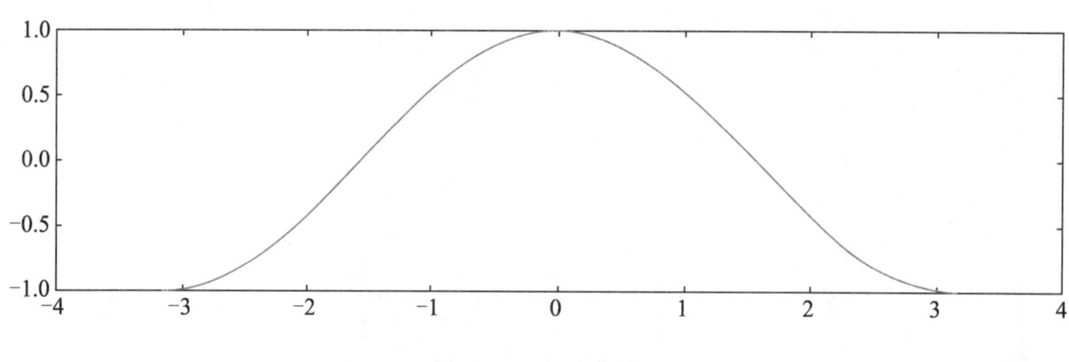

图 2-10　余弦曲线

不同的图形可以单独保存为一个图片文件，但子图是指一个图形中分成几个区域，在不同的区域中单独作画，所有的子图最终都保存在一个文件中。plt.subplot()函数的关键参数是一个包含 3 个元素的元组，分别代表子图的行、列及当前激活的子图序号。比如 plt.subplot(2, 2, 1)表示把图表对象分成两行两列，激活第一个子图来作画。下面看一个网格状的子图的例子：

```
%matplotlib inline
from matplotlib import pyplot as plt

plt.figure(figsize=(18, 4))
plt.subplot(2, 2, 1)
plt.xticks(())
plt.yticks(())
```

```
plt.text(0.5, 0.5, 'subplot(2,2,1)', ha='center', va='center',
       size=20, alpha=.5)

plt.subplot(2, 2, 2)
plt.xticks(())
plt.yticks(())
plt.text(0.5, 0.5, 'subplot(2,2,2)', ha='center', va='center',
       size=20, alpha=.5)

plt.subplot(2, 2, 3)
plt.xticks(())
plt.yticks(())
plt.text(0.5, 0.5, 'subplot(2,2,3)', ha='center', va='center',
       size=20, alpha=.5)

plt.subplot(2, 2, 4)
plt.xticks(())
plt.yticks(())
plt.text(0.5, 0.5, 'subplot(2,2,4)', ha='center', va='center',
       size=20, alpha=.5)

plt.tight_layout()
plt.show()
```

输出的图形如图 2-11 所示。

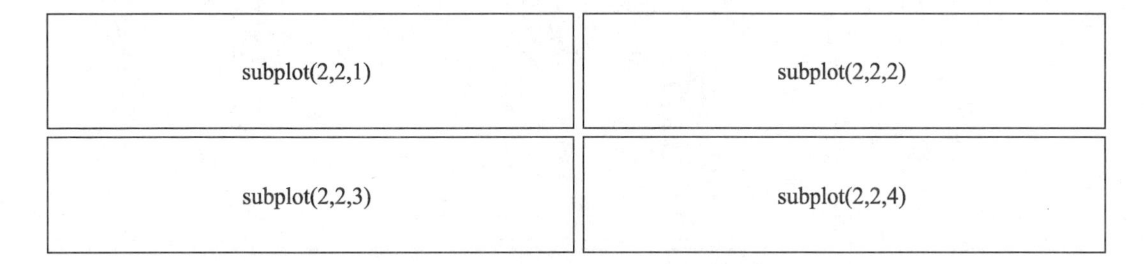

图 2-11　subplot 输出的子图

更复杂的子图布局可以使用 GridSpec 来实现，其优点是可以指定某个子图横跨多个列或多个行。

```
%matplotlib inline
from matplotlib import pyplot as plt
import matplotlib.gridspec as gridspec

plt.figure(figsize=(18, 4))
G = gridspec.GridSpec(3, 3)

axes_1 = plt.subplot(G[0, :])    # 占用第一行和所有的列
plt.xticks(())
plt.yticks(())
plt.text(0.5, 0.5, 'Axes 1', ha='center', va='center', size=24,
```

```
alpha=.5)

axes_2 = plt.subplot(G[1:, 0])  # 占用第二行开始之后的所有行和第一列
plt.xticks(())
plt.yticks(())
plt.text(0.5, 0.5, 'Axes 2', ha='center', va='center', size=24,
alpha=.5)

axes_3 = plt.subplot(G[1:, -1]) # 占用第二行开始之后的所有行和最后一列
plt.xticks(())
plt.yticks(())
plt.text(0.5, 0.5, 'Axes 3', ha='center', va='center', size=24,
alpha=.5)

axes_4 = plt.subplot(G[1, -2])  # 占用第二行和倒数第二列
plt.xticks(())
plt.yticks(())
plt.text(0.5, 0.5, 'Axes 4', ha='center', va='center', size=24,
alpha=.5)

axes_5 = plt.subplot(G[-1, -2]) # 占用倒数第一行和倒数第二列
plt.xticks(())
plt.yticks(())
plt.text(0.5, 0.5, 'Axes 5', ha='center', va='center', size=24,
alpha=.5)

plt.tight_layout()
plt.show()
```

画出来的子图布局如图 2-12 所示。

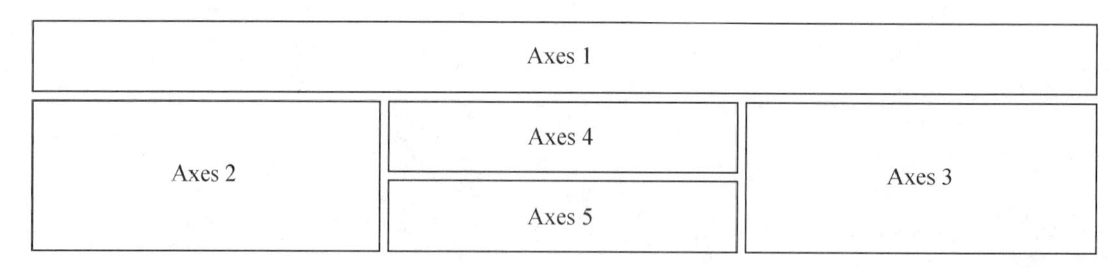

图 2-12　GridSpec 输出的子图

坐标轴使用 plt.axes()来创建，它用一个矩形给坐标轴定位，矩形使用[left, bottom, width, height]来表达，数据为图形对象对应坐标轴长度的百分比。

```
%matplotlib inline
from matplotlib import pyplot as plt

plt.figure(figsize=(18, 4))

plt.axes([.1, .1, .8, .8])
```

```
plt.xticks(())
plt.yticks(())
plt.text(.2, .5, 'axes([0.1, 0.1, .8, .8])', ha='center', va='center',
      size=20, alpha=.5)

plt.axes([.5, .5, .3, .3])
plt.xticks(())
plt.yticks(())
plt.text(.5, .5, 'axes([.5, .5, .3, .3])', ha='center', va='center',
      size=16, alpha=.5)

plt.show()
```

画出来的图形如图 2-13 所示。

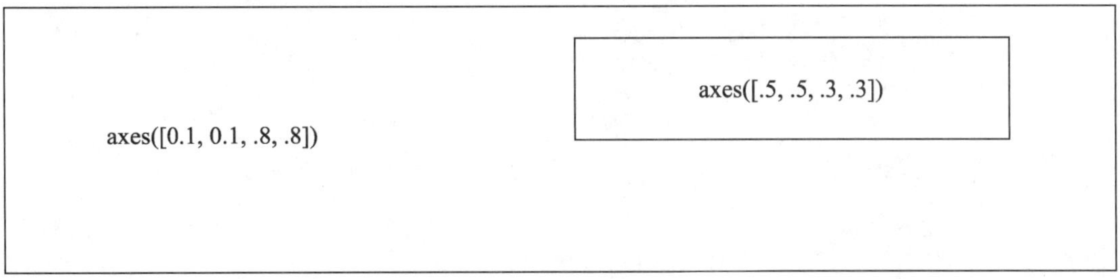

axes([.5, .5, .3, .3])

axes([0.1, 0.1, .8, .8])

图 2-13　坐标轴

一个优美而恰当的坐标刻度对理解数据非常重要，Matplotlib 内置了以下几个坐标刻度。

- **NullLocater**：不显示坐标刻度标签，只显示坐标刻度。
- **MultipleLocator**：以固定的步长显示多个坐标标签。
- **FixedLocator**：以列表形式显示固定的坐标标签。
- **IndexLocator**：以 offset 为起始位置，每隔 base 步长就画一个坐标标签。
- **LinearLocator**：把坐标轴的长度均分为 numticks 个数，显示坐标标签。
- **LogLocator**：以对数为步长显示刻度标签。
- **MaxNLocator**：在提供的刻度标签列表里，显示最大不超过 nbins 个数的标签。
- **AutoLocator**：自动显示刻度标签。

除了内置标签外，也可以继承 matplotlib.ticker.Locator 类来实现自定义样式的刻度标签。

通过下面的代码把内置坐标刻度全部画出来，可以直观地观察内置坐标刻度的样式。具体可参阅随书代码 ch02.04.ipynb。

```
%matplotlib inline
from matplotlib import pyplot as plt
import numpy as np
```

```
def tickline():
    plt.xlim(0, 10), plt.ylim(-1, 1), plt.yticks([])
    ax = plt.gca()
    ax.spines['right'].set_color('none')
    ax.spines['left'].set_color('none')
    ax.spines['top'].set_color('none')
    ax.xaxis.set_ticks_position('bottom')
    ax.spines['bottom'].set_position(('data',0))
    ax.yaxis.set_ticks_position('none')
    ax.xaxis.set_minor_locator(plt.MultipleLocator(0.1))
    # 设置刻度标签的文本字体大小
    for label in ax.get_xticklabels() + ax.get_yticklabels():
        label.set_fontsize(16)
    ax.plot(np.arange(11), np.zeros(11))
    return ax

locators = [
                'plt.NullLocator()',
                'plt.MultipleLocator(base=1.0)',
                'plt.FixedLocator(locs=[0, 2, 8, 9, 10])',
                'plt.IndexLocator(base=3, offset=1)',
                'plt.LinearLocator(numticks=5)',
                'plt.LogLocator(base=2, subs=[1.0])',
                'plt.MaxNLocator(nbins=3, steps=[1, 3, 5, 7, 9, 10])',
                'plt.AutoLocator()',
            ]

n_locators = len(locators)

# 计算图形对象的大小
size = 1024, 60 * n_locators
dpi = 72.0
figsize = size[0] / float(dpi), size[1] / float(dpi)
fig = plt.figure(figsize=figsize, dpi=dpi)
fig.patch.set_alpha(0)


for i, locator in enumerate(locators):
    plt.subplot(n_locators, 1, i + 1)
    ax = tickline()
    # 使用 eval 表达式：eval is evil
    ax.xaxis.set_major_locator(eval(locator))
    plt.text(5, 0.3, locator[3:], ha='center', size=16)

plt.subplots_adjust(bottom=.01, top=.99, left=.01, right=.99)
plt.show()
```

程序运行结果如图 2-14 所示。

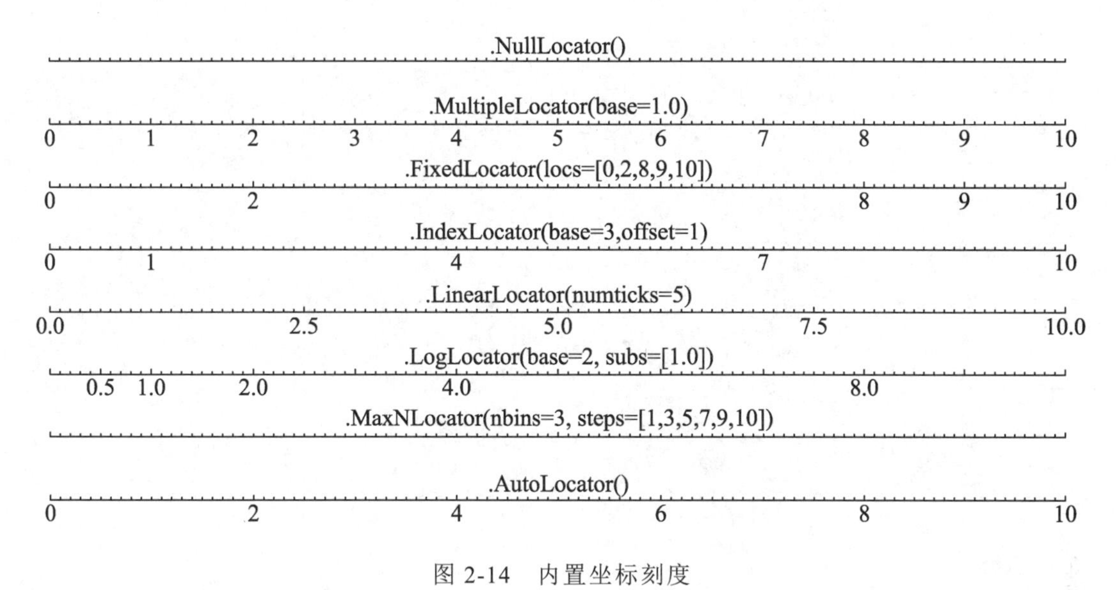

图 2-14　内置坐标刻度

2.5.3　画图操作

本节通过一些例子来演示 Matplotlib 的画图操作。首先给出最终的图形，然后解释思路及用到的关键函数。读者可以先试着思考一下如何实现，对于用到的关键接口，可以通读一下 Matplotlib 相关接口的文档。所有的示例代码均包含在随书代码 ch02.05.ipynb 中，读者可以修改一些参数，学习这些参数的用法。

如图 2-15（a）所示为使用 plt.scatter()函数画的图，读者需要特别关注命名参数 c 的使用。具体方法是，先生成一定数量的随机点，计算随机点的反正切 np.arctan2(Y, X)，然后把这个值作为随机点的颜色。

```
n = 1024
X = np.random.normal(0, 1, n)
Y = np.random.normal(0, 1, n)
T = np.arctan2(Y, X)

plt.subplot(1, 2, 1)
plt.scatter(X, Y, s=75, c=T, alpha=.5)

plt.xlim(-1.5, 1.5)
plt.xticks(())
plt.ylim(-1.5, 1.5)
plt.yticks(())
```

图 2-15（b）所示为是使用 plt.fill_between()函数来填充的，读者需要特别关注

命名参数 where 的使用。具体方法是，先画出两条正弦曲线，在 $x = 0$ 这条直线和正弦曲线之间填充指定的颜色。

```
n = 256
X = np.linspace(-np.pi, np.pi, n, endpoint=True)
Y = np.sin(2 * X)

plt.subplot(1, 2, 2)

plt.plot(X, Y + 1, color='blue', alpha=1.00)
plt.fill_between(X, 1, Y + 1, color='blue', alpha=.25)

plt.plot(X, Y - 1, color='blue', alpha=1.00)
plt.fill_between(X, -1, Y - 1, (Y - 1) > -1, color='blue', alpha=.25)
plt.fill_between(X, -1, Y - 1, (Y - 1) < -1, color='red',  alpha=.25)

plt.xlim(-np.pi, np.pi)
plt.xticks(())
plt.ylim(-2.5, 2.5)
plt.yticks(())
```

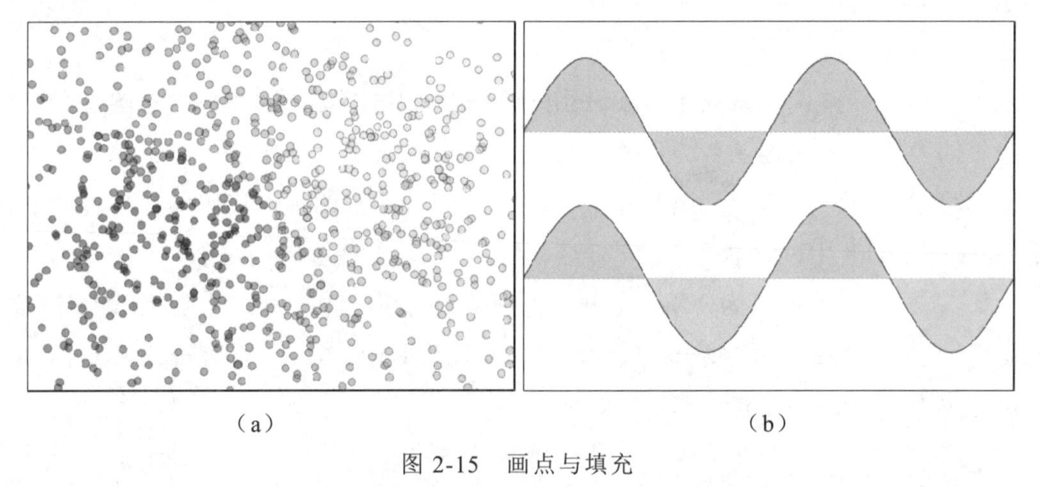

（a）　　（b）

图 2-15　画点与填充

图 2-16（a）是使用 plt.bar()函数画出的柱状图，读者需要注意命名参数 facecolor 和 edgecolor 的使用。具体方法是，先生成 24 个随机值，调用两次 plt.bar()函数分别画在上下两侧，然后调用 plt.text()函数把数值画在对应的柱状图上。

```
n = 12
X = np.arange(n)
Y1 = (1 - X / float(n)) * np.random.uniform(0.5, 1.0, n)
Y2 = (1 - X / float(n)) * np.random.uniform(0.5, 1.0, n)

plt.subplot(1, 2, 1)
plt.bar(X, +Y1, facecolor='#9999ff', edgecolor='white')
```

```
plt.bar(X, -Y2, facecolor='#ff9999', edgecolor='white')

for x, y in zip(X, Y1):
    plt.text(x + 0.4, y + 0.05, '%.2f' % y, ha='center', va= 'bottom')

for x, y in zip(X, Y2):
    plt.text(x + 0.4, -y - 0.05, '%.2f' % y, ha='center', va= 'top')

plt.xlim(-.5, n)
plt.xticks(())
plt.ylim(-1.25, 1.25)
plt.yticks(())
```

图 2-16（b）是使用 plt.contourf()函数填充的等高线，命名参数 cmap 表示颜色映射风格。首先使用 plt.contour()函数画出等高线，读者需要注意 np.meshgrid()函数的用法，然后使用 plt.clabel ()函数画出等高线上的数字。

```
def f(x,y):
    return (1 - x / 2 + x**5 + y**3) * np.exp(-x**2 -y**2)

n = 256
x = np.linspace(-3, 3, n)
y = np.linspace(-3, 3, n)
X,Y = np.meshgrid(x, y)

plt.subplot(1, 2, 2)

plt.contourf(X, Y, f(X, Y), 8, alpha=.75, cmap=plt.cm.hot)
C = plt.contour(X, Y, f(X, Y), 8, colors='black', linewidths=.5)
plt.clabel(C, inline=1, fontsize=10)

plt.xticks(())
plt.yticks(())
```

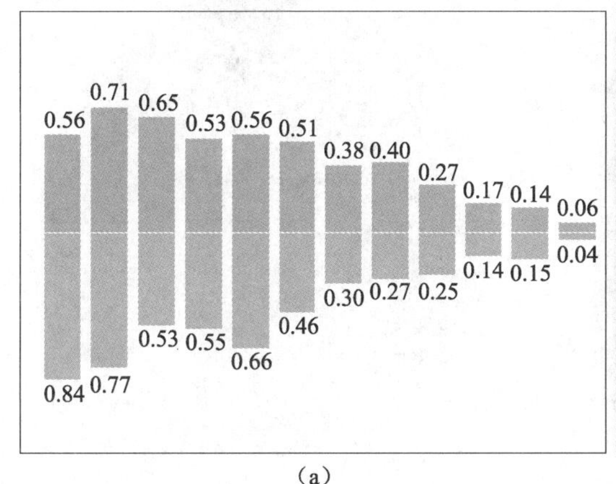

（a）

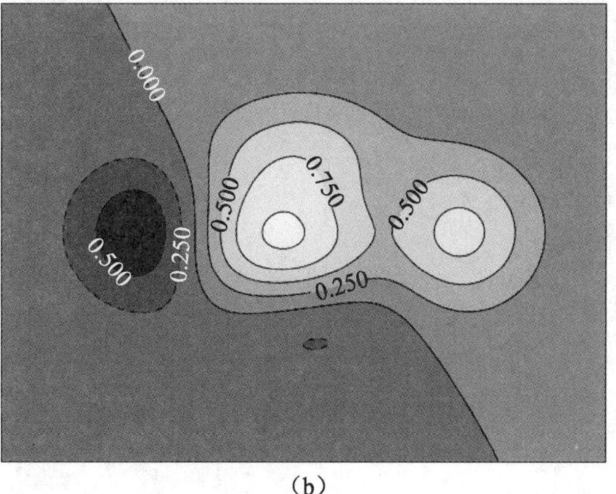

（b）

图 2-16　柱状图的等高线

如图 2-17（a）所示，使用 plt.imshow()函数把数组当成图片画出来，命名参数 cmap 用于决定数组与颜色的映射关系，hot 表示使用内置的热力图进行映射，然后使用 plt.colorbar()函数画出颜色条。

```
def f(x, y):
    return (1 - x / 2 + x ** 5 + y ** 3) * np.exp(-x ** 2 - y ** 2)

plt.subplot(1, 2, 1)
n = 10
x = np.linspace(-3, 3, 4 * n)
y = np.linspace(-3, 3, 3 * n)
X, Y = np.meshgrid(x, y)
plt.imshow(f(X, Y), cmap='hot', origin='lower')
plt.colorbar(shrink=.83)

plt.xticks(())
plt.yticks(())
```

图 2-17（b）是使用 plt.pie()函数画出的饼图，总共有 20 个饼图，其中，19 个是等角度的扇形，最后一个突出的扇形是其他扇形角度的两倍，使用命名参数 explode 来实现这个效果，使用命名参数 colors 来实现各个扇形的填充颜色逐渐变深的效果。

```
plt.subplot(1, 2, 2)
n = 20
Z = np.ones(n)
Z[-1] *= 2

plt.pie(Z, explode=Z*.05, colors = ['%f' % (i/float(n)) for i in
range(n)])
plt.axis('equal')
plt.xticks(())
plt.yticks()
```

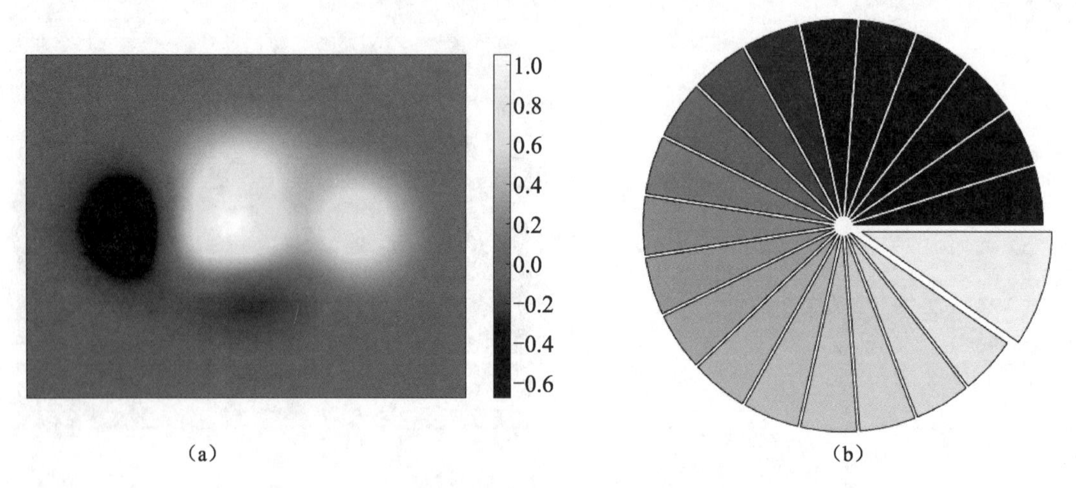

（a） （b）

图 2-17　热成像图及饼图

如图 2-18（a）所示，使用坐标轴的 set_major_locator()和 set_minor_locator()函数把坐标刻度设置成 MultipleLocator 样式，然后再使用坐标轴的 grid()函数在坐标轴的刻度之间画上线段，这样就生成了我们需要的网格。

```
ax = plt.subplot(1, 2, 1)

ax.set_xlim(0,4)
ax.set_ylim(0,3)
ax.xaxis.set_major_locator(plt.MultipleLocator(1.0))
ax.xaxis.set_minor_locator(plt.MultipleLocator(0.1))
ax.yaxis.set_major_locator(plt.MultipleLocator(1.0))
ax.yaxis.set_minor_locator(plt.MultipleLocator(0.1))
ax.grid(which='major', axis='x', linewidth=0.75, linestyle='-',
color= '0.75')
ax.grid(which='minor', axis='x', linewidth=0.25, linestyle='-',
color= '0.75')
ax.grid(which='major', axis='y', linewidth=0.75, linestyle='-',
color= '0.75')
ax.grid(which='minor', axis='y', linewidth=0.25, linestyle='-',
color= '0.75')
ax.set_xticklabels([])
ax.set_yticklabels([])
```

图 2-18（b）使用了 plt.bar()和 bar.set_facecolor()来填充不同的颜色。其中一个关键点是在创建子图或坐标轴时，需要指定 polar=True 才能显示出极坐标图。

```
ax = plt.subplot(1, 2, 2, polar=True)

N = 20
theta = np.arange(0.0, 2 * np.pi, 2 * np.pi / N)
radii = 10 * np.random.rand(N)
width = np.pi / 4 * np.random.rand(N)
bars = plt.bar(theta, radii, width=width, bottom=0.0)

for r,bar in zip(radii, bars):
    bar.set_facecolor(plt.cm.jet(r/10.))
    bar.set_alpha(0.5)

ax.set_xticklabels([])
ax.set_yticklabels([])
```

Matplotlib 有大量的使用细节，完整的教程可以写一本书。本书涉及的知识不会特别复杂，掌握这些基本知识就足够用了。如果读者想深入学习 Matplotlib，可以访问 Matplotlib 的官方网站，网址为 https://www.matplotlib.org.cn。

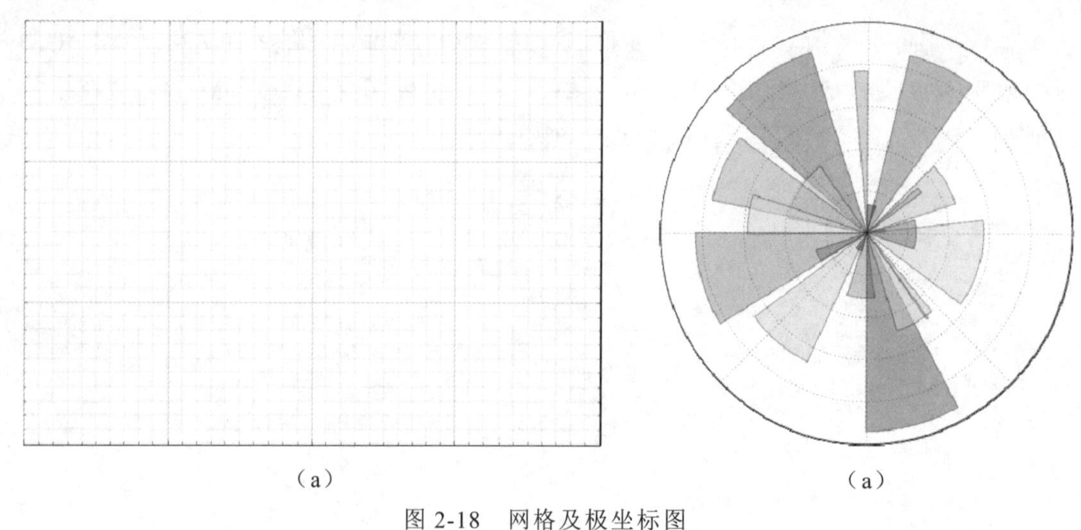

（a）　　　　　　　　　　　　　　　　　　（a）

图 2-18　网格及极坐标图

2.6　scikit-learn 简介

scikit-learn 是一个开源的 Python 语言机器学习工具包，它几乎涵盖所有主流的机器学习算法，并且提供了一致的调用接口。它基于 NumPy 和 SciPy 等 Python 数值计算库，提供了高效的算法实现。总结一下，scikit-learn 工具包有以下优点。

- **文档齐全：** 官方文档齐全，更新及时。
- **接口易用：** 针对所有算法提供了一致的接口调用规则，不管是 *k*-近邻（*k*-Nearest Neighbors，KNN）、*k*-均值（*k*-Means）还是 PCA。
- **算法全面：** 涵盖主流机器学习任务的算法，包括回归算法、分类算法、聚类分析和数据降维处理等。

scikit-learn 不支持分布式计算，不适合用来处理超大型数据，但这并不影响 scikit-learn 作为一个优秀的机器学习工具库这个事实。许多知名的公司如 Evernote 和 Spotify，都使用 scikit-learn 来开发机器学习应用。

2.6.1　示例：用 scikit-learn 实现手写数字识别

回顾前面章节介绍的机器学习应用开发的典型步骤，我们使用 scikit-learn 来完成一个手写数字识别的例子。这是一个有监督的学习，数据是标记过的手写数字的图片，即首先采集足够多的手写数字样本数据，然后选择合适的模型并使用采集的数据进行模型训练，最后验证手写识别程序的正确性。

1. 数据采集和标记

如果我们从头实现一个数字手写识别程序，则先要采集数据，即让尽量多不同书写习惯的用户，写出 0～9 的所有数字，然后把用户写出来的数据进行标记，即用户每写出一个数字，就标记他写的是哪个数字。

为什么要尽量多采集不同书写习惯的用户写的数字呢？因为这样采集到的数据才有代表性，才能保证最终训练出的模型的准确性。如果我们采集的都是习惯写出瘦高形数字的人，那么针对习惯写出矮胖形数字的人写出来的数字，模型识别的成功率就会很低。

所幸我们不需要从头开始这项工作，scikit-learn 自带了一些数据集，其中一个是手写数字识别图片的数据，使用以下代码加载数据即可。

```
from sklearn import datasets
digits = datasets.load_digits()
```

可以在 IPython notebook 环境下把数据所表示的图片用 Matplotlib 显示出来。

```
# 把数据所代表的图片显示出来
images_and_labels = list(zip(digits.images, digits.target))
plt.figure(figsize=(8, 6), dpi=200)
for index, (image, label) in enumerate(images_and_labels[:8]):
    plt.subplot(2, 4, index + 1)
    plt.axis('off')
    plt.imshow(image, cmap=plt.cm.gray_r, interpolation='nearest')
    plt.title('Digit: %i' % label, fontsize=20)
```

程序运行结果如图 2-19 所示。

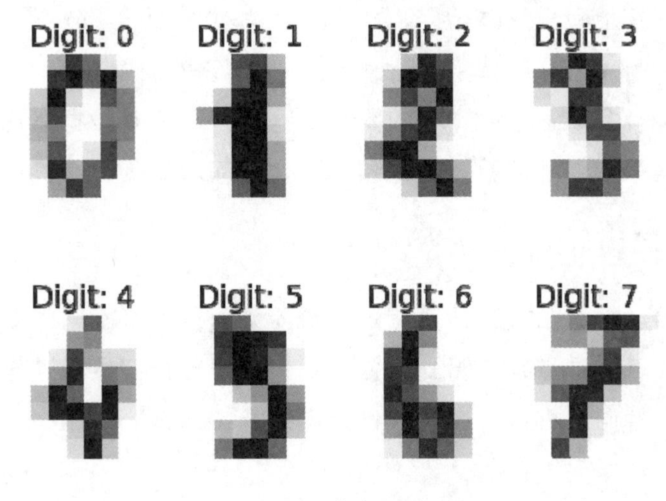

图 2-19　数字图片

从图 2-19 中可以看出，这些图片是一个个手写的数字。

2. 特征选择

针对一个手写的图片数据，应该怎么样来选择特征呢？一个直观的方法是，直接使用图片的每个像素点作为一个特征。例如，一个图片是 200×200 的分辨率，那么就有 40 000 个特征，即特征向量的长度是 40 000。

实际上，scikit-learn 使用 NumPy 的 array 对象来表示数据，所有的图片数据保存在 digits.images 中，每个元素都是一个 8×8 尺寸的灰阶图片。我们在进行机器学习时，需要把数据保存为**样本个数×特征个数**格式的 array 对象，针对手写数字识别这个案例，scikit-learn 已经为我们转换好了，它就保存在 digits.data 中，可以通过 digits.data.shape 来查看它的数据格式：

```
print("shape of raw image data: {0}".format(digits.images.shape))
print("shape of data: {0}".format(digits.data.shape))
```

输出如下：

```
shape of raw image data: (1797, 8, 8)
shape of data: (1797, 64)
```

可以看到，总共有 1797 个训练样本，其中，原始的数据是 8×8 的图片，而用来训练的数据是把图片的 64 个像素点都转换为特征。下面直接使用 digits.data 作为训练数据。

3. 数据清洗

人们不可能在 8×8 这么小的分辨率的图片上写出数字，在采集数据的时候是让用户在一个大图片上写出这些数字，如果图片是 200×200 的分辨率，那么一个训练样例就有 40 000 个特征，计算量将是巨大的。为了减少计算量和保证模型的稳定性，要把 200×200 的图片缩小为 8×8 的图片。这个过程就是数据清洗，即把采集到的不适合作为机器学习训练的数据进行预处理，从而转换为适合机器学习的数据。

4. 模型选择

不同的机器学习算法模型针对特定的机器学习应用有不同的效率，模型的选择和验证留到后面章节再详细介绍。此处，我们使用**支持向量机**来作为手写识别算法的模型。关于支持向量机，后面章节也会详细介绍。

5. 模型训练

开始训练模型之前，首先需要把数据集分成**训练数据集**和**测试数据集**。为什么要这样做呢？1.4.5 节中有详细的介绍。我们可以使用下面的代码把数据集分出 20% 作为测试数据集。

```
# 把数据分成训练数据集和测试数据集
from sklearn.model_selection import train_test_split
Xtrain, Xtest, Ytrain, Ytest = train_test_split(digits.data,
                digits.target, test_size=0.20, random_state=2);
```

接着使用训练数据集 Xtrain 和 Ytrain 来训练模型。

```
# 使用支持向量机来训练模型
from sklearn import svm
clf = svm.SVC(gamma=0.001, C=100.)
clf.fit(Xtrain, Ytrain);
```

训练完成后，clf 对象就会包含我们训练出来的模型参数，可以使用这个模型对象进行预测。

6. 模型测试

我们来测试一下训练出来的模型的准确度。一个直观的方法是，用训练出来的模型 clf 预测测试数据集，然后把预测结果 Ypred 和真正的结果 Ytest 进行比较，看有多少个结果是正确的，这样就能评估出模型的准确度了。所幸，scikit-learn 提供了现成的方法来完成这项工作。

```
clf.score(Xtest, Ytest)
```

笔者的计算机输出的结果如下：

```
0.97777777777777775
```

结果显示模型的准确率为 97.8%。读者如果运行这段代码的话，准确率可能会稍有差异。

除此之外，还可以直接把测试数据集里的部分图片显示出来，并且在图片的左下角显示预测值，右下角显示真实值。运行效果如图 2-20 所示。

```
# 查看预测的情况
fig, axes = plt.subplots(4, 4, figsize=(8, 8))
fig.subplots_adjust(hspace=0.1, wspace=0.1)

for i, ax in enumerate(axes.flat):
    ax.imshow(Xtest[i].reshape(8, 8), cmap=plt.cm.gray_r,
                                    interpolation='nearest')
    ax.text(0.05, 0.05, str(Ypred[i]), fontsize=32,
            transform=ax.transAxes,
            color='green' if Ypred[i] == Ytest[i] else 'red')
    ax.text(0.8, 0.05, str(Ytest[i]), fontsize=32,
```

```
            transform=ax.transAxes,
            color='black')
    ax.set_xticks([])
    ax.set_yticks([])
```

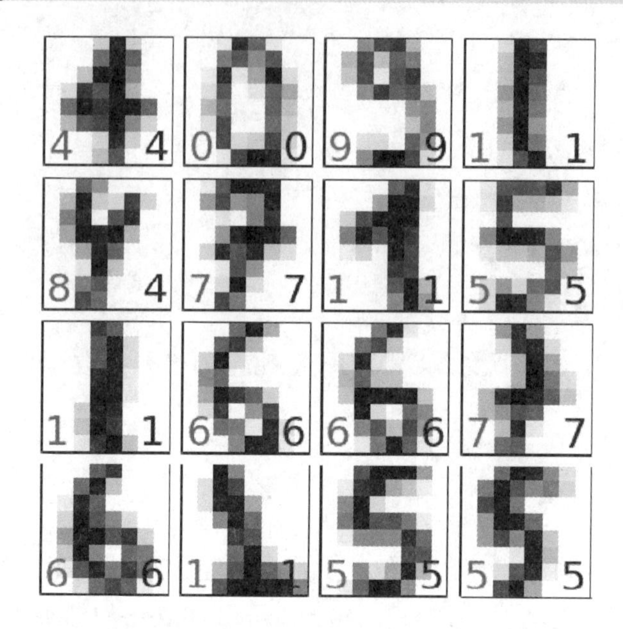

图 2-20　预测值与真实值

从图 2-20 中可以看出，第二行第一个图片预测出错了，真实的数字是 4，但预测为 8。

7. 模型保存与加载

如果对模型的准确度感到满意，就可以把模型保存下来。在下次需要预测时，直接加载这个模型即可，而不需要重新训练一遍模型。可以使用下面的代码保存模型。

```
# 保存模型参数
import joblib
joblib.dump(clf, 'digits_svm.pkl');
```

当需要使用这个模型进行预测时，直接加载模型即可。

```
# 导入模型参数，直接进行预测
clf = joblib.load('digits_svm.pkl')
Ypred = clf.predict(Xtest);
clf.score(Ytest, Ypred)
```

笔者的计算机输出的结果如下：

```
0.9777777777777775
```

这个例子包含在随书代码 ch02.06.ipynb 中，读者可以下载运行并参考。

2.6.2　用 scikit-learn 处理机器学习问题的通用规则

scikit-learn 实现了大部分流行的机器学习算法，包括有监督学习算法（分类和回归）和无监督学习算法（聚类和数据降维）。

1．评估模型对象

scikit-learn 的所有算法都以一个评估模型对象来对外提供接口。上面例子中的 svm.SVC()函数返回的就是一个支持向量机评估模型对象。创建评估模型对象时可以指定不同的参数，这个参数称为**评估对象参数**。评估对象参数直接影响评估模型训练时的效率及准确性。

读者可以试着修改上面例子里的 clf = svm.SVC(gamma=0.001, C=100.)语句的参数值，看一下对模型准确度是否有影响。我们暂时忽略这些评估对象参数的意思，在讲解每个机器学习算法时再详细介绍。

需要特别说明的是，我们学习机器学习算法的原理，其中一项非常重要的任务就是了解不同的机器学习算法有哪些可调参数，这些参数代表什么意思，对机器学习算法的性能及准确性是否有影响。因为在工程应用上，要从头实现一个机器学习算法的可能性很低，除非是数值计算科学家。更多的情况下是分析采集到的数据，根据数据特征选择合适的算法并且调整算法的参数，从而实现算法效率和准确度之间的平衡。

2．模型接口

scikit-learn 所有的评估模型对象都有 fit()这个接口，这是用来进行训练模型的接口。对于有监督的机器学习算法（如上面的例子），使用 fit(X, y)来进行训练，其中，y 是标记数据。对于无监督的机器学习算法，使用 fit(X)进行训练，因为无监督机器学习算法的数据集是没有标记的，不需要传入 y。

对于所有的有监督机器学习算法，scikit-learn 模型对象提供了 predict()接口，经过训练的模型可以用这个接口进行预测。针对分类问题，有些模型还提供了 predict_ proba()接口，用于输出一个待预测的数据属于各种类型的可能性，而 predict()接口直接返回可能性最高的那个类别。

几乎所有的模型都提供了 score()接口来评价一个模型的好坏，得分越高就越好。需要说明的是，不是所有的问题都只有准确度这个评价标准。例如，针对异常检测系统，一些产品不良率可以控制到百万分之十以下，这个时候最简单的模型是无条件地全部预测为合格，即无条件返回 1，其准确率将达到 99.999%以上，但实际上这是一个不好的模型。评价这种模型，就需要使用**查准率**和**召回率**来衡量。相关概念后面会详细介绍。

针对无监督的机器学习算法，scikit-learn 模型对象也提供了 predict()接口，它用于对数据进行聚类分析，即把新数据归入某个聚类里。除此之外，无监督学习算法还有 transform()接口，这个接口用来进行转换。例如，使用 PCA 算法对数据进行降维处理时，把三维数据降为二维数据，此时调用 transform()算法即可把一个三维数据转换为对应的二维数据。

模型接口也是 scikit-learn 工具包的最大优势之一，即把不同的算法抽象出来，对外提供一致的接口调用。

3. 模型检验

机器学习应用开发一个非常重要的方面就是模型检验，即需要检测训练出来的模型对于“没见过的”陌生数据的预测准确性。除了模型提供的 score()接口外，在 sklearn.metrics 包的下面有一系列用来检测模型性能的方法。

4. 模型选择

模型选择是一个非常重要的课题，根据要处理的问题性质，数据是否经过标记，数据规模多大等问题，可以对模型有一个初步的选择。scikit-learn 的官方网站上提供了一个模型速查表，只要回答几个简单的问题就可以选择一个相对合适的模型。感兴趣的读者可以搜索 scikit-learn algorithm cheat sheet 来查看这个图片，有个大概印象，等阅读完本书再回头看这张图片时，可以感受一下自己对其理解的变化和收获。

2.7 习　　题

1. 根据本书提供的材料，安装编程环境。
2. 打开 IPython 环境，体验 IPython 与普通的 Python 解析器的区别。
3. 下载随书代码，打开 ch02.01.ipynb 并运行这个示例代码，验证编程环境是否安装成功。
4. 下载随书代码，打开 ch02.02.ipynb 并运行这个示例代码，熟悉 NumPy 的基本操作。

5．下载随书代码，打开 ch02.03.ipynb 并运行这个示例代码，熟悉 pandas 的基本操作。

6．下载随书代码，打开 ch02.04.ipynb 并运行这个示例代码，熟悉 Matplotlib 的基本画图操作。

7．下载随书代码，打开 ch02.05.ipynb 并运行这个示例代码，熟悉 Matplotlib 高级画图操作。

8．下载随书代码，打开 ch02.06.ipynb 并运行这个示例代码，理解 scikit-learn 机器学习库的一般性原理和通用规则。

9．简述机器学习任务的一般步骤。

2.8　拓展学习资源

1．http://scipy-lectures.org，这是一个按照 CC 4.0 协议发布的网站，是一个优秀的 Python 科学计算工具包的教程合集。

2．https://docs.scipy.org/doc/，NumPy 和 Scipy 的官方文档。

3．https://handwiki.org/wiki/Random_walk，随机漫步算法。

4．https://handwiki.org/wiki/Sieve%20of%20Eratosthenes，埃拉托斯特尼筛法。

5．https://handwiki.org/wiki/Monte%20carlo%20method，蒙特卡罗方法。

6．http://pandas.pydata.org，pandas 官网。

7．http://matplotlib.org，Matplotlib 的官方网站，包含大量的绘图实例。

8．http://scikit-learn.org/stable/documentation.html，scikit-learn 官方文档。

第 3 章　机器学习理论基础

本章将介绍机器学习的理论基础，包括算法模型性能评估指标和评估方法。本章是整本书最关键的理论基础知识，对学习其他章节内容非常重要。本章涵盖的主要内容如下：

- 模型过拟合和欠拟合；
- 模型的成本及成本函数的含义；
- 评价一个模型好坏的标准；
- 用学习曲线对模型进行诊断；
- 通用的模型优化方法；
- 其他模型评价标准。

3.1　过拟合和欠拟合

过拟合是指模型能很好地拟合训练样本，但对新数据的预测准确性很差。**欠拟合**是指模型不能很好地拟合训练样本，且对新数据的预测准确性也不好。

我们来看一个简单的例子。首先生成一个 20 个点的训练样本：

```
import numpy as np
n_dots = 20
x = np.linspace(0, 1, n_dots)             # 在[0, 1] 之间创建 20 个点
y = np.sqrt(x) + 0.2*np.random.rand(n_dots) - 0.1;
```

训练样本是 $y=\sqrt{x}+r$，其中，r 是[-0.1, 0.1]之间的一个随机数。

然后分别用一阶多项式、三阶多项式和十阶多项式 3 个模型来拟合这个数据集，得到的结果如图 3-1 所示。

说明：图中的点是生成的 20 个训练样本；虚线中实际的模型 $y=\sqrt{x}$；实线是用训练样本拟合出来的模型。

在图 3-1 中，图 3-1（a）是欠拟合（Under Fitting），也称为**高偏差**（High Bias），

我们使用一条直线来拟合样本数据。图 3-1（c）是过拟合（Over Fitting），也称为**高方差**（High Variance），用了十阶多项式来拟合数据。虽然模型对现有的数据集拟合得很好，但是对新数据预测误差却很大，只有图 3-1（b）的模型较好地拟合了数据集，可以看到，虚线和实线基本重合了。

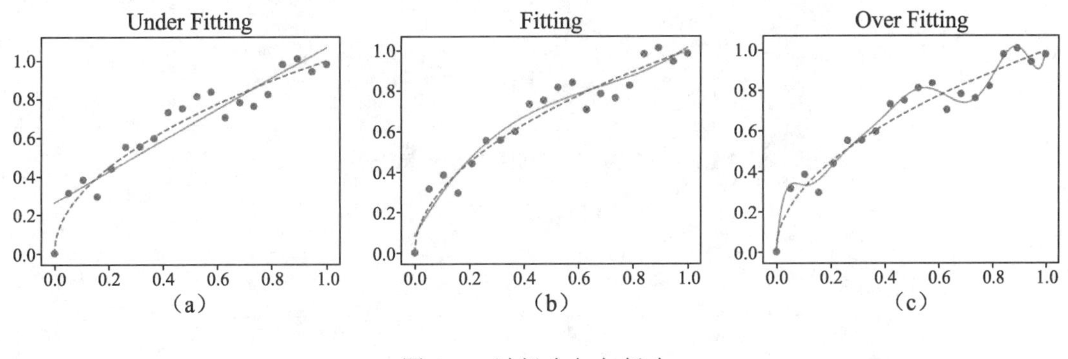

图 3-1　过拟合与欠拟合

通过图 3-1，读者对过拟合（高方差）和欠拟合（高偏差）有了直观的了解。本节的示例程序请参阅随书代码 ch03.01.ipynb。

3.2　成本函数

成本是衡量模型与训练样本符合程度的指标。简单地理解，**成本**是针对所有的训练样本模型拟合出来的值与训练样本的真实值的**误差平均值**。成本函数是成本与**模型参数**的函数关系。模型训练的过程就是找出合适的模型参数，使得**成本函数**的值最小。成本函数记为 $J(\boldsymbol{\theta})$，其中，$\boldsymbol{\theta}$ 表示模型参数。

针对上一节的例子，我们用一阶多项式来拟合数据，则得到的模型是 $y=\theta_0+\theta_1 x$。此时，$[\theta_0,\theta_1]$构成的向量就是**模型参数**。训练这个模型的目标就是找出合适的模型参数$[\theta_0,\theta_1]$，使得所有的点到这条直线的距离最短。

如图 3-2 所示，不同的模型参数 $\boldsymbol{\theta}$ 对应不同的直线，可以明显地看出来，L2 比 L1 更好地拟合数据集。根据成本函数的定义，我们可以容易地得出模型的成本函数公式：

$$J(\boldsymbol{\theta})=J(\boldsymbol{\theta}_0,\boldsymbol{\theta}_1)=\frac{1}{2m}\sum_{i=1}^{m}(h(\boldsymbol{x}^{(i)})-\boldsymbol{y}^{(i)})^2 \tag{3-1}$$

其中，m 是训练样本个数，本例中是 20 个点，而 $h(\boldsymbol{x}^{(i)})$就是模型对每个样本的预测值，$\boldsymbol{y}^{(i)}$是每个样本的真实值。这个公式实际上就是**线性回归**算法的成本函数的简化表达。

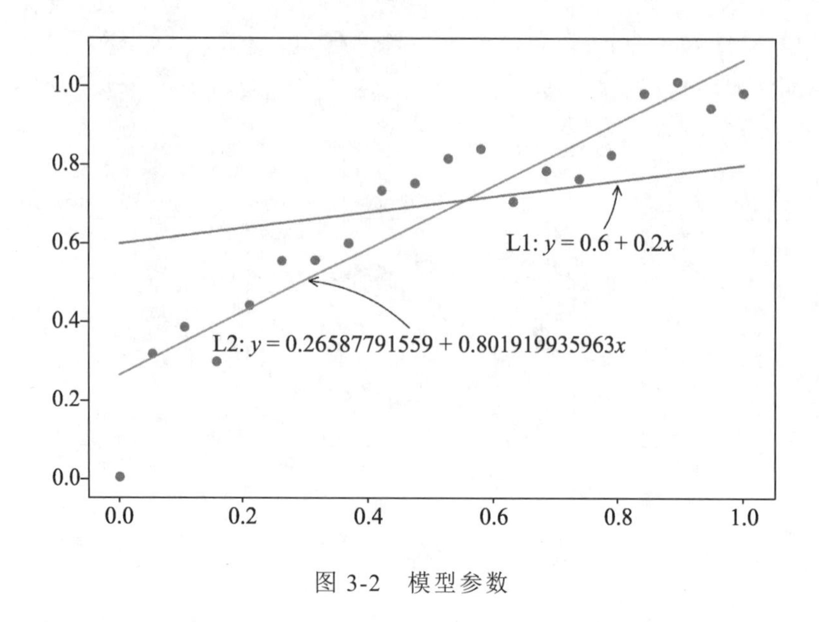

图 3-2　模型参数

一个数据集可能有多个模型来拟合，而一个模型有无穷多个模型参数，针对特定的数据集和特定的模型，只有一个模型参数能最好地拟合这个数据集，这就是模型和模型参数的关系。回到图 3-1 中，针对生成的 20 个训练样本，我们用 3 个模型来拟合这个数据集，分别是一阶多项式、三阶多项式和十阶多项式。图 3-1（a）使用一阶多项式来拟合数据，这就是**模型**，而针对一阶多项式，有无穷多个模型参数，模型训练的目的就是找出一组最优的模型参数，使这个模型参数所代表的一阶多项式对应的成本最低。使用三阶多项式和十阶多项式来拟合数据集时，原理是相同的。

总结一下，针对一个数据集，我们可以选择多个模型来拟合数据，一旦选定了某个模型，则需要从这个模型的无穷多个参数里找出一个最优的参数，使得成本函数的值最小。

问题来了，多个模型之间怎么评价好坏呢？针对我们的例子，一阶多项式、三阶多项式和十阶多项式，到底哪个模型更好呢？对于训练样本，成本最小的模型就是最好的吗？在我们的例子中，十阶多项式针对训练样本的成本最小，因为它的预测曲线几乎穿过了所有的点，训练样本到曲线的距离的平均值最小。那是不是意味着十阶多项式是最好的模型呢？答案是否定的，因为它过拟合了。

过拟合为什么不好？用什么标准来评价一个模型的好坏呢？下面我们来解答这些问题。

3.3　模型的准确性

测试数据集的成本，即 $J_{\text{test}}(\boldsymbol{\theta})$是评估模型准确性的最直观的指标，$J_{\text{test}}(\boldsymbol{\theta})$值越小，说明模型预测出来的值与实际值差异越小，对新数据的预测准确性就越好。需要特别注意，用来测试模型准确性的测试数据集必须是模型“没见过”的数据。

这就是我们要把数据集分成**训练数据集**和**测试数据集**的原因。一般原则是按照 8∶2 或 7∶3 来划分，然后用训练数据集来训练模型，训练出模型参数后，再使用测试数据集来测试模型的准确性，根据模型的准确性来评价模型的性能。

读者可以思考一个问题：为什么要确保模型没有见过测试数据集？

那么，我们要如何计算测试数据集的误差呢？简单地说，就是将测试数据集和训练出来的模型参数代入相应的成本函数中计算测试数据集的成本。

针对前面介绍的线性回归算法，可以使用下面的公式计算测试数据集的误差，其中，m 是测试数据集的个数：

$$J_{\text{test}}(\boldsymbol{\theta})=\frac{1}{2m}\sum_{i=0}^{m}\left(h_{\boldsymbol{\theta}}(\boldsymbol{x}^{(i)})-\boldsymbol{y}^{(i)}\right)^2 \tag{3-2}$$

3.3.1　模型性能的不同表述方式

在 scikit-learn 中，不使用成本函数来表达模型的性能，而使用分数来表达，这个分数总是在[0, 1]之间，数值越大则说明模型的准确性越好。当模型训练完成时，调用模型的 score(X_test, y_test)即可算出模型的分数值，其中，X_test 和 y_test 是测试数据集样本。

模型分数（准确性）与成本成反比，即分数越大，则准确性越高，误差越小，成本越低；反之，分数越小，则准确性越低，误差越大，成本越高。

3.3.2　交叉验证数据集

另外一个更科学的方法是把数据集分成 3 份，分别是**训练数据集**、**交叉验证数据集**和**测试数据集**，推荐比例是 6∶2∶2。

为什么需要**交叉验证数据集**呢？以多项式模型选择为例。假设用一阶多项式、二阶多项式、三阶多项式……十阶多项式来拟合数据，多项式的阶数记为 d。我们把数据集分成训练数据集和测试数据集，先用训练数据集训练出机器学习算法的参数 $\boldsymbol{\theta}^{(1)}, \boldsymbol{\theta}^{(2)}, \boldsymbol{\theta}^{(3)}, \cdots, \boldsymbol{\theta}^{(10)}$，这些参数分别代表从一阶到十阶多项式的模型参数。在这 10 个模型中，哪个模型更好呢？我们用测试数据集算出针对测试数据集的成本 $J_{\text{test}}(\boldsymbol{\theta})$，哪个模型的测试数据集成本最低，就选择这个多项式来拟合数据，但实际上这是有问题的。测试数据集的主要功能是测试模型的准确性，需要确保模型“没见过”这些数据。我们用测试数据集来选择多项式的阶数 d，相当于把测试数据集提前让模型“见过”了。这样选择出来的多项式阶数 d 本身就是对训练数据集最友好的一个，模型的准确性测试就失去了意义。

为了解决这个问题，我们把数据分成 3 份，随机选择 60%的数据作为训练数据集，其成本记为 $J(\boldsymbol{\theta})$，随机选择 20%的数据作为交叉验证数据集（Cross Validation），其成本记为 $J_{\text{cv}}(\boldsymbol{\theta})$，剩下的 20%作为测试数据集，其成本记为 $J_{\text{test}}(\boldsymbol{\theta})$。

在模型选择时，我们使用训练数据集来训练算法参数，用交叉验证数据集来验证参数。选择交叉验证数据集的成本 $J_{\text{cv}}(\boldsymbol{\theta})$最小的多项式作为数据拟合模型，最后再用测试数据集来测试选择的模型针对测试数据集的准确性。

因为在模型选择过程中我们使用了交叉验证数据集，所以在筛选模型多项式阶数 d 的过程中，实际上并没有使用测试数据集。这保证了使用测试数据集来计算成本衡量模型的准确性，我们选择出来的模型是没有“见过”测试数据的，即测试数据集没有参与模型选择的过程。

当然，在实践过程中，很多人直接把数据集分成训练数据集和测试数据集，并没有分出交叉验证数据集。这是因为很多时候并不需要横向去对比不同的模型。在工程中，大多数时候我们的主要工作不是选择模型，而是获取更多数据、分析数据、挖掘数据。

3.4 学习曲线

我们可以把 $J_{\text{train}}(\boldsymbol{\theta})$和 $J_{\text{cv}}(\boldsymbol{\theta})$作为纵坐标，画出与训练数据集 m 的大小关系曲线，这就是学习曲线。通过学习曲线，可以直观地观察到模型的准确性与训练数据集大小的关系。

如果数据集的大小为 m，则通过下面的流程即可画出学习曲线。

（1）把数据集分成训练数据集和交叉验证数据集。

（2）取训练数据集的 20%作为训练样本，训练出模型参数。

（3）使用交叉验证数据集计算训练出来的模型的准确性。

（4）以训练数据集的准确性和交叉验证的准确性作为纵坐标，训练数据集个数作为横坐标，在坐标轴上画出上述步骤中计算出来的模型准确性。

（5）训练数据集增加 10%，跳到步骤（3）继续执行，直到训练数据集大小为 100%为止。

学习曲线要表达的是当训练数据集增加时，模型对训练数据集拟合的准确性以及对交叉验证数据集预测的准确性的变化规律。

3.4.1　示例：画出学习曲线

下面通过一个例子来看看在 scikit-learn 中如何画出模型的学习曲线，从而判断模型的准确性及优化方向。

还是使用本章前面的例子，生成一个在 $y=\sqrt{x}$ 附近波动的点作为训练样本，不过这次要多生成一些点，因为需要了解当训练样本数量增加时，模型的准确性是如何变化的。

```
import numpy as np
n_dots = 200

X = np.linspace(0, 1, n_dots)
y = np.sqrt(X) + 0.2*np.random.rand(n_dots) - 0.1;

# 因为 sklearn 的接口中，需要用到 n_sample x n_feature 的矩阵
# 所以需要转换为 200 x 1 的矩阵
X = X.reshape(-1, 1)
y = y.reshape(-1, 1)
```

（1）构造一个多项式模型。在 scikit-learn 中，需要用 Pipeline 来构造多项式模型，Pipeline 的意思是流水线，即在这个流水线中可以包含多个数据处理模型，前一个模型处理完，转到下一个模型继续处理。

```
from sklearn.pipeline import Pipeline
from sklearn.preprocessing import PolynomialFeatures
from sklearn.linear_model import LinearRegression

def polynomial_model(degree=1):
    polynomial_features = PolynomialFeatures(degree=degree,
                                             include_bias=False)
    linear_regression = LinearRegression()
    # 这是一个流水线，先增加多项式阶数，然后再用线性回归算法来拟合数据
    pipeline = Pipeline([("polynomial_features", polynomial_
features),
```

```
                         ("linear_regression", linear_regression)])
    return pipeline
```

通过 polynomial_model()函数生成一个多项式模型，其中，参数 degree 表示多项式的阶数，如 polynomial_model(3)，将生成一个三阶多项式的模型。

在 scikit-learn 中，我们不用自己去实现学习曲线算法，可以直接使用 sklearn.model_selection.learning_curve()函数画出学习曲线，它会自动把训练样本的数量按照预定的规则逐渐增加，然后画出不同训练样本数量时的模型准确性曲线，其中，train_sizes 参数用于指定训练样本数量的变化规则。例如，train_sizes=np.linspace(.1, 1.0, 5)，表示把训练样本数量从 0.1～1 进行 5 等分，生成[0.1 , 0.325, 0.55 , 0.775, 1]的序列，然后从序列中取出训练样本数量百分比，再逐个计算在当前训练样本数量情况下训练出来的模型准确性。

```
from sklearn.model_selection import learning_curve
from sklearn.model_selection import ShuffleSplit

def plot_learning_curve(estimator, title, X, y, ylim=None, cv=None,
                        n_jobs=1, train_sizes=np.linspace(.1, 1.0, 5)):
    plt.title(title)
    if ylim is not None:
        plt.ylim(*ylim)
    plt.xlabel("Training examples")
    plt.ylabel("Score")
    train_sizes, train_scores, test_scores = learning_curve(
        estimator, X, y, cv=cv, n_jobs=n_jobs, train_sizes=
train_sizes)
    train_scores_mean = np.mean(train_scores, axis=1)
    train_scores_std = np.std(train_scores, axis=1)
    test_scores_mean = np.mean(test_scores, axis=1)
    test_scores_std = np.std(test_scores, axis=1)
    plt.grid()

    plt.fill_between(train_sizes, train_scores_mean - train_scores_
                     std, train_scores_mean + train_scores_std,
                     alpha=0.1, color="r")
    plt.fill_between(train_sizes, test_scores_mean - test_scores_
                    std, test_scores_mean + test_scores_std, alpha=0.1,
                    color= "g")
    plt.plot(train_sizes, train_scores_mean, 'o-', color="r",
             label="Training score")
    plt.plot(train_sizes, test_scores_mean, 'o-', color="g",
             label="Cross-validation score")

    plt.legend(loc="best")
    return plt
```

sklearn.model_selection learning_curve()函数实现的功能就是画出模型的学习曲线。其中有个细节需要注意，在计算模型的准确性时，是随机从数据集中分配出训练样本和交叉验证样本，这样会导致数据分布不均匀。也就是说，训练同样样本数量的模型，由于是随机分配，导致每次计算出来的准确性都不一样。为了解决这个问题，我们在计算模型的准确性时，多次计算并求准确性的平均值和方差。在上述代码中，plt.fill_between()函数会将模型准确性的平均值的上下方差的空间里用颜色填充，然后用 plt.plot()函数画出模型准确性的平均值。上述函数画出了训练样本的准确性曲线，也画出了交叉验证样本的准确性曲线。

（2）使用 polynomial_model()函数构造 3 个模型，分别是一阶多项式、三阶多项式和十阶多项式，然后分别画出这 3 个模型的学习曲线。

```
# 为了让学习曲线更平滑，计算 10 次交叉验证数据集的分数
cv = ShuffleSplit(n_splits=10, test_size=0.2, random_state=0)
titles = ['Learning Curves (Under Fitting)',
          'Learning Curves',
          'Learning Curves (Over Fitting)']
degrees = [1, 3, 10]

plt.figure(figsize=(18, 4), dpi=200)
for i in range(len(degrees)):
    plt.subplot(1, 3, i + 1)
    plot_learning_curve(polynomial_model(degrees[i]), titles[i],
        X, y, ylim=(0.75, 1.01), cv=cv)

plt.show()
```

最终得出的学习曲线如图 3-3 所示。

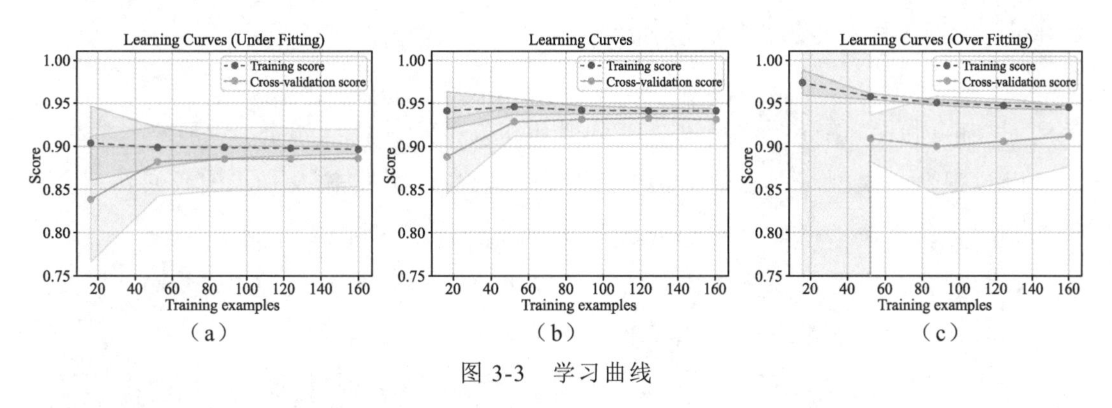

图 3-3　学习曲线

图 3-3（a）为一阶多项式，欠拟合；图 3-3（b）为三阶多项式，较好地拟合了数据集；图 3-3（c）为十阶多项式，过拟合。虚线表示针对训练数据集计算出来的分数，即针对训练数据集拟合的准确性；实线表示针对交叉验证数据集计算出来的

分数，即针对交叉验证数据集预测的准确性。

从图 3-3（a）中我们可以观察到，当模型欠拟合（High bias，Under fitting）时，随着训练数据集的增加，交叉验证数据集的准确性（实线）逐渐增大，逐渐和训练数据集的准确性（虚线）靠近，但其总体水平比较低，收敛在 0.88 左右。训练数据集的准确性也比较低，收敛在 0.90 左右。这就是欠拟合的表现。从这个关系中可以看出，**当发生高偏差时，增加训练样本数量不会对算法准确性有较大的改善**。

从图 3-3（c）中我们可以观察到，当模型过拟合（High variance，Over fitting）时，随着训练数据集的增加，交叉验证数据集的准确性（实线）也在增加，逐渐和训练数据集的准确性（虚线）靠近，但二者之间的间隙比较大。训练数据集的准确性很高，收敛在 0.95 左右，是三者中最高的，但其交叉验证数据集的准确性值却较低，最终收敛在 0.91 左右。

从图 3-3（b）中可以看出，我们选择的三阶多项式较好地拟合了数据，最终训练数据集的准确性（虚线）和交叉验证数据集的准确性（实线）靠得很近，最终交叉验证数据集收敛在 0.93 附近，训练数据集的准确性收敛在 0.94 附近。3 个模型对比，显然这个模型的准确性最好。

当需要改进学习算法时，可以画出学习曲线，以便判断算法是处在高偏差还是高方差水平。该示例在随书代码 ch03.02.ipynb 中，建议读者自己运行一下，可以修改一些参数，观察学习曲线的变化规律。学习曲线是诊断模型算法准确性的一个非常重要的工具。

3.4.2 过拟合和欠拟合的特征

通过前面几节的介绍，可以总结过拟合和欠拟合的特点如下：

- **过拟合**：模型对训练数据集的准确性比较高，其成本 $J_{\text{train}}(\boldsymbol{\theta})$ 比较低，对交叉验证数据集的准确性比较低，其成本 $J_{\text{cv}}(\boldsymbol{\theta})$ 比较高。
- **欠拟合**：模型对训练数据集的准确性比较低，其成本 $J_{\text{train}}(\boldsymbol{\theta})$ 比较高，对交叉验证数据集的准确性也比较低，其成本 $J_{\text{cv}}(\boldsymbol{\theta})$ 也比较高。

一个好的机器学习算法对训练数据集的准确性高，成本低，即较准确地拟合数据，同时对交叉验证数据集的准确性高，成本低，误差小，即对未知数据有良好的预测性。

3.5　算法模型性能优化

当辛苦开发出来的机器学习算法不能很好地预测新数据时，该怎么办呢？一般情况下，需要先判断这个算法模型是欠拟合还是过拟合。

如果是过拟合，可以采取的措施如下：

- **获取更多的训练数据**：从学习曲线的规律来看，更多的数据有助于改善过拟合问题。
- **减少输入的特征数量**：比如，针对书写识别系统，原来使用 200×200 的图片，共 40 000 个特征。优化后，可以把图片等比例缩小为 10×10 的图片，共 100 个特征。这样可以大大减少模型的计算量，同时也减少模型的复杂度，改善过拟合问题。

如果是欠拟合，说明模型太简单了，需要增加模型的复杂度。

- **增加有价值的特征**：重新解读并理解训练数据。例如，针对一个房产价格预测的机器学习任务，原来只根据房子面积来预测价格，结果模型出现了欠拟合。优化后，我们增加其他的特征，如房子的朝向、户型、年代，以及房子旁边的学校的质量（我们熟悉的学区房），房子的开发商，房子周边商业街的个数，房子周边的公园个数等。
- **增加多项式特征**：有的时候，从已知数据中挖掘出更多的特征不是件容易的事情，这个时候可以用纯数学的方法增加多项式特征。例如，原来的输入特征只有 x_1, x_2，优化后可以增加特征，变成 $x_1,x_2,x_1x_2,x_1^2,x_2^2$。这样可以增加模型的复杂度，从而改善欠拟合问题。回顾 3.4 节的例子，当用一阶多项式拟合数据集时，使用的只有一个特征，而最终我们用三阶多项式来拟合数据时，使用的其实就是增加多项式特征这个方法。

3.6　查准率和召回率

有时候，模型准确性并不能评价一个算法的好坏。例如，针对癌症筛查算法，根据统计，普通肿瘤中癌症的概率是 0.5%。有个机器学习算法，测试得出的准确率是 99.2%，错误率是 0.8%。这个算法到底是好还是坏呢？如果努力改进算法，最终得出的准确率是 99.5%，错误率是 0.5%，模型到底是变好了还是变坏了呢？

如果单纯从模型准确性的指标上来看，则很难判断模型到底是变好了还是变坏了。因为这个事情的先验概率太低了。假如我们写了一个超级简单且总是返回 0 的预测函数，即总是认为不会得癌症，那么我们认为这个超级简单的预测函数的准确率是 99.5%，错误率是 0.5%。因为总体而言，只有这 0.5%真正得癌症的部分却被误判了。

那么怎样来评价这类问题的模型好坏呢？由此引入另外两个概念：**查准率**（Precision）和**召回率**（Recall）。还是以癌症筛查为例：

预测数据/实际数据	实际恶性肿瘤	实际良性肿瘤
预测恶性肿瘤	TruePositive	FalsePositive
预测良性肿瘤	FalseNegative	TrueNegative

查准率和召回率的定义如下：

$$\text{Precision} = \frac{\text{TruePositive}}{\text{TruePositive} + \text{FalsePositive}}$$

$$\text{Recall} = \frac{\text{TruePositive}}{\text{TruePositive} + \text{FalseNegative}}$$

如何理解 True、False 和 Positive、Negative 呢？True 和 False 表示预测结果是否正确，而 Positive 和 Negative 表示预测结果是 1（恶性肿瘤）或 0（良性肿瘤）。因此，TruePositive 表示正确地预测出恶性肿瘤的数量；FalsePositive 表示错误地预测出恶性肿瘤的数量；FalseNegative 表示错误地预测出良性肿瘤的数量。

在处理先验概率低的问题时，我们总是把概率较低的事件定义为 1，并且把 y=1 作为 Positive 的预测结果。针对前面介绍的，对总是返回 0 的超级简单的肿瘤筛查预测函数，当使用查准率和召回率来检验模型性能时会发现，查准率和召回率都是 0，这是因为它永远无法正确地预测出恶性肿瘤，即 TruePositive 永远为 0。

在 scikit-learn 中，评估模型性能的算法都在 sklean.metrics 包中。其中，计算查准率和召回率的 API 分别为 sklean.metrics.precision_score()和 sklean.metrics.recall_score()。

3.7 F_1 分数

由于现在有两个指标——查准率和召回率，如果有一个算法的查准率是 0.5，召回率是 0.4，另外一个算法的查准率是 0.02，召回率是 1.0，那么两个算法到底哪个好呢？

为了解决这个问题，我们引入 F_1Score 的概念：

$$F_1\text{Score} = 2\frac{PR}{P+R} \tag{3-3}$$

其中，P 是查准率，R 是召回率。这样就可以用一个数值直接判断哪个算法性能更好。典型地，如果查准率或召回率有一个为 0，那么 F_1Score 将会为 0。而在理想情况下，查准率和召回率都为 1，则算出来的 F_1Score 为 1。

在 scikit-learn 中，计算（F_1Score）的函数是 sklean.metrics.f1_score()。

3.8 习　　题

1．什么是过拟合？什么是欠拟合？怎样诊断算法是过拟合还是欠拟合？

2．模型的拟合成本是什么意思？它和模型的准确性有什么关系？

3．有哪些指标可以评价一个模型的好坏？

4．为什么需要交叉验证数据集？

5．什么是学习曲线？为什么要画学习曲线？

6．打开 ch03.02.ipynb，运行这个示例代码。

7. 参考 ch03.02.ipynb，换成随机森林回归算法 sklearn.ensemble.RandomForestRegressor 来拟合曲线，并画出学习曲线。提示：读者可以阅读 scikit-learn 文档获得帮助。读者不需要深入了解算法原理，scikit-learn 提供了一致的接口，对有编程经验的读者来说，这个任务并不难。

8．为什么需要用查准率和召回率来评估模型的好坏？查准率和召回率适合哪些领域？

第 4 章　*k*-近邻算法

本章主要介绍 *k*-近邻算法。它是一个有监督的机器学习算法，也称为 KNN 算法，它可以解决分类问题，也可以解决回归问题。本章涵盖的主要内容如下：

- *k*-近邻算法的原理、优缺点及参数 *k* 取值对算法性能的影响；
- 使用 *k*-近邻算法处理分类问题的示例；
- 使用 *k*-近邻算法解决回归问题的示例；
- 使用 *k*-近邻算法进行糖尿病检测的实例；
- 基于统计学的特征选择；
- 扩展阅读之 *k*-近邻算法性能优化；
- 扩展阅读之卡方检测及 F 值检测。

4.1　算法原理

k-近邻算法的核心思想是未标记样本的类别，由距离其最近的 *k* 个邻居投票来决定。

假设我们有一个已经标记的数据集，即已经知道数据集中每个样本所属的类别。此时有一个未标记的数据样本，我们的任务是预测出这个数据样本所属的类别。*k*-近邻算法的原理是，计算待标记的数据样本和数据集中每个样本的距离，取距离最近的 *k* 个样本。待标记的数据样本所属的类别，就由这 *k* 个距离最近的样本投票产生。

假设 X_test 为待标记的数据样本，X_train 为已标记的数据集，算法原理的伪代码如下：

- 遍历 X_train 中的所有样本，计算每个样本与 X_test 的距离，并把距离保存在 Distance 数组中。
- 对 Distance 数组进行排序，取距离最近的 *k* 个点，记为 X_knn。
- 在 X_knn 中统计每个类别的个数，即 class0 在 X_knn 中有几个样本，class1

在 X_knn 中有几个样本等。

- 待标记样本的类别，就是在 X_knn 中样本个数最多的那个类别。

4.1.1　算法的优缺点

k-近邻算法的优点是准确性高，对异常值和噪声有较高的容忍度；缺点是计算量较大，对内存的需求也较大。从算法原理中可以看出，每次对一个未标记样本进行分类时，都需要全部计算一遍待标记的数据样本和数据集中每个样本的距离。

4.1.2　算法的参数

k-近邻算法参数是 k，参数选择需要根据数据来决定。k 值越大，模型的偏差越大，对噪声数据越不敏感，当 k 值很大时，可能会造成模型欠拟合；k 值越小，模型的方差就会越大，如果 k 值太小，就会造成模型过拟合。

4.1.3　算法的变种

k-近邻算法有一些变种，其中之一就是可以增加邻居的权重。默认情况下，在计算距离时，都是使用相同的权重。实际上，可以针对不同的邻居指定不同的距离权重，距离越近则权重越高，这可以通过指定算法的 weights 参数来实现。

另外一个变种是，使用一定半径内的点取代距离最近的 k 个点。在 scikit-learn 中，RadiusNeighborsClassifier 类实现了这个算法的变种。当数据采样不均匀时，该算法变种可以取得更好的性能。

4.2　示例：使用 k-近邻算法进行分类

在 scikit-learn 中，使用 k-近邻算法进行分类处理的是 sklearn.neighbors. KNeighbors Classifier 类。

（1）生成已标记的数据集：

```
from sklearn.datasets import make_blobs
# 生成数据
centers = [[-2, 2], [2, 2], [0, 4]]
X, y = make_blobs(n_samples=60, centers=centers,
```

```
                random_state=0, cluster_std=0.60)
```

我们使用 sklearn.datasets 包下的 make_blobs()函数来生成数据集，在上面的代码中，生成 60 个训练样本，这 60 个样本分布在 centers 参数指定的中心点周围。cluster_std 是标准差，用来指明生成的点分布的松散程度。生成的训练数据集放在变量 X 中，数据集的类别标记放在 y 中。

读者可以输出 X 和 y 的值看一下，一个更直观的方法是使用 Matplotlib 库，它可以很容易地把生成的点画出来。

```
# 画出数据
plt.figure(figsize=(16, 10), dpi=144)
c = np.array(centers)
plt.scatter(X[:, 0], X[:, 1], c=y, s=100, cmap='cool');   # 画出样本
# 画出中心点
plt.scatter(c[:, 0], c[:, 1], s=100, marker='^', c='orange');
```

这些点的分布情况在坐标轴上一目了然，其中，三角形的点即各个类别的中心点，如图 4-1 所示。

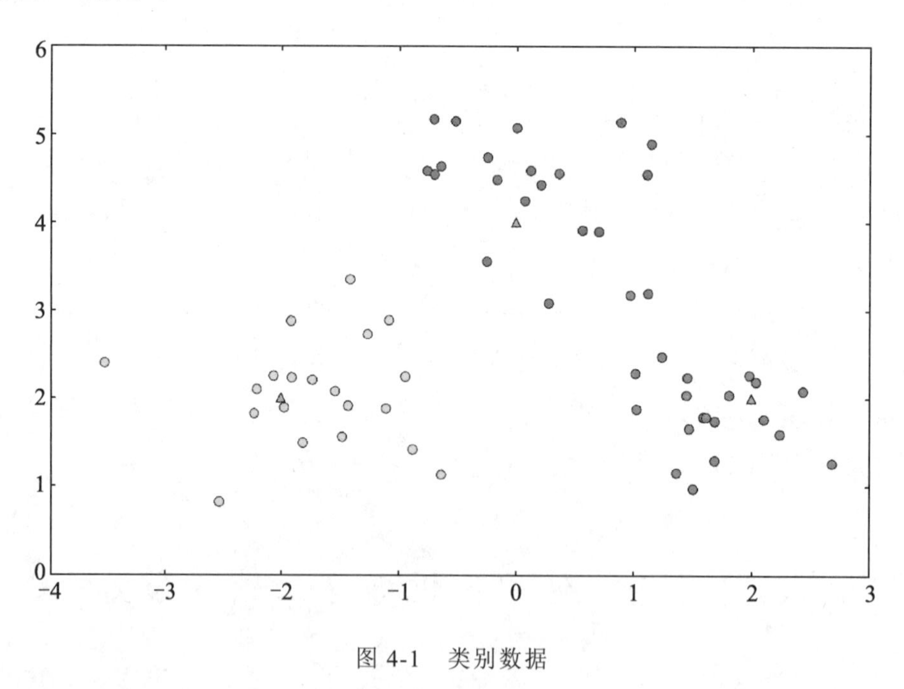

图 4-1　类别数据

（2）使用 KNeighborsClassifier 对算法进行训练，我们选择的参数是 k = 5。

```
from sklearn.neighbors import KNeighborsClassifier
# 模型训练
k = 5
clf = KNeighborsClassifier(n_neighbors=k)
clf.fit(X, y);
```

（3）对一个新的样本进行预测。

```
# 进行预测
X_sample = [0, 2]
X_sample = np.array(X_sample).reshape(1, -1)
y_sample = clf.predict(X_sample);
neighbors = clf.kneighbors(X_sample, return_distance=False);
```

我们要预测的样本是[0, 2]，使用 kneighbors()方法把这个样本周围距离最近的 5 个点取出来。取出来的点是训练样本 X 中的索引，从 0 开始计算。

（4）把待预测的样本及和其最近的 5 个点标记出来。

```
# 画出示意图
plt.figure(figsize=(16, 10))
plt.scatter(X[:, 0], X[:, 1], c=y, s=100, cmap='cool');  # 样本
plt.scatter(c[:, 0], c[:, 1], s=100, marker='^', c='k'); # 中心点
plt.scatter(X_sample[0][0], X_sample[0][1], marker="x",
            s=100, cmap='cool')        # 待预测的点

for i in neighbors[0]:
    plt.plot([X[i][0], X_sample[0][0]], [X[i][1], X_sample[0][1]],
            'k--', linewidth=0.6);     # 预测点与距离最近的 5 个样本的连线
```

从图 4-2 中可以清楚地看到 k-近邻算法的原理。

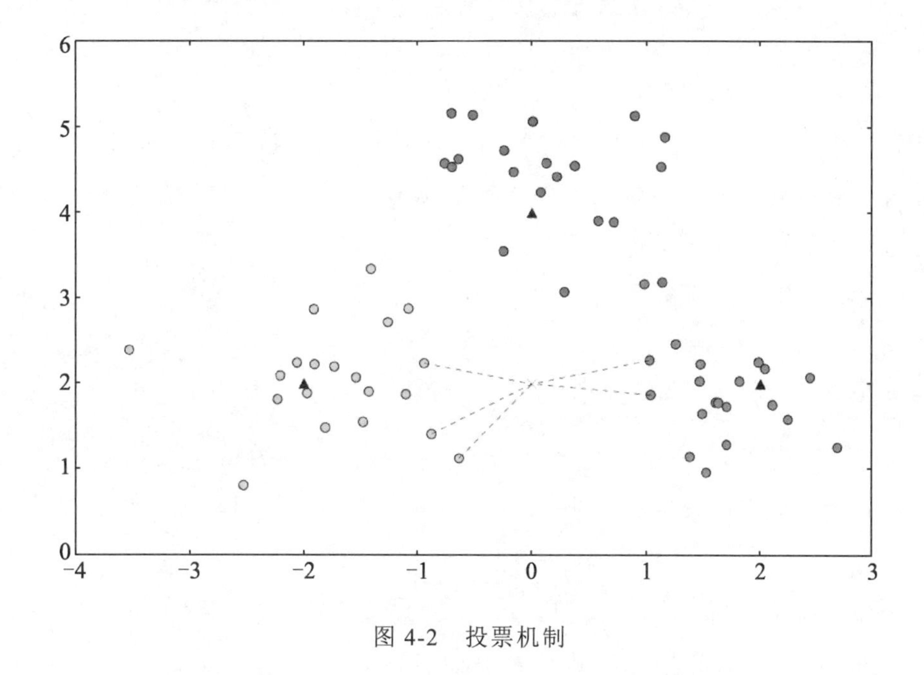

图 4-2　投票机制

本节的示例代码可参阅随书代码 ch04.01.ipynb。

4.3 示例：使用 *k*-近邻算法进行回归拟合

分类问题的预测值是离散的，可以使用 *k*-近邻算法在连续区间内对数值进行预测，然后进行回归拟合。在 scikit-learn 中，使用 *k*-近邻算法进行回归拟合的算法是 sklearn.neighbors. KNeighborsRegressor 类。

（1）生成数据集并在余弦曲线的基础上加入噪声。

```
import numpy as np
n_dots = 40
X = 5 * np.random.rand(n_dots, 1)
y = np.cos(X).ravel()

# 添加一些噪声
y += 0.2 * np.random.rand(n_dots) - 0.1
```

（2）使用 KNeighborsRegressor 训练模型。

```
# 训练模型
from sklearn.neighbors import KNeighborsRegressor
k = 5
knn = KNeighborsRegressor(k)
knn.fit(X, y);
```

我们要怎样进行回归拟合呢？

一个方法是，在 *X* 轴上的指定区间内生成足够多的点，针对这些足够密集的点，使用训练出来的模型进行预测，得到预测值 y_pred，然后在坐标轴上把所有的预测点连接起来，这样就画出了拟合曲线。

针对足够密集的点进行预测。

```
# 生成足够密集的点并进行预测
T = np.linspace(0, 5, 500)[:, np.newaxis]
y_pred = knn.predict(T)
knn.score(X, y)
```

可以用 score()方法计算拟合曲线针对训练样本的拟合准确性，笔者的计算机输出的结果如下：

```
0.99000494130215722                    # 在读者的环境运行时，值会略有差异
```

（3）把这些预测点连起来，构成拟合曲线。

```
# 画出拟合曲线
plt.figure(figsize=(16, 10), dpi=144)
plt.scatter(X, y, c='g', label='data', s=100)          # 画出训练样本
```

```
plt.plot(T, y_pred, c='k', label='prediction', lw=4)  # 画出拟合曲线
plt.axis('tight')
plt.title("KNeighborsRegressor (k = %i)" % k)
plt.show()
```

最终生成的拟合曲线及训练样本数据如图 4-3 所示。

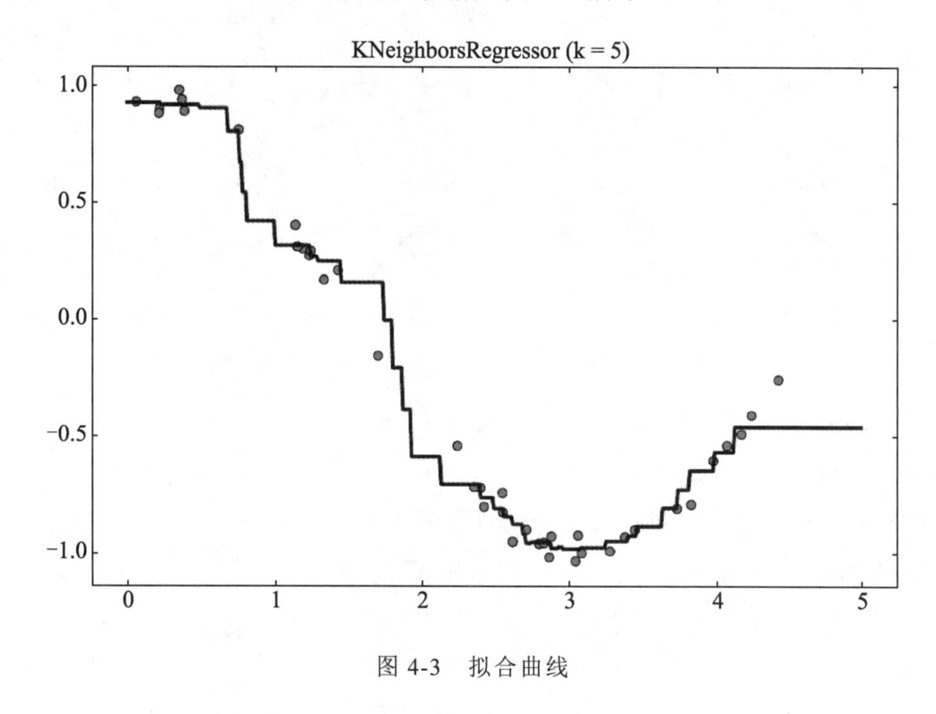

图 4-3　拟合曲线

本节的示例代码可以参阅 ch04.02.ipynb。

4.4　实例：糖尿病预测

本节使用 *k*-近邻算法及其变种，对 Pima 印第安人的糖尿病进行预测。数据来源于 kaggle.com，网址为 https://www.kaggle.com/uciml/pima-indians-diabetes-database，读者可自行前往下载，也可以使用随书代码中笔者下载好的数据 code/ dataset/pima-indians-diabetes。

4.4.1　加载数据

使用 pandas 加载数据：

```
# 加载数据
data = pd.read_csv('datasets/pima-indians-diabetes/diabetes.csv')
```

```
print('dataset shape {}'.format(data.shape))
data.head()
```

笔者的计算机输出的结果如下：

```
dataset shape (768, 9)
Out[2]:
Pregnancies Glucose BloodPressure  SkinThickness
Insulin BMI DiabetesPedigreeFunction   Age Outcome
0   6   148 72  35  0   33.6    0.627   50  1
1   1   85  66  29  0   26.6    0.351   31  0
2   8   183 64  0   0   23.3    0.672   32  1
3   1   89  66  23  94  28.1    0.167   21  0
4   0   137 40  35  168 43.1    2.288   33  1
```

从输出结果中可以看到，总共有 768 个样本、8 个特征，其中，Outcome 为标记值，0 表示没有糖尿病，1 表示有糖尿病。这 8 个特征分别如下：

- **Pregnancies**：怀孕的次数。
- **Glucose**：血浆葡萄糖浓度，采用 2 小时口服葡萄糖耐量试验测得。
- **BloodPressure**：舒张压（mmHg，即毫米汞柱）。
- **SkinThickness**：肱三头肌皮肤褶皱厚度（mm）。
- **Insulin**：两个小时血清胰岛素（μU/mL）。
- **BMI**：身体质量指数，即体重除以身高的平方。
- **DiabetesPedigreeFunction**：糖尿病血统指数，糖尿病和家庭遗传相关。
- **Age**：年龄。

我们可以进一步观察数据集里阳性和阴性样本的个数：

```
data.groupby("Outcome").size()
```

输出如下：

```
Outcome
0    500
1    268
dtype: int64
```

其中，阴性样本 500 例，阳性样本 268 例。接着需要对数据集进行简单处理，把 8 个特征值分离出来作为训练数据集，把 Outcome 列分离出来作为目标值，然后把数据集划分为训练数据集和测试数据集。

```
X = data.iloc[:, 0:8]
Y = data.iloc[:, 8]
print('shape of X {}; shape of Y {}'.format(X.shape, Y.shape))
from sklearn.model_selection import train_test_split
X_train, X_test, Y_train, Y_test = train_test_split(X, Y,
test_size=0.2);
```

4.4.2 模型比较

使用普通的 *k*-近邻算法、带权重的 *k*-近邻算法及指定半径的 *k*-近邻算法分别对数据集进行拟合并计算评分。

```
from sklearn.neighbors import KNeighborsClassifier,
    RadiusNeighborsClassifier

# 构造 3 个模型
models = []
models.append(("KNN", KNeighborsClassifier(n_neighbors=2)))
models.append(("KNN with weights", KNeighborsClassifier(
    n_neighbors=2, weights="distance")))
models.append(("Radius Neighbors", RadiusNeighborsClassifier(
    n_neighbors=2, radius=500.0)))

# 分别训练 3 个模型，并计算评分
results = []
for name, model in models:
    model.fit(X_train, Y_train)
    results.append((name, model.score(X_test, Y_test)))
for i in range(len(results)):
    print("name: {}; score: {}".format(results[i][0],results[i][1]))
```

笔者的计算机输出的结果如下：

```
name: KNN; score: 0.681818181818
name: KNN with weights; score: 0.636363636364
name: Radius Neighbors; score: 0.62987012987
```

对于权重算法，我们选择的是距离越近，权重就越高。RadiusNeighborsClassifier 模型的半径，选择了 500。从输出结果中可以看出，普通的 *k*-近邻算法性能是最好的。问题来了，这个判断准确吗？答案是不准确。因为我们的训练样本和测试样本是随机分配的，不同的训练样本和测试样本组合可能导致计算出来的算法准确性有差异。读者可以试着多次运行本书的示例代码，观察一下输出值是否有变化。

怎样更准确地对比算法的准确性呢？一个方法是，多次随机分配训练数据集和交叉验证数据集，然后求模型准确性评分的平均值。所幸，我们不需要从头实现这个过程，scikit-learn 提供了 KFold 和 cross_val_score()函数来处理这种问题。

```
from sklearn.model_selection import KFold
from sklearn.model_selection import cross_val_score

results = []
```

```
for name, model in models:
    kfold = KFold(n_splits=10)
    cv_result = cross_val_score(model, X, Y, cv=kfold)
    results.append((name, cv_result))
for i in range(len(results)):
    print("name: {}; cross val score: {}".format(
        results[i][0],results[i][1].mean()))
```

在上述代码中，我们通过 KFold 把数据集分成 10 份，其中，1 份作为交叉验证数据集来计算模型的准确性，剩余的 9 份作为训练数据集。cross_val_score()函数总共计算出 10 次不同训练数据集和交叉验证数据集组合得到的模型准确性评分，最后求平均值。这样的评价结果相对更准确一些。

输出结果如下：

```
name: KNN; cross val score: 0.714764183185
name: KNN with weights; cross val score: 0.677050580998
name: Radius Neighbors; cross val score: 0.6497265892
```

看起来还是普通的 *k*-近邻算法性能更优。

4.4.3 模型训练与分析

本节我们就使用普通的 *k*-均值算法模型对数据集进行训练，并查看对训练样本的拟合情况及对测试样本的预测准确性情况。

```
knn = KNeighborsClassifier(n_neighbors=2)
knn.fit(X_train, Y_train)
train_score = knn.score(X_train, Y_train)
test_score = knn.score(X_test, Y_test)
print("train score: {}; test score: {}".format(train_score,
test_score))
```

笔者的计算机输出的结果如下：

```
train score: 0.842019543974; test score: 0.727272727273
```

从这个输出中可以看到两个问题：一是对训练样本的拟合情况不佳，评分 0.84 左右，这说明算法模型太简单了，无法很好地拟合训练样本；二是模型的准确性欠佳，不到 73%的预测准确性。我们可以进一步画出学习曲线，证实结论。

```
from sklearn.model_selection import ShuffleSplit
from common.utils import plot_learning_curve

knn = KNeighborsClassifier(n_neighbors=2)
cv = ShuffleSplit(n_splits=10, test_size=0.2, random_state=0)
plt.figure(figsize=(10, 6), dpi=200)
```

```
plot_learning_curve(plt, knn, "Learn Curve for KNN Diabetes",
                    X, Y, ylim=(0.0, 1.01), cv=cv);
```

笔者的计算机输出的结果如图 4-4 所示。

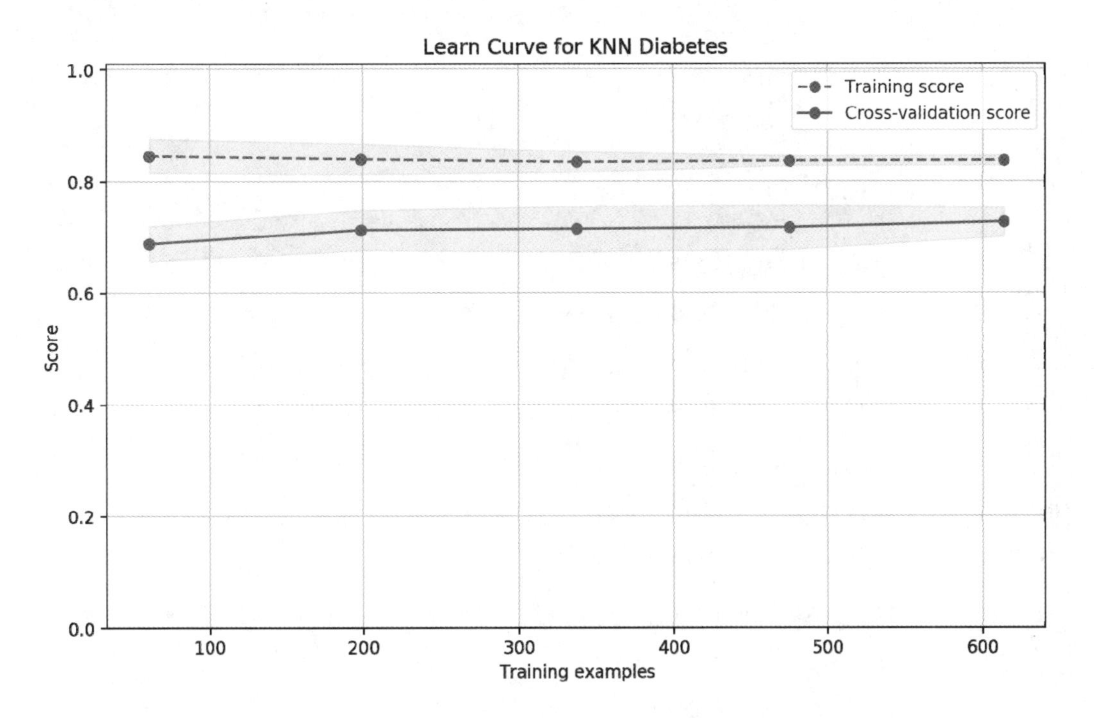

图 4-4　学习曲线

从图 4-4 中可以看出，训练样本评分较低且测试样本与训练样本距离较大，这是典型的欠拟合现象。*k*-近邻算法没有更好的方法来解决欠拟合问题，读者学完本书的其他章节后，可以试着用其他算法（如逻辑回归算法和支持向量机等）来对比不同模型的准确性情况。

4.4.4　特征选择与数据可视化

可能有读者会问，有没有直观的方法来揭示 *k*-近邻算法不是针对某个问题的好模型？一个办法是把数据画出来，可是有 8 个特征，无法在这么高的维度里画出数据并直观地观察。另一个办法是特征选择，即只选择 2 个**与输出值相关性最大**的特征，这样就可以在二维平面上画出输入特征值与输出值的关系了。

所幸，scikit-learn 在 sklearn.feature_selection 包中提供了丰富的特征选择方法。我们使用 SelectKBest 来选择相关性最大的两个特征：

```
from sklearn.feature_selection import SelectKBest
```

```
selector = SelectKBest(k=2)
X_new = selector.fit_transform(X, Y)
X_new[0:5]
```

把相关性最大的两个特征放在 X_new 变量中，同时输出了前 5 个数据样本。输出结果如下：

```
array([[ 148. ,   33.6],
       [  85. ,   26.6],
       [ 183. ,   23.3],
       [  89. ,   28.1],
       [ 137. ,   43.1]])
```

读者可能会好奇，相关性最大的特征到底是哪两个？对比本节开头的数据即可知道，它们分别是 BG（血糖浓度）和 BMI（身体质量指数）。血糖浓度和糖尿病的关系自不必说，身体质量指数是反映肥胖程度的指标，从业务角度来看，我们选择的 2 个相关性最高的特征还算合理。好学的读者可能想打破砂锅问到底：SelectKBest 到底使用什么神奇的方法选择出了这两个相关性最高的特征呢？这里涉及一些统计学的知识，感兴趣的读者可参阅下一节内容的延伸阅读。

我们来看看，如果只使用 2 个相关性最高的特征，那么在 3 种不同的 *k*-近邻算法中哪个准确性更高。

```
results = []
for name, model in models:
    kfold = KFold(n_splits=10)
    cv_result = cross_val_score(model, X_new, Y, cv=kfold)
    results.append((name, cv_result))
for i in range(len(results)):
    print("name: {}; cross val score: {}".format(
        results[i][0],results[i][1].mean()))
```

这次使用 X_new 作为输入，笔者的计算机输出的结果如下：

```
name: KNN; cross val score: 0.7252050581
name: KNN with weights; cross val score: 0.690037593985
name: Radius Neighbors; cross val score: 0.651025290499
```

可以看出，还是普通的 *k*-近邻模型准确性较高，其准确性将近 73%，与所有特征一起训练的准确性相近。这也从侧面证明了 SelectKBest 特征选择的准确性。

回到目标上来，我们是想看看为什么 *k*-近邻算法无法很好地拟合训练样本。现在只有 2 个特征，可以很方便地在二维坐标上画出所有的训练样本并观察这些数据的分布情况。

```
# 画出数据
plt.figure(figsize=(10, 6), dpi=200)
plt.ylabel("BMI")
```

```
plt.xlabel("Glucose")
# 画出 Y == 0 的阴性样本，用圆圈表示
plt.scatter(X_new[Y==0][:, 0], X_new[Y==0][:, 1], c='r', s=20,
marker='o')
# 画出 Y == 1 的阳性样本，用三角形表示
plt.scatter(X_new[Y==1][:, 0], X_new[Y==1][:, 1], c='g', s=20,
marker='^');
```

横坐标是血糖值，纵坐标是 BMI 值，反映身体的肥胖情况。从图 4-5 中可以看出，在中间数据集密集的区域，阳性样本和阴性样本几乎重叠在一起了。假设现在有一个待预测的样本在中间密集区域，它的阳性邻居多还是阴性邻居多呢？这真的很难说。这样就可以直观地看到，*k*-近邻算法在糖尿病预测方面无法达到很高的预测准确性。

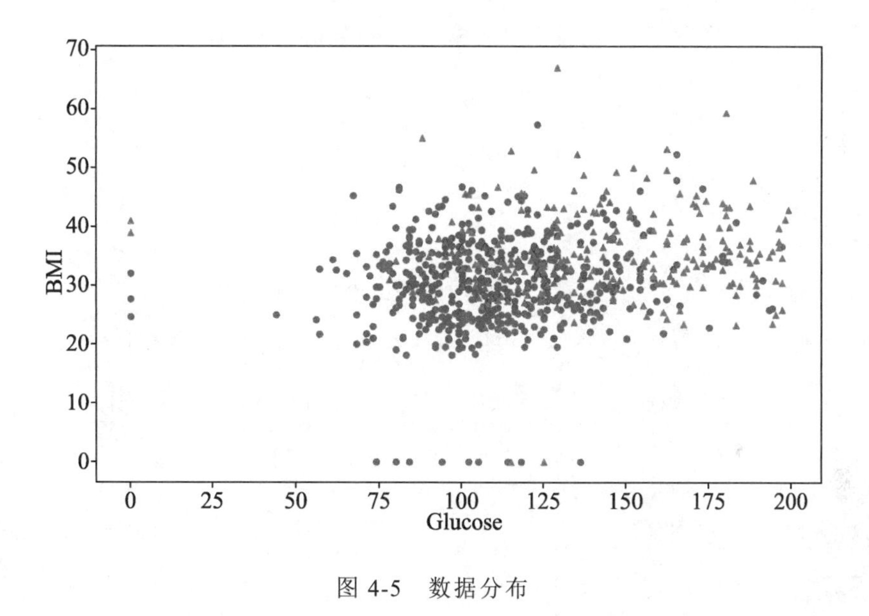

图 4-5　数据分布

4.5　拓展阅读

本节首先介绍提高 *k*-近邻运算效率方面的知识，这里只给出一些通用的描述和参考资料，感兴趣的读者可以进一步深入研究。另外，在介绍特征选择时，本节还会介绍计算相关性大小的 SelectKBest()函数涉及的统计学知识。

4.5.1　如何提高 *k*-近邻算法的运算效率

根据算法原理，每次需要预测一个点时，都要计算训练数据集中每个点到这个

点的距离，然后选出距离最近的 k 个点进行投票。当数据集很大时，这个计算成本非常高。针对 N 个样本、D 个特征的数据集，其算法复杂度为 $O(DN^2)$。

为了解决这个问题，一种叫 *k-d* Tree 的数据结构被提出。为了避免每次都重新计算一遍距离，算法会把距离信息保存在一棵树中，这样在计算之前可以从树中查询距离信息，避免重新计算。*k-d* Tree 的基本原理是，如果 A 和 B 距离很远，B 和 C 距离很近，那么 A 和 C 的距离也很远。知道了这个信息，在合适的时候就可以跳过距离远的点，这样，优化后的算法复杂度可降低到 $O(DN\log(N))$。感兴趣的读者可参阅论文 *Multi Dimensional Binary Search Trees Used Associative Searching*，作者是 Bentley,J.L。

1989 年，另外一种称为 Ball Tree 的算法，在 *k-d* Tree 的基础上对性能进行了进一步优化。感兴趣的读者可以搜索 Five balltree construction algorithms 了解详细的算法信息。

4.5.2 相关性测试

先通过一个简单的例子了解一下**假设检验**问题，即判断假设的结论是否成立或成立的概率有多高。假设在一个城市随机采样到的程序员和性别的关系数据如下：

性别/职业	程序员	非程序员	小计
男	12	230	242
女	2	245	247
小计	14	475	489

假设我们的结论是程序员和性别无关，这个假设称为原假设（Null Hypothesis）。问：通过随机采样观测到的数据，原假设是否成立？或者说原假设成立的概率有多高？

卡方检验（Chi-Squared Test）是检测假设成立与否的一个常用工具。它的计算公式如下：

$$\chi^2 = \sum_{i=1}^{n} \frac{(O_i - E_i)^2}{E_i} \tag{4-1}$$

其中，卡方检验的值记为 χ^2，O_i 是观测值，E_i 是期望值。针对本例，如果原假设成立，即程序员的职业和性别无关，那么我们期望的男程序员数量应该为(14 / 489) × 242 = 6.928，女程序员数量应该为(14 / 489) × 247 = 7.072，同理可得到的期望值如下：

性别/职业	程序员	非程序员
男	6.928	235.072
女	7.072	237.928

根据卡方检验公式，可以算出卡方值如下：

$$\chi^2=\frac{(12-6.928)^2}{6.928}+\frac{(230-235.072)^2}{235.072}+\frac{(2-7.072)^2}{7.072}+\frac{(245-237.928)^2}{237.928}=7.67$$

算出卡方值后，怎么判断原假设成立的概率是多少呢？这里还涉及**自由度**和**卡方分布**的概念。简单地讲，自由度是$(r-1)\times(c-1)$，其中，r 是行数，c 是列数，针对我们的问题，其自由度为 1。卡方分布是指，若 n 个相互独立的随机变量均服从正态分布，则这 n 个随机变量的**平方和**构成一新的随机变量，其分布规律称为卡方分布。卡方分布的密度函数和自由度相关，知道了自由度和目标概率，就能求出卡方值。

针对我们的问题可以查表得到，自由度为 1 的卡方分布在 99%处的卡方值为 6.63。我们计算出来的卡方值为 7.670。由于 7.67 > 6.63，因此有 99%的把握可以推翻原假设。换个说法，如果原假设成立，即程序员的职业和性别无关，那么我们随机采样到的数据出现的概率将低于 1%。读者可以搜索“卡方表”或 Chi Squared Table，找到不同自由度对应的卡方值。

卡方值的大小可以反映变量与目标值的相关性，值越大，相关性越大。利用这个特性，通过 SelectKBest()函数就可以计算不同特征的卡方值，以此判断特征与输出值的相关性大小，从而完成特征选择。在 scikit-learn 中，计算卡方值的函数是 sklearn.feature_selection.chi2()。除了卡方检验外，F 值检验等算法也可以用来评估特征与目标值的相关性。SelectKBest 默认使用的就是 F 值检验算法，在 scikit-learn 中，使用 sklearn.feature_selection.f_classif 来计算 F 值。关于 F 值，感兴趣的读者可以在英文版维基百科上搜索 Fisher’s exact test，了解更多的信息。

4.6　习　　题

1．请用一句话描述 k-近邻算法的原理。

2．k-近邻算法有哪些变种？

3．参考 ch04.01.ipynb，使用 RadiusNeighborsClassifier 类来处理分类问题。

4．参考 ch04.02.ipynb，使用不同的算法参数 k，观察针对同一个数据集，拟合曲线有什么变化。

5．针对 ch04.02.ipynb 中的回归问题，试着画出算法的学习曲线。提示：关于学习曲线可参考第 3 章的 ch03.02.ipynb 例子，重点是复用 plot_learning_curve()函数。

6．运行 ch04.03.ipynb 的代码，验证一下，如果使用 SelectKBest 选择出 4 个相关性最高的特征，并把这 4 个特征作为输入来训练模型，那么模型的准确性是否会提高？为什么？

7．运行 ch04.03.ipynb 的代码看一下，使用 SelectKBest 选择特征时，如果把默认的 F 值换成卡方值则结果有什么不同。

第 5 章　线性回归算法

线性回归算法是使用**线性方程**对数据集进行拟合的算法，是一个常见的回归算法。本章首先从最简单的单变量线性回归算法开始介绍，然后介绍多变量线性回归算法，其中成本函数及梯度下降算法的推导过程涉及部分线性代数和偏导数的知识；然后重点介绍梯度下降算法的求解步骤及性能优化方面的内容；最后通过一个房价预测模型，介绍线性回归算法性能优化的步骤和常用方法。本章涵盖的主要内容如下：

- 单变量线性回归算法的原理；
- 多变量线性回归算法的原理；
- 梯度下降算法的原理及步骤；
- 一个房价预测的模型及其性能优化。

5.1 算法原理

我们先考虑最简单的单变量线性回归算法，即只有一个输入特征。

5.1.1 预测函数

针对数据集 x 和 y，预测函数根据输入特征 x 来计算输出值 $h(x)$。输入和输出的函数关系如下：

$$h_\theta(x)=\theta_0+\theta_1 x \tag{5-1}$$

这个方程表达的是一条直线。我们的任务是构造一个 h_θ 函数来映射数据集中的输入特征 $\boldsymbol{x}$ 和输出值 $\boldsymbol{y}$，使得预测函数 h_θ 计算出来的值与真实值 $\boldsymbol{y}$ 的**整体误差最小**。构造 h_θ 函数的关键是找到合适 θ_0,θ_1 的值，θ_0,θ_1 称为**模型参数**。

假设有如下数据集：

输入特征*x*	输出*y*
1	4
2	6
3	10
4	15

假设模型参数 θ_0=1,θ_1=3，则模型函数为 $h_\theta(x)=1+3x$。针对数据集中的第一个样本，输入为 1，根据模型函数预测出来的值是 4，与输出值 y 是吻合的。针对第二个样本，输入为 2，根据模型函数预测出来的值是 7，与实际输出值 y 相差 1。模型的求解过程，就是找出一组最合适的模型参数 θ_0,θ_1，以便能最好地拟合数据集。

怎样判断**最好**地拟合了数据集呢？回顾之前学过的知识，不难猜出，当拟合成本最小时，即找到了最好的拟合参数。

5.1.2 成本函数

单变量线性回归算法的成本函数公式如下：

$$J(\boldsymbol{\theta}) = J(\theta_0,\theta_1) = \frac{1}{2m}\sum_{i=1}^{m}(h(\boldsymbol{x}^{(i)}) - \boldsymbol{y}^{(i)})^2 \tag{5-2}$$

其中，$h(\boldsymbol{x}^{(i)})-\boldsymbol{y}^{(i)}$是预测值和实际值的差，因此成本就是预测值和实际值的差的平方的平均值，之所以乘以 1/2 是为了计算方便。这个函数也称为**均方差**方程。有了成本函数，就可以精确地测量模型对训练样本拟合的好坏程度了。

5.1.3 梯度下降算法

有了预测函数，也可以精确地测量预测函数对训练样本的拟合情况。我们要怎样求解模型参数 θ_0,θ_1 的值呢？这时梯度下降算法就派上了用场。

我们的任务是找到合适的 θ_0,θ_1，使成本函数 $J(\theta_0,\theta_1)$最小。为了便于理解，我们切换到三维空间来描述这个任务。在一个三维空间中，以 θ_0 作为 x 轴，以 θ_1 作为 y 轴，以成本函数 $J(\theta_0,\theta_1)$作为 z 轴，我们的任务就是要找出当 z 轴上的值最小时，所对应的 x 轴上的值和 y 轴上的值。

梯度下降算法的原理是，先随机选择一组 θ_0,θ_1，同时选择一个参数 α 作为移动的步幅。然后让 x 轴上的 θ_0 和 y 轴上的 θ_1 分别向特定的方向移动一小步，这个步幅的大小由参数 α 指定。经过多次迭代之后，x 轴和 y 轴上的值决定的点会慢慢地靠近 z 轴上的最小值处，如图 5-1 所示。

图 5-1 是等高线图，就是说，在我们描述的三维空间里，你的视角在正上方，

看到的是一圈一圈 z 轴值相同的点构成的线。在图 5-1 中，随机选择的点在 X_0 处，经过多次迭代后，慢慢地靠近圆心处，即 z 轴上的最小值附近。

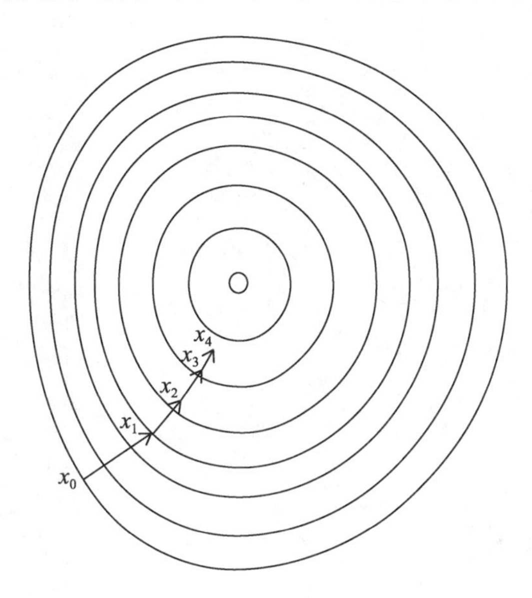

图 5-1　梯度下降等高线

问题来了，X_0（由$[\theta_0,\theta_1]$描述）怎么知道往哪个方向移动，才能靠近 z 轴上的最小值附近呢？答案是往成本函数逐渐变小的方向移动。怎么表达成本函数逐渐变小的方向呢？答案是使用偏导数。

可以简单地把偏导数理解为斜率。我们要让 θ_j 不停地迭代，由当前 θ_j 的值，根据 $J(\boldsymbol{\theta})$的偏导数函数，算出 $J(\boldsymbol{\theta})$在 θ_j 上的斜率，然后再乘以学习率 α，就可以让 θ_j 往 $J(\boldsymbol{\theta})$变小的方向迈一小步。

用数学公式来描述上述过程，梯度下降的公式如下：

$$\theta_j = \theta_j - \alpha \frac{\partial}{\partial \theta_j} J(\boldsymbol{\theta}) \tag{5-3}$$

其中，下标 j 就是参数的序号，针对单变量线性回归即为 0 和 1。α 称为**学习率**，它决定每次要移动的幅度大小，它会乘以成本函数对参数 θ_j 的偏导数，以这个结果作为参数移动的幅度。如果幅度太小，则意味着要计算很多次才能到达目的地，如果幅度太大，则可能会直接跨过目的地，从而无法收敛。

把成本函数 $J(\boldsymbol{\theta})$的定义代入上面的公式，不难推导出梯度下降算法公式：

$$\theta_0 = \theta_0 - \frac{\alpha}{m} \sum_{i=1}^{m} \left(h(\boldsymbol{x}^{(i)}) - \boldsymbol{y}^{(i)} \right) \tag{5-4}$$

$$\theta_1 = \theta_1 - \frac{\alpha}{m} \sum_{i=1}^{m} \left(\left(h(\boldsymbol{x}^{(i)}) - \boldsymbol{y}^{(i)} \right) x_i \right) \tag{5-5}$$

对公式推导过程感兴趣的读者，可以参阅本章的扩展阅读内容。

在上面的公式中，α 是学习率，m 是训练样本的个数，$h(\boldsymbol{x}^{(i)})-\boldsymbol{y}^{(i)}$是模型预测值和真实值的误差。针对 θ_0 和 θ_1，我们分别求出了其迭代公式，需要注意的是，在 θ_1 的迭代公式中，累加器还需要乘以 $\boldsymbol{x}_i$。

5.2　多变量线性回归算法

在工程应用中往往不止一个输入特征。熟悉了单变量线性回归算法后，本节探讨一下多变量线性回归算法。

5.2.1　预测函数

前面介绍的线性回归模型中只有一个输入特征，我们推广到更一般的情况，即多个输入特征。此时输出 y 的值由 n 个输入特征 $x_1, x_2, x_3, \cdots, x_n$ 决定，那么预测函数模型可以改写如下：

$$h_\theta(x)=\theta_0+\theta_1x_1+\theta_2x_2+\cdots+\theta_nx_n \tag{5-6}$$

如果 x_0 为常数 1，则用累加器运算符重写上面的预测函数如下：

$$h_\theta(x)=\sum_{j=0}^{n}\theta_jx_j \tag{5-7}$$

$\theta_0,\theta_1,\cdots,\theta_n$ 统称为 $\boldsymbol{\theta}$，它是预测函数的**参数**（Parameters），即一组 $\boldsymbol{\theta}$ 值就决定了一个预测函数，记作 $h_\theta(x)$。为了简便起见，在不引起误解的情况下我们也把它简写为 $h(x)$。理论上，预测函数有无穷多个，我们求解的目标就是找出一个最优的 $\boldsymbol{\theta}$ 值。

思考：当有 n 个变量 $x_1, x_2, x_3, \cdots, x_n$ 决定 y 值时，训练数据集是什么样的呢？

1. 向量形式的预测函数

根据向量乘法运算法则，成本函数可以重新写为：

$$h_\theta(x)=\begin{bmatrix}\theta_0 & \theta_1 & \cdots & \theta_n\end{bmatrix}\begin{bmatrix}x_0\\x_1\\\vdots\\x_n\end{bmatrix}=\boldsymbol{\theta}^{\mathrm{T}}x \tag{5-8}$$

这里依然假设 x_0=1，x_0 称为**模型偏置**（Bias）。

为什么要写成向量形式的预测函数呢？一是因为简洁，二是因为在实现算法时，要用到数值计算里的矩阵运算来提高效率，如 NumPy 库中的矩阵运算。

2. 向量形式的训练样本

假设输入特征个数是 n，即 $x_1, x_2, x_3, \cdots, x_n$，我们总共有 m 个训练样本，为了书写方便，假设 $x_0=1$。这样训练样本可以写成矩阵的形式，即矩阵中每一行都是一个训练样本，总共有 m 行，每行有 $n+1$ 列。

思考：为什么不是 n 列而是 $n+1$ 列？答案是模型偏置 x_0 也加入了训练样本中。

最后，把训练样本写成一个矩阵，把预测函数的参数 $\boldsymbol{\theta}$ 写成列向量，其样式如下：

$$\boldsymbol{X}=\begin{bmatrix} x_0^{(1)} & x_1^{(1)} & x_2^{(1)} & \cdots & x_n^{(1)} \\ x_0^{(2)} & x_1^{(2)} & x_2^{(2)} & \cdots & x_n^{(2)} \\ \vdots & \vdots & \vdots & \ddots & \vdots \\ x_0^{(m)} & x_1^{(m)} & x_2^{(m)} & \cdots & x_n^{(m)} \end{bmatrix}, \boldsymbol{\theta}=\begin{bmatrix} \theta_0 \\ \theta_1 \\ \theta_2 \\ \vdots \\ \theta_n \end{bmatrix}$$

理解训练样本矩阵的关键是理解这些**上标和下标的含义**。其中，带括号的上标表示样本序号，其值为 1 到 m；下标表示特征序号，其值为 0 到 n，其中，x_0 为常数 1。例如，$\boldsymbol{x}_j^{(i)}$ 表示第 i 个训练样本的第 j 个特征的值。而 $\boldsymbol{x}^{(i)}$只有上标，表示第 i 个训练样本所构成的列向量。

熟悉矩阵乘法的话不难得出结论，如果要一次性计算出所有训练样本的预测值 $h_\theta(\boldsymbol{X})$，可以使用下面的矩阵运算公式：

$$h_\theta(\boldsymbol{X})=\boldsymbol{X}\boldsymbol{\theta} \tag{5-9}$$

从式（5-9）中可以看到矩阵形式表达的优势。实际上，在 scikit-learn 中，训练样本就是用这种方式表达的，即使用 $m\times n$ 维的矩阵来表达训练样本，可以回顾一下 scikit-learn 中模型的 fit()函数的参数。

本节虽然涉及较多的数学知识，但是实际上都是比较基础的线性代数的知识。读者如果觉得有点“吃力”，可以复习一下线性代数的相关知识。

5.2.2 成本函数

多变量线性回归算法的成本函数公式如下：

$$J(\boldsymbol{\theta})=\frac{1}{2m}\sum_{i=1}^{m}(h(\boldsymbol{x}^{(i)})-\boldsymbol{y}^{(i)})^2 \tag{5-10}$$

其中，模型参数 $\boldsymbol{\theta}$ 为 $n+1$ 维的向量，$h(\boldsymbol{x}^{(i)})-\boldsymbol{y}^{(i)}$是预测值和实际值的差。这个形式和单变量线性回归算法类似。

成本函数有其对应的矩阵样式的版本：

$$J(\boldsymbol{\theta})=\frac{1}{2m}(\boldsymbol{X}\boldsymbol{\theta}-\boldsymbol{y})^{\mathrm{T}}(\boldsymbol{X}\boldsymbol{\theta}-\boldsymbol{y}) \tag{5-11}$$

其中，$\boldsymbol{X}$ 为 $m\times(n+1)$维的训练样本矩阵；上标 T 表示转置矩阵；$\boldsymbol{y}$表示由所有训练样本的输出 $\boldsymbol{y}^{(i)}$构成的向量。这个公式的优势是：没有累加器，不需要循环，直接使用矩阵运算就可以一次性计算出针对特定的参数 $\boldsymbol{\theta}$ 的模型的拟合成本。

思考：矩阵运算真的不需要循环吗？

这里所说的不需要循环，是指不需要在算法实现层使用循环，但在数值运算库，如 NumPy 中实现的矩阵运算还是要用到循环。虽然都是循环，但是有差别，一是在数值运算库中实现的循环效率更高，二是矩阵运算的循环可以使用分布式来实现。一个大型矩阵运算可以拆分成多个子矩阵运算，然后在不同的计算机上执行运算，最终再把运算结果汇合起来。这种分布式计算对大型矩阵运算来说是一种必要的手段。

5.2.3 梯度下降算法

根据单变量线性回归算法的介绍，梯度下降的公式如下：

$$\theta_j=\theta_j-\alpha\frac{\partial}{\partial\theta_j}J(\boldsymbol{\theta}) \tag{5-12}$$

在上面的公式中，下标 j 是参数的序号，其值为 0～n；α 为学习率。把成本函数代入上面的公式中，利用偏导数计算法则不难推导出梯度下降算法的参数迭代公式：

$$\theta_j=\theta_j-\frac{\alpha}{m}\sum_{i=1}^{m}\left(\left(h(\boldsymbol{x}^{(i)})-\boldsymbol{y}^{(i)}\right)\boldsymbol{x}_j^{(i)}\right) \tag{5-13}$$

读者可以对比一下公式（5-3）和公式（5-5），实际上和多变量线性回归函数的参数迭代公式是一样的。唯一的区别是因为 x_0 为常数 1，在单变量线性回归算法的参数迭代公式中省去了。

公式（5-13）怎样用编程语言来实现呢？编写机器学习算法的一般步骤如下。

（1）**确定学习率**。如果 α 太大则会使成本函数无法收敛，如果太小则计算太多，机器学习算法效率就比较低。

（2）**确定参数起始点**。例如，让所有的参数都为 1 作为起点，即 $\theta_0=1,\theta_1=1,\cdots,\theta_n=1$。这样就得到了预测函数：$h_\theta(x)=\sum_{i=1}^{m}\boldsymbol{x}^{(i)}$。根据预测值和成本函数，可以算出在参数起始位置的成本。需要注意的是，参数起始点可以根据实际情况灵活选择，以便让机器学习算法的性能更高，如选择比较靠近极点的位置。

（3）**计算参数的下一组值**。根据梯度下降参数迭代公式，**分别算出**新的 θ_j 的值。然后用新的 $\boldsymbol{\theta}$ 值得到新的预测函数 $h_{\boldsymbol{\theta}}(x)$，再将新的预测函数代入成本函数中就可以算出新的成本。

（4）**确认成本函数是否收敛**。以新的成本和旧的成本进行比较，看成本是不是变得越来越小。如果两次成本之间的差异小于误差范围，则说明已经非常靠近最小成本了，就可以近似地认为找到了最小成本。如果两次成本之间的差异在误差范围之外，重复步骤（3）继续计算下一组参数 $\boldsymbol{\theta}$，直到找到最优解。

5.3 模型优化

本节介绍线性回归模型常用的优化方法，包括增加多项式特征及数据归一化处理等。

5.3.1 多项式与线性回归

当线性回归模型太简单导致欠拟合时，可以增加特征多项式让线性回归模型更好地拟合数据。例如，有两个特征 x_1, x_2，可以增加两个特征 x_1, x_2 的乘积作为新特征 x_3，还可以增加 x_1^2 作为另外一个新特征 x_4。第 3 章在介绍过拟合和欠拟合的概念时举过例子，不再赘述。

在 scikit-learn 中，线性回归是由类 sklearn.linear_model.LinearRegression 实现的，多项式由类 sklearn.preprocessing.PolynomialFeatures 实现。那么，怎样添加多项式特征呢？我们需要用一个管道把两个类串起来，即用 sklearn.pipeline.Pipeline 把两个模型串起来。

例如，下面的函数可以创建一个多项式拟合：

```
def polynomial_model(degree=1):
    polynomial_features = PolynomialFeatures(degree=degree,
                                             include_bias=False)
    linear_regression = LinearRegression()
    # 这是一个流水线，先增加多项式阶数，然后再用线性回归算法来拟合数据
    pipeline = Pipeline([("polynomial_features", polynomial_
features),
                         ("linear_regression", linear_regression)])
    return pipeline
```

一个 Pipeline 可以包含多个处理节点，在 scikit-learn 中，除了最后一个节点外，其他节点必须实现'fit()'和'transform()'方法，最后一个节点只需要实现 fit()方法即可。当训练样本数据送进 Pipeline 中进行处理时，它会逐个调用节点的 fit()和 transform()方法，然后调用最后一个节点的 fit()方法来拟合数据。管道的运算示意图如图 5-2

所示。

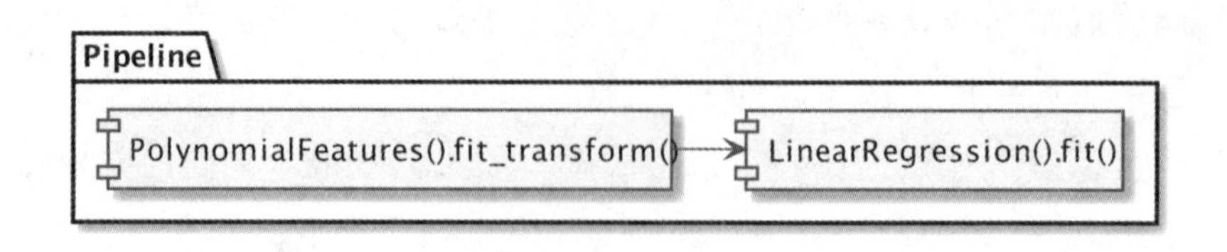

图 5-2　管道运算示意

5.3.2　数据归一化

当线性回归模型有多个输入特征，特别是使用多项式添加特征时，需要对数据进行归一化处理。例如，特征 x_1 的范围在[1,4]区间，特征 x_2 的范围在[1, 2 000]区间，这种情况下，可以让 x_1 除以 4 来作为新特征 x_1，同时让 x_2 除以 2 000 来作为新特征 x_2，该过程称为**特征缩放**（Feature Scaling）。可以使用特征缩放来对训练样本进行归一化处理，处理后的特征值范围在[0, 1]之间。

为什么要进行数据归一化处理？归一化处理有哪些注意事项？

归一化处理的目的是让算法收敛更快，提升模型拟合过程中的计算效率。进行归一化处理后，当有新的样本需要计算预测值时，首先进行归一化处理，其次通过模型计算预测值，计算出来的预测值要乘以归一化处理的系数，这样得到的数据才是真实的预测数据。

在 scikit-learn 中，使用 LinearRegression 进行线性回归时，可以指定 normalize=True 对数据进行归一化处理，具体可查阅 scikit-learn 文档。

5.4　示例：使用线性回归算法拟合正弦函数

本节使用线性回归算法来模拟正弦函数。

（1）生成 200 个在 $[-2\pi, 2\pi]$ 区间内的正弦函数上的点，并且给这些点加上一些随机的噪声。

```
n_dots = 200

X = np.linspace(-2 * np.pi, 2 * np.pi, n_dots)
Y = np.sin(X) + 0.2 * np.random.rand(n_dots) - 0.1
X = X.reshape(-1, 1)
Y = Y.reshape(-1, 1);
```

其中，reshape()函数的作用是把 NumPy 的数组整形成符合 scikit-learn 输入格式的数组，否则 scikit-learn 会报错。

（2）使用 PolynomialFeatures 和 Pipeline 创建一个多项式拟合模型。

```
from sklearn.linear_model import LinearRegression
from sklearn.preprocessing import PolynomialFeatures, StandardScaler
from sklearn.pipeline import Pipeline

def polynomial_model(degree=1):
    polynomial_features = PolynomialFeatures(degree=degree,
                                             include_bias=False)
    linear_regression = LinearRegression()
    pipeline = Pipeline([("polynomial_features", polynomial_
features),
                         ("normalize", StandardScaler(with_mean=False)),
                         ("linear_regression", linear_regression)])
    return pipeline
```

（3）分别用二、三、五、十阶多项式来拟合数据集。

```
from sklearn.metrics import mean_squared_error

degrees = [2, 3, 5, 10]
results = []
for d in degrees:
    model = polynomial_model(degree=d)
    model.fit(X, Y)
    train_score = model.score(X, Y)
    mse = mean_squared_error(Y, model.predict(X))
    results.append({"model": model, "degree": d, "score":
      train_score, "mse": mse})
for r in results:
    print("degree: {}; train score: {}; mean squared error: {}".format(
        r["degree"], r["score"], r["mse"]))
```

（4）算出每个模型拟合的评分。此外，使用 mean_squared_error 算出均方根误差，即实际的点和模型预测的点之间的距离，均方根误差越小，说明模型拟合效果越好。上述代码的输出结果为：

```
degree: 2; train score: 0.147285454656; mean squared error:
0.42388701419
degree: 3; train score: 0.271740750281; mean squared error:
0.36201990526
degree: 5; train score: 0.895448999212; mean squared error:
0.0519726229563
degree: 10; train score: 0.993239572763; mean squared error:
0.00336062910102
```

从输出结果中可以看出，多项式的阶数越高，拟合评分越高，则均方差误差越小，拟合效果越好。

（5）把不同模型的拟合效果在二维坐标上画出来，可以清楚地看到不同阶数的多项式的拟合效果：

```
from matplotlib.figure import SubplotParams

plt.figure(figsize=(12, 6), dpi=200, subplotpars=SubplotParams
(hspace=0.3))
for i, r in enumerate(results):
    fig = plt.subplot(2, 2, i+1)
    plt.xlim(-8, 8)
    plt.title("LinearRegression degree={}".format(r["degree"]))
    plt.scatter(X, Y, s=5, c='b', alpha=0.5)
    plt.plot(X, r["model"].predict(X), 'r-')
```

（6）使用 SubplotParams 调整子图的竖直间距，并且用 subplot()函数把 4 个模型的拟合情况都画在同一个图形上。上述代码的输出结果如图 5-3 所示。

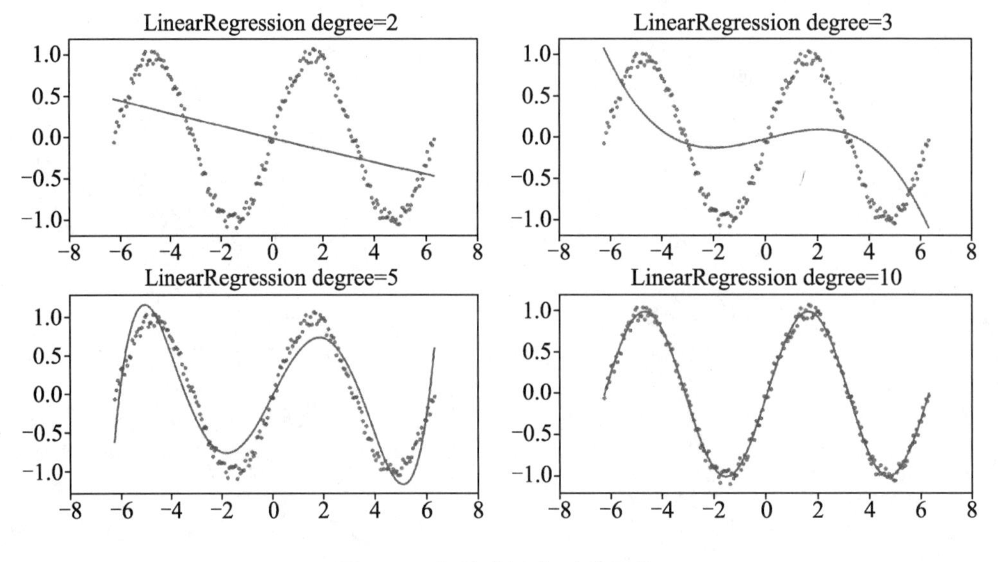

图 5-3　多项式拟合正弦函数

思考： 在[-2π, 2π]区间内，十阶多项式对数据拟合得非常好，读者可以试着画出这个十阶模型在[-20, 20]区域的曲线，观察一下该模型的曲线和正弦函数的差异。

5.5　实例：房价测算

本节使用 scikit-learn 自带的波士顿房价数据集来训练模型，然后用模型来测算房价。

5.5.1　输入特征

房价和哪些因素有关？很多人可能对这个问题特别敏感，可以列出很多因素，如房子的面积和地理位置，周边的教育资源和商业资源，房子的朝向和年限及小区情况等。在 scikit-learn 的波士顿房价数据集里，总共收集了 13 个特征，具体如下：

- **CRIM**：城镇人均犯罪率。
- **ZN**：城镇超过 25 000 平方英尺的住宅区域的占地比例。
- **INDUS**：城镇非零售用地占地比例。
- **CHAS**：是否靠近河边，1 为靠近，0 为远离。
- **NOX**：一氧化氮浓度。
- **RM**：每套房产的平均房间数。
- **AGE**：在 1940 年之前就盖好，并且业主自住的房子的比例。
- **DIS**：与波士顿市中心的距离。
- **RAD**：周边高速公道的便利性指数。
- **TAX**：每 10 000 美元的财产税率。
- **PTRATIO**：小学老师的比例。
- **B**：城镇黑人的比例。
- **LSTAT**：地位较低的人口比例。

从这些指标中可以看到中美文化的一些差异。这个数据是在 1993 年之前收集的，可能和现在的数据有差异。不要小看这些指标，实际上，一个模型的好坏和输入特征的选择关系密切。读者可以思考一下，如果在中国测算房价，你会收集哪些特征数据？这些特征数据的可获得性如何？收集成本多高？

我们先导入数据：

```
raw_df = pd.read_csv("datasets/boston.csv", sep="\s+", skiprows=22,
header=None)
X = np.hstack([raw_df.values[::2, :], raw_df.values[1::2, :2]])
Y = raw_df.values[1::2, 2]
X.shape
```

输出为"(506, 13)"，表明这个数据集有 506 个样本，每个样本有 13 个特征。整个训练样本放在一个 506×13 的矩阵中。可以通过 X[0]来查看一个样本数据：

```
array([  6.32000000e-03,   1.80000000e+01,   2.31000000e+00,
         0.00000000e+00,   5.38000000e-01,   6.57500000e+00,
```

```
        6.52000000e+01,   4.09000000e+00,   1.00000000e+00,
        2.96000000e+02,   1.53000000e+01,   3.96900000e+02,
        4.98000000e+00])
```

还可以通过 boston.feature_names 来查看这些特征的标签。

```
array(['CRIM', 'ZN', 'INDUS', 'CHAS', 'NOX', 'RM', 'AGE', 'DIS',
      'RAD', 'TAX', 'PTRATIO', 'B', 'LSTAT'],
     dtype='|S7')
```

读者可以将特征和数值对应起来，观察一下数据。

5.5.2 模型训练

在 scikit-learn 中，LinearRegression 类实现了线性回归算法。在对模型进行训练之前，先把数据集分成两份，以便评估算法的准确性。

```
from sklearn.model_selection import train_test_split

X_train, X_test, y_train, y_test = train_test_split(X, y, test_size=
0.2, random_state=3)
```

由于数据量较小，我们只选了 20%的样本作为测试数据集。然后训练模型并测试模型的准确性评分。

```
import time
from sklearn.linear_model import LinearRegression

model = LinearRegression()

start = time.time()
model.fit(X_train, y_train)

train_score = model.score(X_train, y_train)
cv_score = model.score(X_test, y_test)
print('elaspe: {0:.6f}; train_score: {1:0.6f}; cv_score:
{2:.6f}'.format(time.time()-start, train_score, cv_score))
```

我们顺便统计了模型的训练时间。除此之外还统计了模型针对训练样本的准确性得分（即对训练样本拟合的好坏程度）train_score，以及模型针对测试样本的得分 cv_score。

程序运行结果如下：

```
elaspe: 0.003699; train_score: 0.723941; cv_score: 0.794958
```

从得分情况来看，模型的拟合效果一般，是否有办法来优化模型的拟合效果呢？

5.5.3　模型优化

首先观察一下数据，特征数据的范围相差比较大，最小的在10^{-3}级别，而最大的在10^{2}级别，因此需要先将数据进行归一化处理。归一化处理最简单的方式是，创建线性回归模型时增加 normalize=True 参数：

```
model = LinearRegression(normalize=True)
```

当然，数据归一化处理只会加快算法的收敛速度，优化算法训练的效率，但无法提升算法的准确性。

怎样优化模型准确性呢？我们回到训练分数上来，可以观察到，数据针对训练样本的评分比较低（train_score: 0.723941），即数据对训练数据的拟合成本比较高，这是个典型的**欠拟合**现象。请读者回忆一下第 3 章介绍的优化欠拟合模型的方法，一是挖掘更多输入特征，二是增加多项式特征。在本例中，通过使用低成本的方案，即增加多项多特征来看看能否优化模型的性能。增加多项式特征，其实就是增加模型的复杂度。

首先编写创建多项式模型的函数：

```
from sklearn.linear_model import LinearRegression
from sklearn.preprocessing import PolynomialFeatures , StandardScaler
from sklearn.pipeline import Pipeline

def polynomial_model(degree=1):
    polynomial_features = PolynomialFeatures(degree=degree,
                                             include_bias=False)
    linear_regression = LinearRegression()
    pipeline = Pipeline([("polynomial_features", polynomial_
features),
                         ("normalize", StandardScaler(with_mean=False)),
                         ("linear_regression", linear_regression)])
    return pipeline
```

然后使用二阶多项式来拟合数据：

```
model = polynomial_model(degree=2)                # 二阶多项式

start = time.clock()
model.fit(X_train, y_train)

train_score = model.score(X_train, y_train)
cv_score = model.score(X_test, y_test)
print('elaspe: {0:.6f}; train_score: {1:0.6f}; cv_score: {2:.6f}'.
    format(time.clock()-start, train_score, cv_score))
```

输出结果如下：

```
elaspe: 0.013994; train_score: 0.930547; cv_score: 0.860465
```

可以看到，训练样本分数和测试分数都提高了，模型确实得到了优化。我们可以把二阶多项式改为三阶多项式看一下结果：

```
elaspe: 0.343404; train_score: 1.000000; cv_score: -106.313412
```

改为三阶多项式后，针对训练样本的分数达到了 1，而针对测试样本的分数却是负数，说明这个模型过拟合了。

思考：我们总共有 13 个输入特征，从一阶多项式变为二阶多项式，输入特征个数增加了多少个？

5.5.4 学习曲线

直观地了解模型的方法是画出学习曲线，这样对模型的状态及优化的方向就能一目了然了。

```
from common.utils import plot_learning_curve
from sklearn.model_selection import ShuffleSplit

cv = ShuffleSplit(n_splits=10, test_size=0.2, random_state=0)
plt.figure(figsize=(18, 4), dpi=200)
title = 'Learning Curves (degree={0})'
degrees = [1, 2, 3]

start = time.clock()
plt.figure(figsize=(18, 4), dpi=200)
for i in range(len(degrees)):
    plt.subplot(1, 3, i + 1)
    plot_learning_curve(plt, polynomial_model(degrees[i]),
        title.format(degrees[i]), X, y, ylim=(0.01, 1.01), cv=cv)

print('elaspe: {0:.6f}'.format(time.clock()-start))
```

代码和第 3 章中的例子差不多，其中，common.utils 包中的 plot_learning_curve() 函数是笔者对 sklearn.model_selection.learning_curve()函数的封装，可在随书代码里找到。

输出的图像如图 5-4 所示。

从图 5-4 中可以看出，一阶多项式欠拟合，因为针对训练样本的分数比较低；而三阶多项式过拟合，因为针对训练样本的分数达到 1，却看不到针对交叉验证数据集的分数。针对二阶多项式拟合的情况，虽然比一阶多项式效果好，但从图 5-4

中可以明显看出，**针对训练数据集的分数和针对交叉验证数据集的分数之间的间隙比较大**，这个特征说明**训练样本数量不够**，应该采集更多的数据，以便提高模型的准确性。

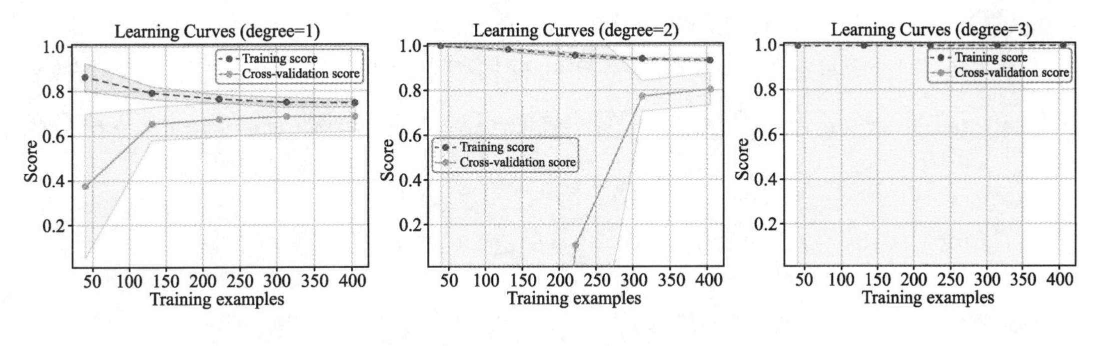

图 5-4　学习曲线

读者可以在随书代码 ch05.02.ipynb 中找到本节的示例代码。

5.6　拓展阅读

本节内容涉及较多的数学知识，特别是矩阵和偏导数运算法则。如果读者阅读起来有困难，可以先跳过本节内容。对有一定数学基础的读者，这些知识对理解算法的实现细节及算法的效率有较大的帮助。

5.6.1　梯度下降迭代公式推导

关于梯度下降算法迭代公式的推导过程，可以参阅笔者的一篇博客 http://blog.kamidox.com/gradient-descent.html，也可以在搜索引擎中搜索线性回归算法 kamidox.com。博客中详细介绍了公式推导过程用到的偏导数运算法则。

5.6.2　随机梯度下降算法

本章介绍的梯度下降迭代公式称为**批量梯度下降算法**（Batch Gradient Descent），用它对参数进行一次迭代运算，需要遍历所有的训练数据集。当训练数据集比较大时，其算法效率会很低。考虑另外一个算法：

$$\theta_j = \theta_j - \alpha\left(\left(h(\boldsymbol{x}^{(i)}) - \boldsymbol{y}^{(i)}\right)x_j^{(i)}\right) \tag{5-14}$$

这个算法的关键点是把累加器去掉，无须遍历所有的训练数据集，而是改成每次随机地从训练数据集里取一个数据进行参数迭代计算，这就是**随机梯度下降算法**（Stochastic Gradient Descent）。随机梯度下降算法可以大大提高模型训练效率。

思考：为什么随机取一个样本进行参数迭代是可行的？

从数学上证明批量梯度下降算法和随机梯度下降算法的等价性涉及复杂的数学知识。这里有个直观的解释可以帮助读者理解二者的等价性。回到成本函数的定义：

$$J(\boldsymbol{\theta})=\frac{1}{2m}\sum_{i=1}^{m}\left(h(\boldsymbol{x}^{(i)})-\boldsymbol{y}^{(i)}\right)^2 \tag{5-15}$$

这里累加后除以 2 是为了计算方便，那么除以 m 是什么意思呢？答案是平均值，即所有训练数据集上的点到预测函数的距离的**平均值**。再回到**随机选取训练数据集中的一个数据**这个做法来看，如果计算次数足够多，并且是真正随机的，那么随机选取出来的这组数据从概率的角度来看和**平均值**是相当的。打个比方，储钱罐中有 1 角的硬币 10 枚，5 角的硬币 2 枚，1 元的硬币 1 枚，总计 3 元，13 枚硬币。随机从里面取 1 000 次，把每次取出来的硬币币值记录下来，然后将硬币放回储钱罐中。这样，最后计算这 1 000 次取出来的钱的平均值（1 000 次取出来的币值总和除以 1 000）和储钱罐中每枚硬币的平均值（3/13 元）应该是近似相等的。

5.6.3 标准方程

梯度下降算法通过不停地迭代，从而不停地逼近成本函数的最小值来求解模型参数。另外一个方法是直接计算成本函数的微分，令微分算子为 0，求解这个方程，即可得到线性回归的解。

回忆一下线性回归算法的成本函数：

$$J(\boldsymbol{\theta})=\frac{1}{2m}\sum_{(i=0)}^{n}\left(h_{\theta}(\boldsymbol{x}^{(i)})-\boldsymbol{y}^{(i)}\right)^2 \tag{5-16}$$

成本函数的“斜率”为数的点，即为模型参数的解。令 $\frac{\partial}{\partial\boldsymbol{\theta}}J(\boldsymbol{\theta})=0$，求解这个方程，最终可以得到模型参数：

$$\boldsymbol{\theta}=\left(\boldsymbol{X}^{\mathrm{T}}\boldsymbol{X}\right)^{-1}\boldsymbol{X}^{\mathrm{T}}\boldsymbol{y} \tag{5-17}$$

方程求解过程可以参阅 https://handwiki.org/wiki/Linear%20least%20squares。这就是标准方程。通过矩阵运算，直接从训练样本中求出参数 $\boldsymbol{\theta}$ 的值。其中，$\boldsymbol{X}$ 为训练样本的矩阵，它是一个 $m\times n$ 的矩阵，$\boldsymbol{y}$ 是训练样本的结果数据，它是一个 m 维的列向量。

5.7　习　　题

1．线性回归模型用于解决什么问题？

2．线性回归模型的预测函数是什么样的？其矩阵形式的写法是什么样的？

3．线性回归模型的成本函数是什么样的？

4．梯度下降算法的参数迭代公式是什么样的？

5．运行本章的示例代码 ch05.01.ipynb，画出各个模型在[-20, 20]区间的图形，并和正弦波对比。

6．运行本章的示例代码 ch05.02.ipynb，把多项式改为五阶会是什么结果？

7．为什么增加多项式特征能优化线性回归模型的准确性？

8．找到 scikit-learn 官方文档，阅读画学习曲线的函数 learning_curve()的文档。

第 6 章　逻辑回归算法

逻辑回归算法的名称中虽然带有“回归”二字，但是逻辑回归算法实际上是用来解决分类问题的算法。本章首先介绍逻辑回归算法的预测函数、成本函数和梯度下降算法公式；然后介绍怎样由二元分类延伸到多元分类的问题；接着介绍正则化，即通过数学的手段来解决模型过拟合问题；针对正则化，还将介绍 L1 范数和 L2 范数的含义及区别；最后用一个乳腺癌检测的实例来结束本章的内容。本章涵盖的主要内容如下：

- 逻辑回归算法的原理；
- 用梯度下降算法求解逻辑回归算法的模型参数；
- 正则化及正则化的作用；
- L1 范数和 L2 范数的含义及其作为模型正则项的区别；
- 用逻辑回归算法解决乳腺癌检测问题。

6.1　算法原理

假设有一场足球赛，我们知道两支球队的所有出场球员信息、历史交锋成绩、比赛时间、主客场、裁判和天气等信息，根据这些信息预测球队的输赢。假设比赛结果记为 y，赢球记为 1，输球记为 0，这个就是典型的二元分类问题，可以用逻辑回归算法来解决。

从这个例子中可以看出，逻辑回归算法的输出 $y \in \{0,1\}$ 是一个离散值，这是与线性回归算法的最大区别。

6.1.1　预测函数

需要找出一个预测函数模型，使其值输出在[0, 1]区间。然后选择一个基准值，如 0.5，如果算出来的预测值大于 0.5，就认为其预测值为 1，反之则其预测值为 0。

选择

$$g(z)=\frac{1}{1+\mathrm{e}^{-z}}$$

作为预测函数，其中，e 是自然对数的底数。函数 $g(z)$称为 Sigmoid 函数，也称为 Logistic 函数。以 z 为横坐标，以 $g(z)$为纵坐标，画出的图形如图 6-1 所示。

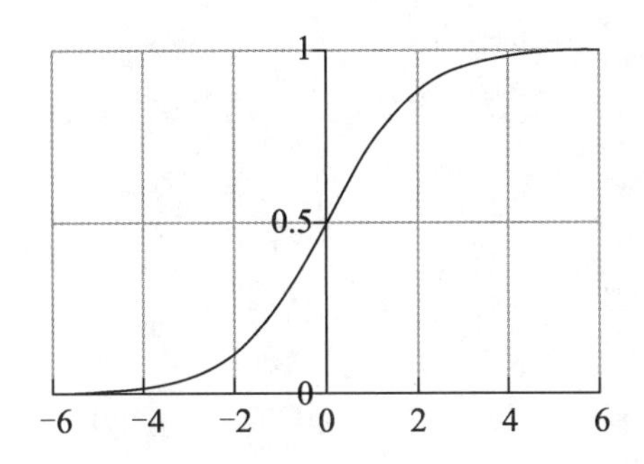

图 6-1　Sigmoid 函数

从图 6-1 中可以看出，当 $z=0$ 时，$g(z)=0.5$。当 $z>0$ 时，$g(z)>0.5$，当 z 越来越大时，$g(z)$无限接近于 1。当 $z<0$ 时，$g(z)<0.5$，当 z 越来越小时，$g(z)$无限接近于 0。这正是我们想要的针对二元分类算法的预测函数。

问题来了，怎样把输入特征和预测函数结合起来呢？

结合线性回归函数的预测函数 $h_{\boldsymbol{\theta}}(\boldsymbol{x})=\boldsymbol{\theta}^{\mathrm{T}}\boldsymbol{x}$，假设令 $z(\boldsymbol{x})=\boldsymbol{\theta}^{\mathrm{T}}\boldsymbol{x}$，则逻辑回归算法的预测函数如下：

$$h_{\boldsymbol{\theta}}(\boldsymbol{x})=g(z)=g(\boldsymbol{\theta}^{\mathrm{T}}\boldsymbol{x})=\frac{1}{1+\mathrm{e}^{-\boldsymbol{\theta}^{\mathrm{T}}\boldsymbol{x}}} \tag{6-1}$$

下面来解读预测函数。

$h_{\boldsymbol{\theta}}(\boldsymbol{x})$表示在输入值为 x，参数为 $\boldsymbol{\theta}$ 的前提条件下 $y=1$ 的概率。用概率论的公式可以写成：

$$h_{\boldsymbol{\theta}}(\boldsymbol{x})=P(y=1\,|\,\boldsymbol{x},\boldsymbol{\theta}) \tag{6-2}$$

概率公式（6-2）可以读成：**在输入为 x 及参数为 $\boldsymbol{\theta}$ 的条件下 $y=1$ 的概率**，这是一个条件概率公式。由概率论的知识可以推导出：

$$P(y=1\,|\,x,\boldsymbol{\theta})+P(y=0\,|\,x,\boldsymbol{\theta})=1 \tag{6-3}$$

对二元分类法来说，这是一个非黑即白的世界。

6.1.2　判定边界

逻辑回归算法的预测函数由下面两个公式给出：

$$h_{\boldsymbol{\theta}}(x)=g(\boldsymbol{\theta}^{\mathrm{T}}x) \tag{6-4}$$

$$g(z)=\frac{1}{1+\mathrm{e}^{-z}} \tag{6-5}$$

假定 $y=1$ 的判定条件是 $h_{\theta}(x)\geqslant 0.5$，$y=0$ 的判定条件是 $h_{\theta}(x)<0.5$，则可以推导出 $y=1$ 的判定条件就是 $\boldsymbol{\theta}^{\mathrm{T}}x\geqslant 0$，$y=0$ 的判定条件就是 $\boldsymbol{\theta}^{\mathrm{T}}x<0$。因此，$\boldsymbol{\theta}^{\mathrm{T}}x=0$ 即是判定边界。

下面给出两个判定边界的例子。

假定有两个变量 x_1, x_2，其逻辑回归预测函数是 $h_{\theta}(x)=g(\boldsymbol{\theta}_0+\boldsymbol{\theta}_1x_1+\boldsymbol{\theta}_2x_2)$。假设给定参数

$$\boldsymbol{\theta}=\begin{bmatrix}-3\\1\\1\end{bmatrix}$$

那么可以得到判定边界 $-3+x_1+x_2=0$，即 $x_1+x_2=3$。如果以 x_1 为横坐标，x_2 为纵坐标，则这个函数画出来就是一个通过（0, 3）和（3, 0）两个点的斜线。这条线就是判定边界，如图 6-2（a）所示。

其中，直线左下角为 $y=0$，直线右上角为 $y=1$，横坐标为 x_1，纵坐标为 x_2。

如果预测函数是多项式 $h_{\boldsymbol{\theta}}(\boldsymbol{x})=g(\boldsymbol{\theta}_0+\boldsymbol{\theta}_1x_1+\boldsymbol{\theta}_2x_2+\boldsymbol{\theta}_3x_1^2+\boldsymbol{\theta}_4x_2^2)$，并且给定

$$\boldsymbol{\theta}=\begin{bmatrix}-1\\0\\0\\1\\1\end{bmatrix}$$

则可以得到判定边界函数 $x_1^2+x_2^2=1$。还是以 x_1 为横坐标，x_2 为纵坐标，则这是一个半径为 1 的圆。圆内部是 $y=0$，圆外部是 $y=1$，如图 6-2（b）所示。

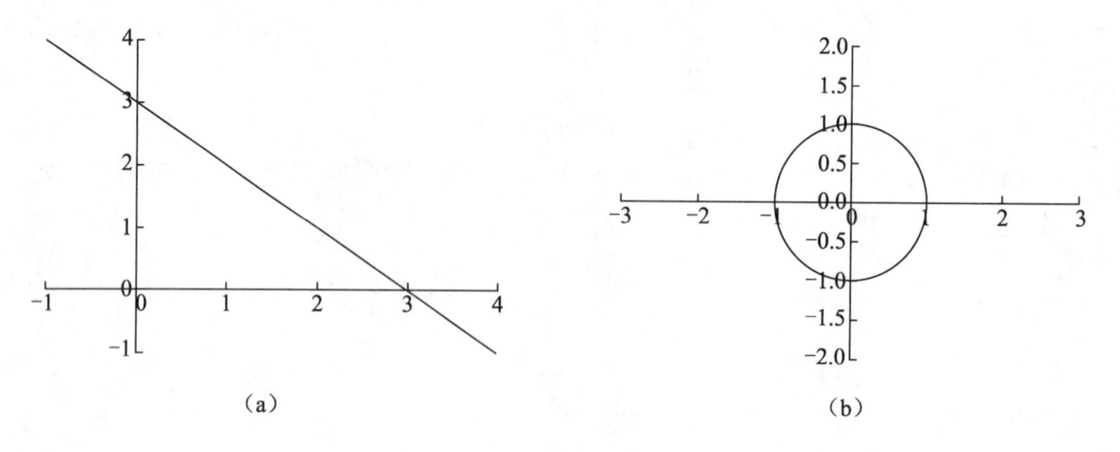

图 6-2　判定边界

以上是二阶多项式的情况，一般的多阶多项式，可以表达出更复杂的判定边界。

6.1.3　成本函数

不能使用线性回归模型的成本函数来推导逻辑回归的成本函数，因为成本函数太复杂，最终很可能会导致无法通过迭代找到成本函数值最小的点。

为了容易地求出成本函数的最小值，我们分成 y=1 和 y=0 两种情况来分别考虑其预测值与真实值之间的误差。先考虑最简单的情况，即计算某个样本 x, y 其预测值与真实值的误差，我们选择的成本公式如下：

$$\mathrm{Cost}(h_\theta(x), y) = \begin{cases} -\log(h_\theta(x)), & y = 1 \\ -\log(1 - h_\theta(x)), & y = 0 \end{cases} \tag{6-6}$$

其中，$h_\theta(x)$表示预测为 1 的概率，$\log(x)$为自然对数。我们以 $h_\theta(x)$为横坐标，以成本值 $\mathrm{Cost}(h_\theta(x),y)$为纵坐标，把上述两个公式分别画在二维平面上，如图 6-3 所示。

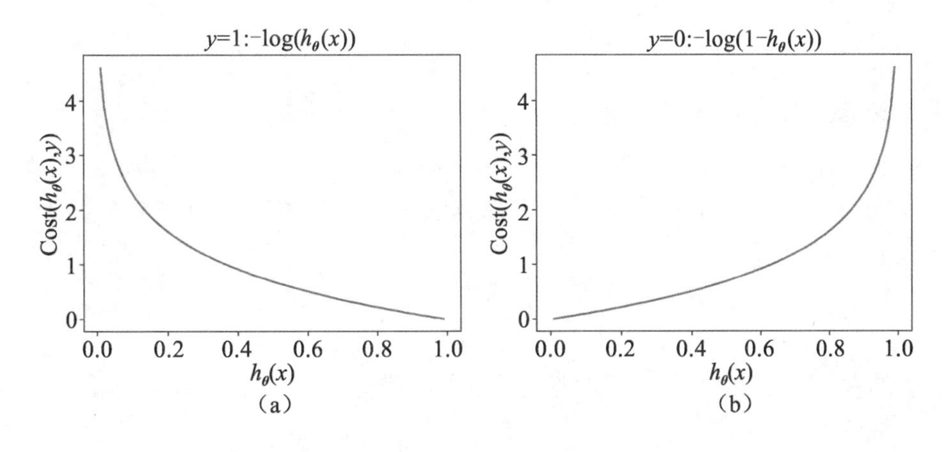

图 6-3　成本函数

回顾成本的定义，成本用于表示预测值与真实值的差异。当差异越大时，成本越大，模型受到的“惩罚”就越严重。

在图 6-3（a）中，当 $y = 1$ 时，随着 $h_\theta(x)$的值（预测为 1 的概率）越来越大，预测值越来越接近真实值，其成本越来越小。在图 6-3（b）中，当 $y = 0$ 时，随着 $h_\theta(x)$的值（预测为 1 的概率）越来越大，预测值越来越偏离真实值，其成本就越来越大。

思考：符合上述规律的函数模型很多，为什么要选择自然对数函数作为成本函数呢？

逻辑回归模型的预测函数是 Sigmoid 函数，而 Sigmoid 函数里有 e^n 运算，自然对数刚好是其逆运算，如 $\log(e^n)=n$。选择自然对数，最终会推导出形式优美的逻辑回归模型参数的迭代函数，不涉及对数运算和指数函数运算。这就是选择自然对数函数作为成本函数的原因。更进一步，把输入值 x 从负无穷大到正无穷大映射到[0, 1]区间的模型很多，逻辑回归算法为什么要选择 Sigmoid 函数作为预测函数的模型呢？严格地讲，不一定非要选择 Sigmoid 函数作为预测函数。但是不选择 Sigmoid 函数，就需要重新选择性质接近的成本函数，这样才能得到既方便表达、效率又高的成本函数。

下面来看成本函数的统一写法问题。分开表述的成本计算公式始终不方便，能不能合并成一个公式呢？考虑下面的公式：

$$\text{Cost}(h_{\boldsymbol{\theta}}(x), y) = -y\log(h_{\boldsymbol{\theta}}(x)) - (1-y)\log(1-h_{\boldsymbol{\theta}}(x)) \tag{6-7}$$

由于 $y \in \{0,1\}$ 是离散值，当 $y=1$ 时，$1-y=0$，式（6-7）的后半部分为 0；当 $y=0$ 时，式（6-7）的前半部分为 0。因此式（6-7）与分开表达的成本计算公式是等价的。

介绍到这里，成本函数就要隆重登场了。根据一个样本的成本计算公式，可以很容易地写出所有样本的成本平均值，即成本函数：

$$J(\boldsymbol{\theta}) = -\frac{1}{m}\left[\sum_{i=1}^{m} y^{(i)}\log(h_{\boldsymbol{\theta}}(x^{(i)})) + (1-y^{(i)})\log(1-h_{\boldsymbol{\theta}}(x^{(i)}))\right] \tag{6-8}$$

6.1.4 梯度下降算法

和线性回归类似，我们使用梯度下降算法来求解逻辑回归模型参数。根据梯度下降算法的定义可以得出：

$$\boldsymbol{\theta}_j = \boldsymbol{\theta}_j - \alpha\frac{\partial}{\partial\boldsymbol{\theta}_j}J(\boldsymbol{\theta}) \tag{6-9}$$

这里的关键是求解成本函数的偏导数。最终推导出来的梯度下降算法公式如下：

$$\boldsymbol{\theta}_j = \boldsymbol{\theta}_j - \alpha\frac{1}{m}\sum_{i=1}^{m}\left(h_{\boldsymbol{\theta}}(\boldsymbol{x}^{(i)}) - y^{(i)}\right)x_j^{(i)} \tag{6-10}$$

对公式推导过程感兴趣的读者，可以参阅本章扩展阅读的内容。

式（6-10）的形式和线性回归算法的参数迭代公式是一样的。当然，由于这里 $h_{\boldsymbol{\theta}}(\boldsymbol{x}) = \frac{1}{1+\mathrm{e}^{-\boldsymbol{\theta}^{\mathrm{T}}\boldsymbol{x}}}$，而线性回归算法里 $h_{\boldsymbol{\theta}}(\boldsymbol{x})=\boldsymbol{\theta}^{\mathrm{T}}\boldsymbol{x}$，所以二者的形式一样，但数值计算方法完全不同。

至此，逻辑回归算法的相关原理就解释清楚了。

6.2 多元分类

逻辑回归模型可以解决二元分类问题，即 $y=\{0, 1\}$，能不能用来解决多元分类问题呢？答案是肯定的。针对多元分类问题，$y=\{0, 1, 2, \cdots, n\}$，总共有 $n+1$ 个类别。解决思路是，首先把问题转化为二元分类问题，即 $y=0$ 是一个类别，$y=\{1, 2, \cdots, n\}$作为另外一个类别，然后计算这两个类别的概率；其次把 $y=1$ 作为一个类别，把 $y=\{0, 2, \cdots, n\}$作为另外一个类别，再计算这两个类别的概率。由此推广开，总共需要 $n+1$ 个预测函数：

$$
\begin{gathered}
y \in \{0,1,\cdots,n\} \\
h_{\boldsymbol{\theta}}^{(0)}(x)=P(y=0 \mid x,\boldsymbol{\theta}) \\
h_{\boldsymbol{\theta}}^{(1)}(x)=P(y=1 \mid x,\boldsymbol{\theta}) \\
\cdots \\
h_{\boldsymbol{\theta}}^{(n)}(x)=P(y=n \mid x,\boldsymbol{\theta}) \\
\text{prediction}=\max_i (h_{\boldsymbol{\theta}}^{(i)}(x))
\end{gathered}
$$

预测出的概率最高的那个类别就是样本所属的类别。

6.3　正　则　化

回忆第 3 章介绍的理论知识，过拟合是指模型很好地拟合了训练样本，但对新数据预测的准确性很差，原因是模型太复杂了。解决办法是减少输入特征的个数，或者获取更多的训练样本。本节介绍的正则化也是用来解决模型过拟合问题的一个方法。

- 保留所有的特征，减小特征权重 $\boldsymbol{\theta}_j$ 的值，确保所有的特征对预测值都有少量的贡献。
- 当每个特征 x_i 对预测值 y 都有少量的贡献时，这样的模型可以良好地工作，这就是正则化的目的，可以用正则化来解决特征过多时的过拟合问题。

6.3.1　线性回归模型正则化

我们先来看一下线性回归模型的成本函数是如何进行正则化的：

$$
J(\boldsymbol{\theta})=\frac{1}{2m}\left[\sum_{i=1}^{m}\left(h_{\boldsymbol{\theta}}(x^{(i)})-y^{(i)}\right)^2\right]+\lambda\sum_{j=1}^{n}\boldsymbol{\theta}_j^2 \tag{6-11}
$$

式（6-11）的前半部分就是前面学过的线性回归模型的成本函数，也称为预测值与实际值的误差，后半部分为加入的**正则项**。其中，λ 的值有两个目的，既要维持对训练样本的拟合，又要避免对训练样本的过拟合。如果 λ 值太大，虽然能确保不出现过拟合，但是可能会导致对现有训练样本欠拟合。

思考：怎样从数学上理解正则化后的成本函数解决了过拟合问题呢？

从数学角度来看，成本函数增加了一个正则项 $\lambda\sum_{j=1}^{n}\boldsymbol{\theta}_j^2$ 后，成本函数不再唯一地由**预测值与真实值的误差**所决定，还和参数 $\boldsymbol{\theta}$ 的大小有关。有了这个限制之后，要实现成本函数最小的目的，$\boldsymbol{\theta}$ 就不能随便取值了。例如，某个比较大的 $\boldsymbol{\theta}$ 值可能会让预测值与真实值的误差$(h_{\boldsymbol{\theta}}(x^{(i)})-y^{(i)})^2$ 值很小，但会导致 $\boldsymbol{\theta}_j^2$ 很大，最终的结果是成本函数太大。这样，通过调节参数 λ，就可以控制正则项的权重，从而避免线性回归算法过拟合。

利用正则化的成本函数，可以推导出正则化后的参数迭代函数：

$$\boldsymbol{\theta}_j=\boldsymbol{\theta}_j-\alpha\frac{1}{m}\sum_{i=1}^{m}\left[\left(\left(h(x^{(i)})-y^{(i)}\right)x_j^{(i)}\right)+\frac{\lambda}{m}\boldsymbol{\theta}_j\right] \tag{6-12}$$

$$\boldsymbol{\theta}_j=\boldsymbol{\theta}_j(1-\alpha\frac{\lambda}{m})-\alpha\frac{1}{m}\sum_{i=1}^{m}\left(\left(h(x^{(i)})-y^{(i)}\right)x_j^{(i)}\right) \tag{6-13}$$

$(1-\alpha\frac{\lambda}{m})$ 因子在每次迭代时都会把 $\boldsymbol{\theta}_j$ 收缩一点点。因为 α 和 λ 是正数，而 m 是训练样例的个数，是一个比较大的正整数。**为什么要对 $\boldsymbol{\theta}_j$ 进行收缩呢**？因为加入正则项的成本函数和 $\boldsymbol{\theta}_j^2$ 成正比，所以迭代时需要不断地试图减小 $\boldsymbol{\theta}_j$ 的值。

6.3.2 逻辑回归模型正则化

使用相同的思路，可以对逻辑回归模型的成本函数进行正则化，其方法也是在原来的成本函数基础上加上正则项：

$$J(\boldsymbol{\theta})=-\frac{1}{m}\left[\sum_{i=1}^{m}y^{(i)}\log(h_{\boldsymbol{\theta}}(x^{(i)}))+(1-y^{(i)})\log(1-h_{\boldsymbol{\theta}}(x^{(i)}))\right]+\frac{\lambda}{2m}\sum_{j=1}^{n}\boldsymbol{\theta}_j^2 \tag{6-14}$$

相应地，正则化后的参数迭代公式为：

$$\boldsymbol{\theta}_j=\boldsymbol{\theta}_j-\alpha\frac{\partial}{\partial\boldsymbol{\theta}_j}J(\boldsymbol{\theta}) \tag{6-15}$$

$$\boldsymbol{\theta}_j=\boldsymbol{\theta}_j-\alpha\left[\frac{1}{m}\sum_{i=1}^{m}\left(h_{\boldsymbol{\theta}}(\boldsymbol{x}^{(i)})-y^{(i)}\right)x_j^{(i)}+\frac{\lambda}{m}\boldsymbol{\theta}_j\right] \tag{6-16}$$

$$\boldsymbol{\theta}_j=\boldsymbol{\theta}_j(1-\alpha\frac{\lambda}{m})-\alpha\frac{1}{m}\sum_{i=1}^{m}\left(\left(h(\boldsymbol{x}^{(i)})-y^{(i)}\right)x_j^{(i)}\right) \tag{6-17}$$

需要注意的是，在式（6-17）中 $j\geqslant1$，因为 $\boldsymbol{\theta}_0$ 没有参与正则化。另外需要留意，逻辑回归和线性回归的参数迭代算法看起来形式是一样的，但其实它们的算法不一样，因为两个式子的预测函数 $h_{\boldsymbol{\theta}}(\boldsymbol{x})$不一样。针对线性回归，$h_{\boldsymbol{\theta}}(\boldsymbol{x})=\boldsymbol{\theta}^{\mathrm{T}}x$，而针对逻辑回归，$h_{\boldsymbol{\theta}}(\boldsymbol{x})=\frac{1}{1+\mathrm{e}^{-\boldsymbol{\theta}^{\mathrm{T}}\boldsymbol{x}}}$。

6.4 算法参数

在 scikit-learn 中，逻辑回归模型由类 sklearn.linear_model.LogisticRegression 实现。

1．正则项权重

前面介绍的正则项权重 λ，在 LogisticRegression 中有个参数 C 与之对应，但为反比，即 C 值越大，正则项的权重越小，模型容易出现过拟合；C 值越小，正则项权重越大，模型容易出现欠拟合。

2．L1和L2范数

创建逻辑回归模型时有个参数 penalty，其取值为'l1'或'l2'，这是什么意思呢？

这实际上就是指定**正则项**的形式。回顾前面介绍的内容，在成本函数中添加的正则项为 $\sum_{j=1}^{n}\boldsymbol{\theta}_j^2$，这实际上是个 L2 正则项，即把 L2 范数作为正则项。聪明的读者肯定猜到了，我们也可以添加 L1 范数来作为正则项。

L1 范数作为正则项，会让模型参数 $\boldsymbol{\theta}$ 稀疏化，即让模型参数向量中为 0 的元素尽量多；而 L2 范数作为正则项，则是让模型参数尽量小，但不会为 0，即尽量让每个特征对预测值都有一些小的贡献。

问题来了，为什么会造成上述不同的结果呢？

要解释清楚原因，需要先了解一下 L1 范数和 L2 范数的概念，它们都是针对向量的一种运算。为了简单起见，假设模型只有两个参数，它们构成一个二维向量 $\boldsymbol{\theta}=[\boldsymbol{\theta}_1, \boldsymbol{\theta}_2]$，则 L1 范数为：

$$\|\boldsymbol{\theta}\|_1=|\boldsymbol{\theta}_1|+|\boldsymbol{\theta}_2| \tag{6-18}$$

即 L1 范数是向量元素的绝对值之和，L2 范数为元素的平方和的开方：

$$\|\boldsymbol{\theta}\|_2=\sqrt{\boldsymbol{\theta}_1^2+\boldsymbol{\theta}_2^2} \tag{6-19}$$

定义清楚之后，下面看一下 L1 和 L2 范数作为正则项的效果有什么不同。回顾第 5 章介绍的内容，梯度下降算法在参数迭代的过程中，实际上是在成本函数的等高线上跳跃，并最终收敛在误差（为了避免误解，此处称未加正则项之前的成本为误差）最小的点上。我们先思考一下正则项的本质是什么？正则项的本质是惩罚。模型在训练过程中，如果没有遵守正则项所表达的规则，那么其成本会变大，即受到了惩罚，从而往正则项所表达的规则处收敛。成本函数在这两项规则的综合作用下，正则化后的模型参数应该收敛在误差等值线与正则项等值线相切的点上。

我们在二维坐标轴上画出 L1 范数和 L2 范数的图形，即可直观地看到它们所表达的规则的不同。

图 6-4 是使用 Matplotlib 画的 L1 范数和 L2 范数示意图，感兴趣的读者可参阅随书代码 ch06.01.ipynb。

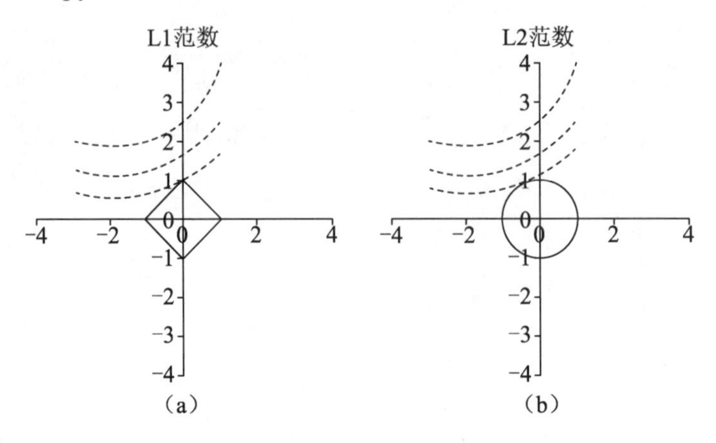

图 6-4　L1 范数和 L2 范数

在图 6-4（a）中，使用的是 L1 范数作为正则项，L1 范数表示的是元素的绝对值之和，在图 6-4（a）中，L1 范数的值为 1，其在 θ_1, θ_2 坐标轴上的等值线是一个正方形，虚线表示的是误差等值线。可以看到，误差等值线和 L1 范数等值线相切的点**位于坐标轴**上。

在图 6-4（b）中，使用的是 L2 范数作为正则项，在图 6-4（b）中，L2 范数的值为 1，在 θ_1,θ_2 坐标轴上它的等值线是一个圆。它和模型误差等值线相切的点一般不在坐标轴上。

至此，我们就清楚了，L1 范数作为正则项会让模型参数稀疏化，而 L2 范数作为正则项，则会使模型的特征对预测值都有少量的贡献，避免模型过拟合。

作为推论，以 L1 范数作为正则项的作用如下：

- **特征选择**：L1 范数会让模型参数向量里的元素为 0 的点尽量多，因此可以排除那些对预测值没有影响的特征，从而简化问题。所以 L1 范数解决过拟合的措施，实际上是减少特征数量。
- **可解释性**：模型参数向量稀疏化后，只会留下那些对预测值有重要影响的特征。这样我们就容易解释模型的因果关系。例如，针对某种癌症的筛查，如果有 100 个特征，则无从解释到底哪些特征对阳性呈关键作用。稀疏化后，只留下几个关键的特征，就容易看到因果关系。

由此可见，L1 范数作为正则项，更多的是一个分析工具，适合用来对模型求解。因为它会把不重要的特征直接去除。大部分情况下，我们解决过拟合问题，还是选择 L2 范数作为正则项，这也是 scikit-learn 中的默认值。

6.5　实例：乳腺癌检测

本节来看一个实例，使用逻辑回归算法解决乳腺癌检测问题。首先需要采集肿瘤病灶造影图片，然后对图片进行分析，从图片中提取特征，再根据特征来训练模型。最终使用模型来检测新采集到的肿瘤病灶造影，以便判断肿瘤是良性的还是恶性的。这是个典型的二元分类问题。

6.5.1　数据采集与特征提取

在工程应用中，数据采集和特征提取工作往往决定着项目的成败。读者可以思考一下，如果要获取足够多的良性和恶性分布合理的肿瘤病灶造影图片，那么需要多大的线下工作量？当然，这项工作一般以科研中心和医院合作的形式来完成。拿到病灶造影图片后，要分析图片、提取特征，这也是一项比较烦琐的工作。哪些特征有助于预测肿瘤的良性或恶性呢？这都是值得深入思考和实践的问题。然后决定要提取的特征集合，还需要编写图片处理程序，以便从病灶造影图片中提取出需要的特征。

为了简单起见，直接加载 scikit-learn 自带的一个乳腺癌数据集。这个数据集是已经采集后的数据：

```
# 载入数据
from sklearn.datasets import load_breast_cancer

cancer = load_breast_cancer()
X = cancer.data
y = cancer.target
print('data shape: {0}; no. positive: {1}; no. negative: {2}'.format(
    X.shape, y[y==1].shape[0], y[y==0].shape[0]))
print(cancer.data[0])
```

上述代码的输出结果如下：

```
data shape: (569, 30); no. positive: 357; no. negative: 212
[  1.79900000e+01   1.03800000e+01   1.22800000e+02   1.00100000e+03
   1.18400000e-01   2.77600000e-01   3.00100000e-01   1.47100000e-01
```

```
    2.41900000e-01   7.87100000e-02   1.09500000e+00   9.05300000e-01
    8.58900000e+00   1.53400000e+02   6.39900000e-03   4.90400000e-02
    5.37300000e-02   1.58700000e-02   3.00300000e-02   6.19300000e-03
    2.53800000e+01   1.73300000e+01   1.84600000e+02   2.01900000e+03
    1.62200000e-01   6.65600000e-01   7.11900000e-01   2.65400000e-01
    4.60100000e-01   1.18900000e-01]
```

可以看到，数据集中总共有 569 个样本，每个样本有 30 个特征，其中，357 个阳性（y=1）样本，212 个阴性（y=0）样本。同时，我们还输出一个样本数据，以便直观地进行观察。

为了强调特征提取工作的重要性，这里介绍一下这些特征值的物理含义，读者也可以思考一下，如果让你来提取特征，你会怎么做？

这个数据集总共从病灶造影图片中提取了以下 10 个关键属性。

- **radius**：半径，即病灶中心点离边界的平均距离。
- **texture**：纹理，灰度值的标准偏差。
- **perimeter**：周长，即病灶的大小。
- **area**：面积，也是反映病灶大小的一个指标。
- **smoothness**：平滑度，即半径的变化幅度。
- **compactness**：密实度，周长的平方除以面积的商，再减 1，即 $\frac{\text{perimeter}^2}{\text{area}}-1$。
- **concavity**：凹度，凹陷部分轮廓的严重程度。
- **concave** points：凹点，凹陷轮廓的数量。
- **symmetry**：对称性。
- **fractal dimension**：分形维度。

从这些指标中可以看出，有些指标属于“复合”指标，即由其他的指标经过运算得到。例如密实度，它是由周长和面积计算出来的。不要小看这种运算构建出来的新特征，这是事物内在逻辑关系的体现。

举个例子，我们需要监控数据中心中每台物理主机的运行情况，其中，CPU 占用率、内存占用率和网络吞吐量是几个重要的指标。问：有台主机的 CPU 占用率为 80%，这台主机状态是否正常？是否要发布告警？答：看情况。仅从 CPU 占用率来看还不能判断主机是否正常，还要看内存占用情况和网络吞吐量情况。如果此时内存占用也成比例上升，并且网络吞吐量也在合理的水平，那么造成这种状态的原因可能是用户访问的流量过大，导致主机负荷增加，因此不需要告警。如果内存占用、网络吞量和 CPU 占用不在同一量级，那么这台主机就可能处于不正常的状态。因此，我们需要构建一个复合特征，如 CPU 占用率和内存占用率的比值，以及 CPU 占用率和网络吞吐量的比值，这样构造出来的特征能更真实地体现出现实问题中的内在规则。

因此，当**提取特征时，不妨从事物的内在逻辑关系入手，分析已有特征之间的关系，从而构造出新的特征**。这个方法在实际工程应用中是常用的特征提取手段。

回到我们讨论的乳腺癌数据集的特征问题中，实际上它只关注 10 个特征，然后构造出每个特征的标准差及最大值，这样每个特征就又衍生出了两个特征，因此共有 30 个特征。可以通过 cancer.feature_names 变量来查看这些特征的名称。

6.5.2　模型训练

阅读过前面章节的读者应该很熟悉这个步骤了，因为 scikit-learn 提供了一致的接口调用，使用起来非常方便。

首先，把数据集分成训练数据集和测试数据集。

```
from sklearn.model_selection import train_test_split
X_train, X_test, y_train, y_test = train_test_split(X, y,
test_size=0.2)
```

其次，使用 LogisticRegression 模型来训练，并计算训练数据集的评分数据和测试数据集的评分数据。

```
# 模型训练
from sklearn.linear_model import LogisticRegression

model = LogisticRegression()
model.fit(X_train, y_train)

train_score = model.score(X_train, y_train)
test_score = model.score(X_test, y_test)
print('train score: {train_score:.6f}; test score: {test_score:.6f}'.
format(
    train_score=train_score, test_score=test_score))
```

笔者的计算机输出的结果如下：

```
train score: 0.953846; test score: 0.973684          # 看起来效果不错
```

还可以看一下在测试样本中有几个是预测正确的：

```
# 样本预测
y_pred = model.predict(X_test)
print('matchs: {0}/{1}'.format(np.equal(y_pred, y_test).sum(),
y_test. shape[0]))
```

笔者的计算机输出的结果如下：

```
matchs: 109/114
```

共有 114 个测试样本，其中 109 个预测正确。

针对二元分类问题，LogisticRegression 模型会对每个样本输出两个概率，即为 0 的概率和为 1 的概率，哪个概率高就预测为哪个类别。

我们可以找出针对测试数据集，模型预测的“自信度”低于 90%的样本。怎样找出这些样本呢？先计算出测试数据集里的每个样本的预测概率数据，针对每个样本，有两个数据，一个是预测其为阳性的概率，另外一个是预测其为阴性的概率。接着找出预测为阴性的概率大于 0.1 的样本，然后在结果集中找出预测为阳性的概率也大于 0.1 的样本，这样就找出了模型预测“自信度”低于 90%的样本。这是因为所有类别的预测概率加起来一定是 100%，两个都大于 0.1，则最大的值一定是小于 90%，即“自信度”不足 90%。我们可以看一下概率数据：

```
# 预测概率：找出预测概率低于 90% 的样本
y_pred_proba = model.predict_proba(X_test) # 计算每个测试样本的预测概率
# 输出第一个样本的数据，方便读者了解数据形式
print('sample of predict probability: {0}'.format(y_pred_proba[0]))

# 找出第一列，即预测为阴性的概率大于 0.1 的样本并保存在 result 中
y_pred_proba_0 = y_pred_proba[:, 0] > 0.1
result = y_pred_proba[y_pred_proba_0]

# 在 result 结果集中找出第二列，即预测为阳性的概率大于 0.1 的样本
y_pred_proba_1 = result[:, 1] > 0.1
print(result[y_pred_proba_1])
```

笔者的计算机输出的结果如下：

```
sample of predict probability: [  1.00000000e+00   2.13344552e-47]
[[ 0.14162628  0.85837372]
 [ 0.77498894  0.22501106]
 [ 0.72147347  0.27852653]
 [ 0.14436391  0.85563609]
 [ 0.35342587  0.64657413]
 [ 0.89676523  0.10323477]
 [ 0.1337727   0.8662273 ]
 [ 0.1709261   0.8290739 ]
 [ 0.16402016  0.83597984]
 [ 0.79657204  0.20342796]
 [ 0.76368522  0.23631478]]
```

我们使用 model.predict_proba()来计算概率，同时找出那些预测“自信度”低于 90%的样本。可以看到，最没有把握的样本是[0.35342587 0.64657413]，即只有

64.66%的概率是阳性。读者运行这个实例时，输出结果可能会略有差异，因为训练样本和测试样本是随机分配的。

6.5.3 模型优化

使用 LogisticRegression 模型的默认参数训练出来的模型，准确性看起来还是挺高的。问题是，模型是否还有优化空间呢？如果有，往哪个方向优化呢？

我们先尝试增加多项式特征，实际上，多项式特征和前面介绍的人为添加的复合特征类似，都是从已有特征中经过数学运算得来的。只是这里的逻辑关系并不明显。所幸，虽然我们不能直观地理解多项式特征的逻辑关系，但是有一些方法和工具可以用来过滤出那些对模型准确性有帮助的特征。

首先，使用 Pipeline 来增加多项式特征，就像在前面章节介绍的那样。

```
from sklearn.linear_model import LogisticRegression
from sklearn.preprocessing import PolynomialFeatures
from sklearn.pipeline import Pipeline

# 增加多项式预处理
def polynomial_model(degree=1, **kwarg):
    polynomial_features = PolynomialFeatures(degree=degree,
                                             include_bias=False)
    logistic_regression = LogisticRegression(**kwarg)
    pipeline = Pipeline([("polynomial_features", polynomial_
features),
                        ("logistic_regression", logistic_regression)])
    return pipeline
```

其次，增加二阶多项式特征，创建并训练模型。

```
import time

model = polynomial_model(degree=2, penalty='l1')

start = time.time()
model.fit(X_train, y_train)

train_score = model.score(X_train, y_train)
cv_score = model.score(X_test, y_test)
print('elaspe: {0:.6f}; train_score: {1:0.6f}; cv_score:
{2:.6f}'.format(
    time.time()-start, train_score, cv_score))
```

我们使用 L1 范数作为正则项（参数 penalty='l1'），笔者的计算机输出的结果如下：

```
elaspe: 0.504948; train_score: 0.997802; cv_score: 0.982456
```

可以看到，训练数据集评分和测试数据集评分都增加了。为什么使用 L1 范数作为正则项呢？前面介绍过，L1 范数作为正则项，可以实现参数的稀疏化，即自动帮助我们选择出那些对模型有关联的特征。我们可以观察一下有多少个特征没有被丢弃，即其对应的模型参数为 $\boldsymbol{\theta}_j$ 而非 0。

```
logistic_regression = model.named_steps['logistic_regression']
print('model parameters shape: {0}; count of non-zero
element: {1}'.format(
    logistic_regression.coef_.shape,
    np.count_nonzero(logistic_regression.coef_)))
```

输出结果如下：

```
model parameters shape: (1, 495); count of non-zero element: 94
```

逻辑回归模型的 coef_属性里保存的就是模型参数。从输出结果中可以看到，增加二阶多项式特征后，输入特征由原来的 30 个增加到了 495 个，最终大多数特征都被丢弃，只保留了 94 个有效特征。

6.5.4 学习曲线

有的读者可能会问，怎么知道使用 L1 范数作为正则项能提高算法的准确性？答案是：画出学习曲线。学习曲线是模型最有效的诊断工具之一，这也是前面章节一直强调的内容。

首先画出使用 L1 范数作为正则项所对应的一阶和二阶多项式的学习曲线。

```
from common.utils import plot_learning_curve
from sklearn.model_selection import ShuffleSplit

cv = ShuffleSplit(n_splits=10, test_size=0.2, random_state=0)
title = 'Learning Curves (degree={0}, penalty={1})'
degrees = [1, 2]
penalty = 'l1'

start = time.time()
plt.figure(figsize=(12, 4), dpi=144)
for i in range(len(degrees)):
    plt.subplot(1, len(degrees), i + 1)
    plot_learning_curve(plt,
                        polynomial_model(degree=degrees[i],
```

```
                         penalty=penalty),
                         title.format(degrees[i], penalty),
                         X,
                         y,
                         ylim=(0.8, 1.01),
                         cv=cv)

print('elaspe: {0:.6f}'.format(time.time()-start))
```

上面这段代码读者应该不会陌生吧，其输出的学习曲线如图 6-5 所示。

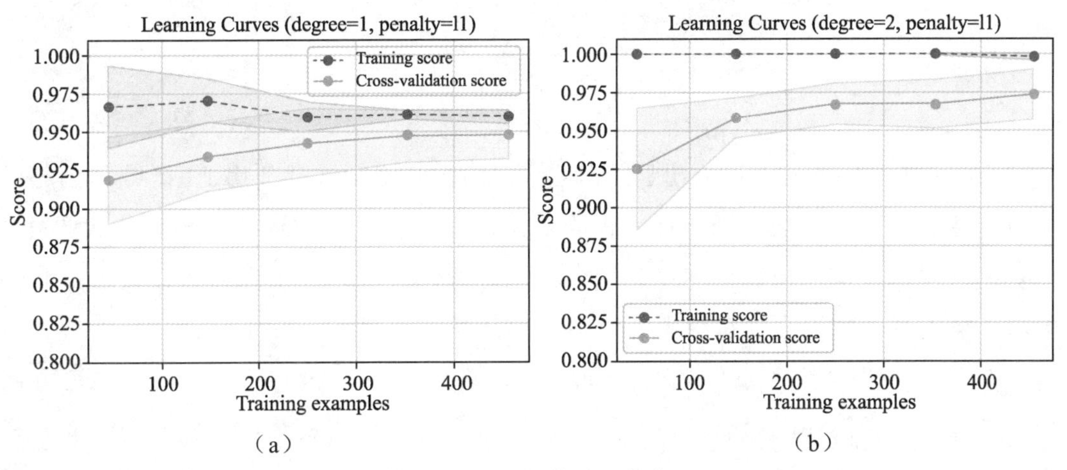

（a）　（b）

图 6-5 L1 范数学习曲线

接着画出使用 L2 范数作为正则项所对应的一阶和二阶多项式的学习曲线。

```
penalty = 'l2'

start = time.time()
plt.figure(figsize=(12, 4), dpi=144)
for i in range(len(degrees)):
    plt.subplot(1, len(degrees), i + 1)
    plot_learning_curve(plt,
                        polynomial_model(degree=degrees[i],
                                         penalty=penalty,
                                         solver='lbfgs'),
                        title.format(degrees[i], penalty),
                        X,
                        y,
                        ylim=(0.8, 1.01),
                        cv=cv)

print('elaspe: {0:.6f}'.format(time.time()-start))
```

学习曲线如图 6-6 所示。

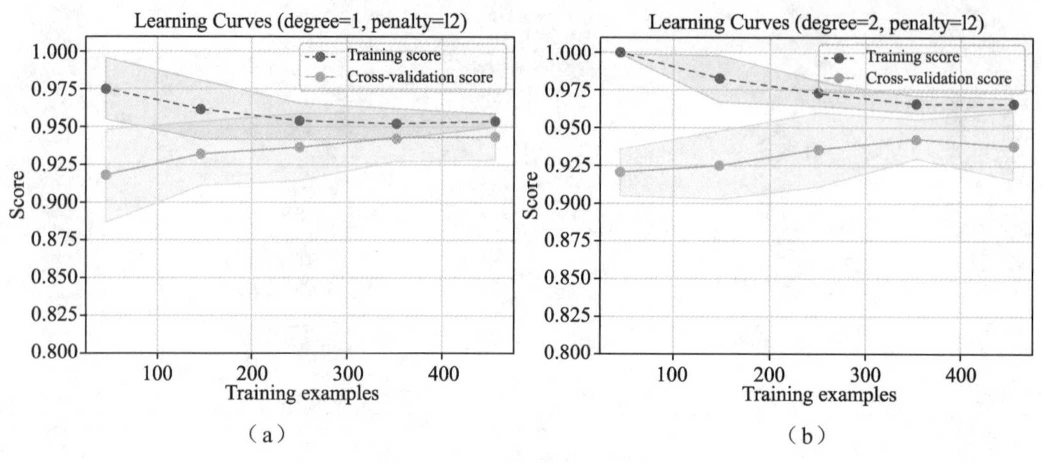

（a）　　　　　　　　　　（b）

图 6-6　L2 范数学习曲线

从图 6-5 和图 6-6 中可以明显地看出，使用二阶多项式并使用 L1 范数作为正则项的模型最优，因为它的训练样本评分最高，交叉验证样本评分也最高。从图 6-5（b）中还可以看出，训练样本评分和交叉验证样本评分之间的间隙还比较大，我们可以采集更多的数据来训练模型，以便进一步优化模型。

本实例的代码请参阅随书代码 ch06.02.ipynb。

读者运行示例代码后会发现，画 L1 范数对应的学习曲线需要较长的时间，在笔者的计算机（Macbook Pro Retina，13-inch 2.6 GHz Intel Core i5）上，总共用时 15.587002s。原因是，scikit-learn 的 learning_curve()函数在画学习曲线的过程中需要对模型进行多次训练，并计算交叉验证样本评分。同时，为了使曲线更平滑，针对每个点还会进行多次计算求平均值。这就是 ShuffleSplit 类的作用。本例只有 569 个训练样本，这是一个很小的数据集。如果数据集增加 100 倍甚至 1 000 倍，那么画学习曲线将是场“灾难”。

问题来了，针对大数据集，怎样高效地画学习曲线呢？

答案很简单，我们可以从大数据集里选择一小部分数据来画学习曲线，待选择好最优的模型之后，再使用全部的数据集来训练模型。有个地方需要注意，选择的这部分数据的标签分布要尽量保持与大数据集的标签分布相同，如针对二元分类，阳性和阴性比例要一致。

6.6　拓展阅读

本章的扩展阅读涉及较多的数学知识，阅读有困难的读者可以跳过。感兴趣的读者，可顺着笔者指引的一些资料找到更多的阅读资料。

1．梯度下降公式推导

关于逻辑回归模型的梯度下降公式的推导过程，感兴趣的读者可以参阅笔者的一篇博客，地址为 http://blog.kamidox.com/logistic-regression.html。

2．向量形式

实际上，我们的预测函数就是写成向量的形式：

$$h_{\boldsymbol{\theta}}(\boldsymbol{x}) = g(z) = g(\boldsymbol{\theta}^{\mathrm{T}}\boldsymbol{x}) = \frac{1}{1+\mathrm{e}^{-\boldsymbol{\theta}^{\mathrm{T}}\boldsymbol{x}}} \tag{6-20}$$

这个预测函数一次只计算一个训练样本的预测值，要怎样一次性计算出所有样本的预测值呢？

使用式（6-21）即可达到目的。其中，$g(x)$为 Sigmoid 函数。$\boldsymbol{X}$ 为 $m \times n$ 的矩阵，即数据集的矩阵表达。

$$h = g(\boldsymbol{X\theta}) \tag{6-21}$$

成本函数也有对应的矩阵形式：

$$J(\boldsymbol{\theta}) = \frac{1}{m}\left(-\boldsymbol{y}^{\mathrm{T}}\log(h) - (1-\boldsymbol{y})^{\mathrm{T}}\log(1-h)\right) \tag{6-22}$$

其中，$\boldsymbol{y}$ 为目标值向量，h 为一次性计算出的所有样本的预测值。

3．算法性能优化

梯度下降算法的效率比较低，优化的梯度下降算法有 Conjugate Gradient、BFGS 和 L-BFGS 等。这些算法比较复杂，实现这些算法是数值计算专家的工作，一般工程人员只需要知道这些算法是如何优化的以及怎么使用这些算法即可。感兴趣的读者可以搜索这些算法的关键词，网络上有大量的介绍资料。

6.7　习　　题

1．逻辑回归模型是解决什么问题的模型？

2．逻辑回归模型的预测函数是什么？

3．逻辑回归模型的成本函数是什么？

4．在逻辑回归模型的梯度下降算法中，其参数迭代公式是什么？

5．正则项有什么作用？

6．L1 范数正则项和 L2 范数正则项有什么区别？

7．运行 ch06.02.ipynb 实例，修改代码，在不引入多项式特征的情况下，观察当使用 L1 范数和 L2 范数作为正则项时，训练出来的模型参数有什么区别？

8．运行 ch06.02.ipynb 实例，看一下用三阶多项式拟合模型有什么效果？引入三阶多项式后有多少个特征？使用 L1 范数作为正则项时有多少项非 0 参数？

第 7 章　决策树算法

决策树是最经典的机器学习算法模型之一。它的预测结果容易理解，易于向业务部门解释，预测速度快，可以处理类别型数据和连续型数据。在机器学习的数据挖掘相关的岗位求职面试中，决策树是面试官最喜欢的面试题之一。本章涵盖的主要内容如下：

- 信息熵及信息增益的概念，以及决策树的分裂原则；
- 决策树的创建及剪枝算法；
- scikit-learn 中的决策树算法的相关参数；
- 使用决策树预测泰坦尼克号幸存者实例；
- scikit-learn 中的模型参数选择的工具及使用方法；
- 聚合算法及随机森林算法的原理。

7.1 算法原理

决策树是一个类似于流程图的树结构，分支节点表示对一个特征进行测试，根据测试结果进行分类，叶节点代表一个类别。如图 7-1 所示，我们用决策树来决定下班后的安排。

我们分别对精力指数和情绪指数两个特征进行测试，并根据测试结果决定行为的类别。每选择一个特征进行测试，数据集就被划分成多个子数据集。接着继续在子数据集上选择特征并进行数据集划分，直到创建出一个完整的决策树。创建好决策树模型后，只要根据下班后的精力和情绪情况，从根节点一路往下即可预测出下班后的行为。

问题来了，在创建决策树的过程中，要先对哪个特征进行分裂？例如，针对图 7-1 中的例子，先判断精力指数进行分裂，还是先判断情绪指数进行分裂？要回答这个问题，需要从信息的量化谈起。

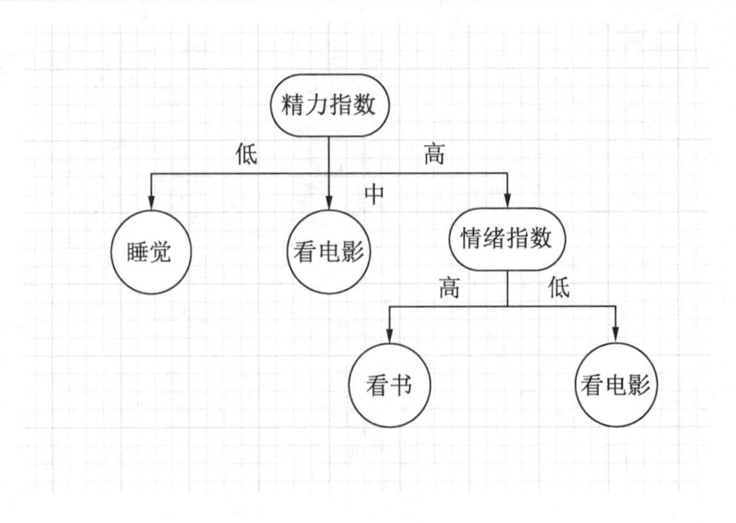

图 7-1　决策树

7.1.1　信息增益

我们天天在谈论信息，那么信息要怎样来量化呢？1948 年，香农在《通信的数学原理》一文中提出了**信息熵**（Entropy）的概念，从而解决了信息的量化问题。香农认为，一条信息的信息量和它的不确定性有直接关系。一个问题的不确定性越大，要清楚这个问题需要了解的信息就越多，其信息熵就越大。信息熵的计算公式如下：

$$H(X) = -\sum_{x \in X} P(x)\log_2 P(x) \tag{7-1}$$

其中，$P(x)$表示事件 x 出现的概率。例如，一个盒子中分别有 5 个白球和 5 个红球，随机取出一个球。问：这个球是红色的还是白色的？这个问题的信息量有多大呢？由于红球和白球出现的概率都是 1/2，代入信息熵公式，可以得到其信息熵为：

$$H(X) = -(\frac{1}{2}\log_2\frac{1}{2} + \frac{1}{2}\log_2\frac{1}{2}) = 1$$

即，这个问题的信息量是 1 bit。对，你没有看错，信息量的单位就是比特。我们要确定这个球是红色的还是白色的，只需要 1 比特的信息就够了。再举一个极端的例子，一个盒子中有 10 个白球，随机取出一个球，这个球是什么颜色的？这个问题的信息量是多少呢？答案是 0，因为这是一个确定的事件，其概率 $P(x)$=1，代入香农的信息熵公式（7-1），即可得到其信息熵为 0。也就是说，我们不需要再获取任何新的信息，即可知道这个球一定是白色的。

回到决策树的构建问题上，当要构建一棵决策树时，应该优先选择哪个特征来划分数据集呢？答案是：遍历所有的特征，分别计算，使用这个特征划分数据集前后信息熵的变化值，然后选择信息熵变化幅度最大的那个特征优先作为数据集划分依据，即选择**信息增益**最大的特征作为分裂节点。

比如，一个盒子中有红、白、黑、蓝 4 种颜色的球共 16 个，其中，红球 2 个，白球 2 个，黑球 4 个，蓝球 8 个。红球和黑球的体积一样，都为 1 个单位；白球和蓝球的体积一样，都为 2 个单位。红球、白球和黑球的质量一样，都是 1 个单位，蓝球的质量为 2 个单位。

我们应该优先选择体积这个特征，还是优先选择质量这个特征来作为数据集划分依据呢？根据前面介绍的结论，我们先计算基础信息熵，即划分数据集前的信息熵。从已知信息容易知道，红球、白球、黑球、蓝球出现的概率分别为 2/16、2/16、4/16、8/16，因此基础信息熵为：

$$H(D_{\text{base}}) = -(\frac{2}{16}\log_2\frac{2}{16} + \frac{2}{16}\log_2\frac{2}{16} + \frac{4}{16}\log_2\frac{4}{16} + \frac{8}{16}\log_2\frac{8}{16}) = 1.75$$

接着使用体积来划分数据集，此时会划分出两个数据集，第一个子数据集中是红球和黑球，第二个子数据集中是白球和蓝球，我们计算这种划分方式的信息熵。其中，第一个子数据集中有红球 2 个、黑球 4 个，红球和黑球出现的概率分别为 2/6 和 4/6，因此第一个子数据集的信息熵为：

$$H(D1_{\text{sub1}}) = -(\frac{2}{6}\log_2\frac{2}{6} + \frac{4}{6}\log_2\frac{4}{6}) = 0.918296$$

第二个子数据集中有白球 2 个、蓝球 8 个，白球和蓝球出现的概率分别为 2/10 和 8/10，因此第二个子数据集的信息熵为：

$$H(D1_{\text{sub2}}) = -(\frac{2}{10}\log_2\frac{2}{10} + \frac{8}{10}\log_2\frac{8}{10}) = 0.721928$$

因此，使用体积来划分数据集后，信息熵为 $H(D_1)=H(D1_{\text{sub1}})+H(D1_{\text{sub2}})=1.640224$，信息增益为 $H(D_{\text{base}})-H(D_1)=1.75-1.640224=0.109776$，如图 7-2（a）所示。

如果使用质量来划分数据集，也会划分出两个数据集，第一个子数据集中是红球、白球和黑球，第二个子数据集中只有蓝球。我们计算这种划分方式的信息熵。针对第一个子数据集，红球、白球和黑球出现的概率分别是 2/8、2/8、4/8，其信息熵为：

$$H(D2_{\text{sub1}}) = -(\frac{2}{8}\log_2\frac{2}{8} + \frac{2}{8}\log_2\frac{2}{8} + \frac{4}{8}\log_2\frac{4}{8}) = 1.5$$

第二个子数据集中只有蓝球，其概率为 1，因此其信息熵 $H(D2_{\text{sub2}})=0$。我们得出使用质量来划分数据集时的信息熵为 1.5，其信息增益为 1.75−1.5 = 0.25。如图 7-2（b）所示。由于使用质量划分数据集比使用体积划分数据集得到了更高的信息增益，所以我们优先选择质量这个特征来划分数据集。

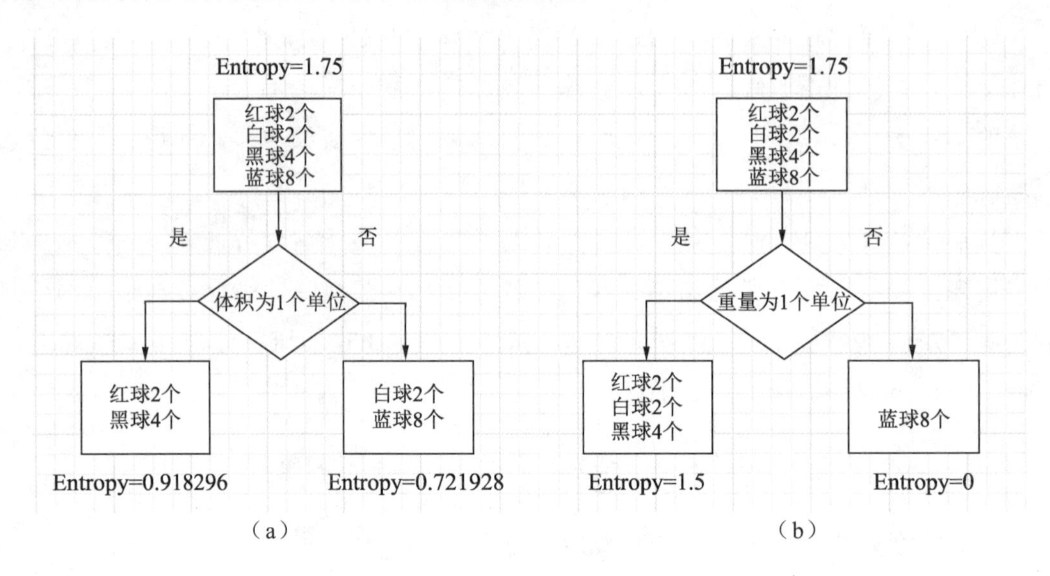

图 7-2　信息增益

下面来讨论信息增益的物理意义。

我们以概率 $P(x)$为横坐标，以信息熵 Entropy 为纵坐标，把信息熵和概率的函数关系 $\text{Entropy}(x)=-P(x)\log_2 P(x)$在二维坐标轴上画出来，如图 7-3 所示。

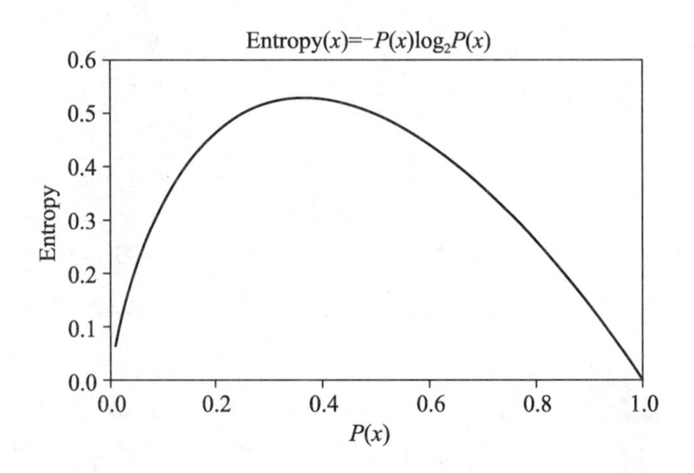

图 7-3　信息熵与概率

从这个函数关系中可以看出来，当概率 $P(x)$越接近 0 或越接近 1 时，信息熵的值越小，其不确定性越小，即数据越“纯”。典型地，当概率值为 1 时，此时数据是最“纯净”的，因为只有一种类别的数据，已经消除了不确定性，其信息熵为 0。

我们在特征选择时，应选择信息增益最大的特征，从物理上讲，即让数据尽量往更“纯净”的方向上变换。因此，我们得出，信息增益是用来衡量数据变得更有序、更纯净的程度的指标。

熵是热力学中表征物质状态的参量之一，其物理意义是体系混乱程度的度量，被香农借用过来作为信息量的度量。著名的熵增原理是这样描述的：

孤立热力学系统的熵不减少，总是增大或者不变。一个孤立系统不可能朝低熵的状态发展，即不会变得有序。

用白话讲就是，如果没有外力的作用，这个世界将是越来越无序的。人活着，在于尽量让熵变低，即让世界变得更有序，降低不确定性。当我们在消费资源时，是一个增熵的过程。我们把有序的食物变成了无序的垃圾。例如，笔者写书或读者看书的过程，可以理解为减熵的过程。我们通过写作和阅读，减少了不确定的信息，从而实现了减熵的过程。人生价值的实现，通过消费资源（增熵过程）来获取能量，经过自己的劳动付出（减熵过程），让世界变得更加“纯净”、有序，信息增益（减熵量-增熵量）即是衡量人生价值的尺度。希望笔者在暮年之时，回首往事能自信地说，我给这个世界带来的信息增益是正数，且已经尽力做到最大了。

7.1.2　决策树的创建

决策树的创建过程，就是从训练数据集中归纳出一组分类规则，使它与训练数据矛盾较小的同时具有较强的泛化能力。有了信息增益来量化地选择数据集的划分特征，使决策树的创建过程变得容易了。决策树的创建基本上分以下几步。

（1）计算数据集划分前的信息熵。

（2）遍历所有未作为划分条件的特征，分别计算根据每个特征划分数据集后的信息熵。

（3）选择信息增益最大的特征，并使用这个特征作为数据划分节点来划分数据。

（4）递归地处理被划分后的所有子数据集，从未被选择的特征里继续选择最优数据划分特征来划分子数据集。

问题来了，递归过程什么时候结束呢？一般来讲有两个终止条件：一是所有的特征都用完了，即没有新的特征可以用来进一步划分数据集；二是划分后的信息增益足够小了，这个时候就可以停止递归划分了。针对这个停止条件，需要事先选择信息增益的阈值作为结束递归的条件。

使用信息增益作为特征选择指标的决策树构建算法称为 ID3 算法。

1. 离散化

细心的读者可能会发现一个问题：如果一个特征是连续值怎么办呢？以本章开头的图 7-1 为例，假设有个精力测试仪器，测出来的是一个 0～100 的数字，这是一个连续值，这个时候怎么用决策树来建模呢？答案是：离散化。我们需要对数据进行离散化处理。例如，当精力指数小于或等于 40 时标识为低，当精力指数大于 40 且小于或等于 70 时标识为中，当精力指数大于 70 时标识为高。数据经过离散化处理后，就可以用来构建决策树了。要离散化成几个类别，往往和具体的业务相关。

2. 正则项

在决策树的创建过程中，如果使用信息增益来选择特征，则容易出现优先选择类别最多的特征进行分类的情况。举一个极端的例子，我们把某个产品的唯一标识符 ID 作为特征之一加入数据集中，那么创建决策树时就会优先选择产品 ID 作为划分特征，因为这样划分出来的数据，每个叶节点只有一个样本，划分后的子数据集最“纯净”，其信息增益最大。

这不是我们希望看到的结果。解决办法是，计算划分后的子数据集的信息熵时，加上一个与类别个数成正比的正则项作为最后的信息熵。当算法选择某个类别较多的特征，从而使信息熵较小时，由于受到类别个数的正则项惩罚，所以最终的信息熵也比较大。这样通过合适的参数，可以使算法训练达到某种程度的平衡。

另外一个解决办法是使用**信息增益比**来作为特征选择的标准。具体可参阅本章的扩展阅读。

3. 基尼不纯度

我们知道，信息熵是衡量信息不确定性的指标，实际上也是衡量信息“纯度”的指标。除此之外，基尼不纯度（Gini impurity）也是衡量信息不纯度的指标，其计算公式如下：

$$\text{Gini}(D) = \sum_{x \in X} P(x)(1 - P(x)) = 1 - \sum_{x \in X} P(x)^2$$

其中，$P(x)$是样本属于 x 这个类别的概率。如果所有的样本都属于一个类别，此时 $P(x)=1$，则 $\text{Gini}(D)=0$，即数据不纯度最低，纯度最高。以概率 $P(x)$作为横坐标，以这个类别的基尼不纯度 $\text{Gini}(D)=P(x)(1-P(x))$作为纵坐标，在坐标轴上画出其函数关系，如图 7-4 所示。

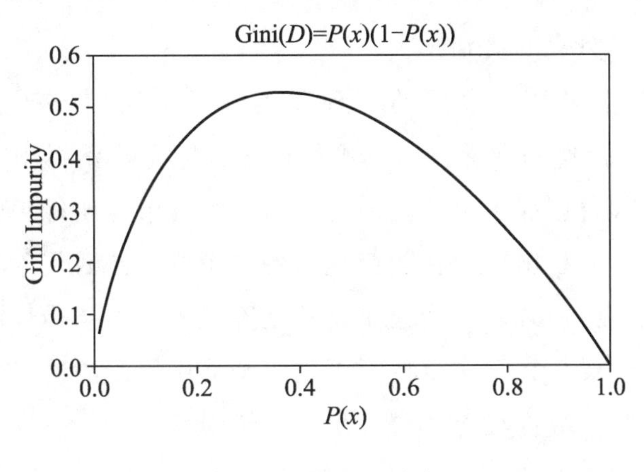

图 7-4　基尼不纯度

从图 7-4 中可以看出，其形状和信息熵的形状几乎一样。CART 算法就使用基尼不纯度作为特征选择标准，CART 也是一种决策树构建算法，具体可参阅扩展阅读部分的内容。

7.1.3　剪枝算法

使用决策树模型拟合数据时，容易造成过拟合。解决过拟合的方法是对决策树进行剪枝处理。决策树的剪枝有两种思路：前剪枝（Pre-Pruning）和后剪枝（Post-Pruning）。

1．前剪枝

前剪枝是在构造决策树的同时进行剪枝。在决策树的构建过程中，如果无法进一步降低信息熵，就会停止创建分支。为了避免过拟合，可以设定一个阈值，当信息熵减小的数量小于这个阈值时，即使还可以继续降低熵，那么也会停止继续创建分支。这种方法称为前剪枝。还有一些简单的前剪枝方法，如限制叶节点的样本个数，当样本个数小于一定的阈值时，即不再继续创建分支。

2．后剪枝

后剪枝是指决策树构造完成后进行剪枝。剪枝的过程是对拥有同样父节点的一组节点进行检查，判断：如果将其合并，信息熵的增加量是否小于某个阈值。如果小于该阈值，则这一组节点可以合并为一个节点。后剪枝是目前较普遍的做法。后剪枝的过程是删除一些子树，然后用子树的根节点代替，作为新的叶子节点。这个新叶子节点所标识的类别通过大多数原则来确定，即把这个叶子节点里样本最多的类别，作为这个叶子节点的类别。

后剪枝算法有很多种，常用的一种称为降低错误率剪枝法（Reduced-Error Pruning）。其思路是，自底向上，从已经构建好的完全决策树中找出一棵子树，然后用子树的根节点代替这棵子树作为新的叶节点。叶节点所标识的类别通过大多数原则来确定。这样就构建出一棵新的简化版的决策树。然后使用交叉验证数据集来测试简化版本的决策树，看看其错误率是不是降低了。如果错误率降低了，则使用这棵简化版的决策树代替完全决策树，否则还是采用原来的决策树。遍历所有的子树，直到针对交叉验证数据集无法进一步降低错误率为止。

对其他剪枝算法感兴趣的读者，可以搜索 decision tree pruning 获取更多的信息。

7.2 算法参数

scikit-learn 使用 sklearn.tree.DecisionTreeClassifier 类来实现决策树分类算法。其中几个典型的参数解释如下：

- **Criterion**：特征选择算法，一种是基于信息熵，另外一种是基于基尼不纯度。有研究表明，这两种算法的差异性不大，对模型的准确性没有太大的影响。相对而言，信息熵运算效率低一些，因为它有对数运算。更详细的信息，可通过搜索 decision tree gini vs. entropy 获取。
- **Splitter**：创建决策树分支的选项，一种是选择最优的分支创建原则，另一种是从排名靠前的特征中随机选择一个特征来创建分支，这个方法和正则项的效果类似，可以避免过拟合问题。
- **max_depth**：指定决策树的最大深度。通过指定该参数，用来解决模型过拟合问题。
- **min_samples_split**：指定能创建分支的数据集的大小，默认是 2。如果一个节点的数据样本个数小于这个数值，则不再创建分支。这也是一种前剪枝的方法。
- **min_samples_leaf**：创建分支后的节点样本数量必须大于或等于这个数值，否则不再创建分支。这也是一种前剪枝的方法。
- **max_leaf_nodes**：限制最小的样本节点个数。此外，该参数还可以限制最大的样本节点个数。
- **min_impurity_split**：指定信息增益的阈值。决策树在创建分支时，信息增益必须大于这个阈值，否则不创建分支。

从以上这些参数中可以看到，scikit-learn 有一系列的参数用来控制决策树生成的过程，从而解决过拟合问题。其他参数请参阅 scikit-learn 的官方文档。

7.3　实例：泰坦尼克号上的幸存者预测

众所周知，泰坦尼克号是历史上最严重的一起海难事故的主角。我们通过决策树模型，来预测哪些人可能成为幸存者。数据集来自 https://www.kaggle.com/c/titanic。笔者已经下载下来，并放在随书代码 datasets/titanic 目录下。

数据集中总共有两个文件，都是 CSV 格式的数据。其中，train.csv 是训练数据集，包含已标注的训练样本数据。test.csv 是要进行幸存者预测的数据。我们的任务就是根据 train.csv 中的数据训练出模型，然后使用这个模型来预测 test.csv 中的数据，最后把预测结果提交到 kaggle.com 上。

7.3.1　数据分析

train.csv 是一个 892 行、12 列的数据表格，意味着有 891 个训练样本（扣除表头），每个样本有 12 个特征。我们需要先分析这些特征，以便决定哪个特征可以用来进行模型训练。

- **PassengerId**：乘客的 ID 号，这是一个按顺序的编号，用来唯一地标识一名乘客。这个特征和幸存与否无关，我们不使用这个特征。
- **Survived**：1 表示幸存，0 表示遇难。它是我们的标注数据。
- **Pclass**：舱位等级，是很重要的特征。看过《泰坦尼克号》电影的读者都知道，高舱位等级的乘客能更快地到达甲板，从而更容易获救。
- **Name**：乘客姓名，这个特征和幸存与否无关，我们会丢弃这个特征。
- **Sex**：乘客性别，看过该电影的读者都知道，由于救生艇数量不够，船长让妇女和儿童先上救生艇，所以这也是一个很重要的特征。
- **Age**：乘客年龄，儿童会优先上救生艇，身强力壮者的幸存概率也会高一些。
- **SibSp**：兄弟姐妹同在船上的数量。
- **Parch**：同船的父辈人员数量。
- **Ticket**：乘客票号。我们不使用这个特征。
- **Fare**：乘客的体热指标。
- **Cabin**：乘客所在的船舱号。实际上这个特征和幸存与否有一定的关系，如最早被水淹没的船舱位置，其乘客的幸存概率要低一些。但由于这个特征有大量的丢失数据，而且没有更多的数据来对船舱进行归类，因此我们丢弃这个特征。

- **Embarked**：乘客登船的港口。我们需要把港口数据转换为数值型数据。

我们需要加载 CSV 数据，并做一些预处理，包括：

- 提取 Survived 列的数据作为模型的标注数据。
- 丢弃不需要的特征数据。
- 对数据进行转换，以方便模型处理。例如性别数据，我们需要转换为 0 和 1。
- 处理缺失数据。例如年龄这个特征，有很多缺失的数据。

pandas 是完成这些任务的理想软件包。我们先把数据从文件里读取出来：

```
import pandas as pd
def read_dataset(fname):
    # 指定第一列作为行索引
    data = pd.read_csv(fname, index_col=0)
    # 丢弃无用的数据
    data.drop(['Name', 'Ticket', 'Cabin'], axis=1, inplace=True)
    # 处理性别数据
    data['Sex'] = (data['Sex'] == 'male').astype('int')
    # 处理登船港口数据
    labels = data['Embarked'].unique().tolist()
    data['Embarked'] = data['Embarked'].apply(lambda n: labels.index(n))
    # 处理缺失数据
    data = data.fillna(0)
    return data

train = read_dataset('datasets/titanic/train.csv')
```

pandas 是一个功能强大的时间序列数据集处理工具，具体用法可参阅其官方网站，网址为 http://pandas.pydata.org。

处理完的数据样本如图 7-5 所示。

	Survived	Pclass	Sex	Age	SibSp	Parch	Fare	Embarked
PassengerId								
1	0	3	1	22.0	1	0	7.2500	0
2	1	1	0	38.0	1	0	71.2833	1
3	1	3	0	26.0	0	0	7.9250	0
4	1	1	0	35.0	1	0	53.1000	0
5	0	3	1	35.0	0	0	8.0500	0

图 7-5　数据样本

7.3.2　模型训练

首先，需要把 Survived 列提取出来作为标签，然后在原数据集中将其丢弃。同时把数据集分成训练数据集和交叉验证数据集。

```
from sklearn.model_selection import train_test_split

y = train['Survived'].values
X = train.drop(['Survived'], axis=1).values

X_train, X_test, y_train, y_test = train_test_split(X, y,
test_size=0.2)

print('train dataset: {0}; test dataset: {1}'.format(
    X_train.shape, X_test.shape))
```

笔者的计算机输出的结果如下：

```
train dataset: (712, 7); test dataset: (179, 7)
```

接下来，使用 scikit-learn 的决策树模型对数据进行拟合。

```
from sklearn.tree import DecisionTreeClassifier

clf = DecisionTreeClassifier()
clf.fit(X_train, y_train)
train_score = clf.score(X_train, y_train)
test_score = clf.score(X_test, y_test)
print('train score: {0}; test score: {1}'.format(train_score,
test_score))
```

笔者的计算机输出的结果如下：

```
train score: 0.983146067416; test score: 0.787709497207
```

从输出数据中可以看出，针对训练样本的评分很高，但针对交叉验证数据集的评分比较低，二者差距较大。很明显，这是过拟合的特征。解决决策树过拟合的方法是剪枝，包括前剪枝和后剪枝。不幸的是，scikit-learn 不支持后剪枝，但它提供了一系列的模型参数进行前剪枝。例如，可以通过 max_depth 参数限定决策树的深度，当决策树达到限定的深度时，就不再进行分裂了。这样就可以在一定程度上避免过拟合。

7.3.3　优化模型参数

问题来了，难道要手动地一个个去试参数，然后找出最优的参数吗？程序员都是信奉 DRY（Do not Repeat Yourself）原则的群体，一个最直观的解决办法是选择一系列参数的值，然后分别计算用指定参数训练出来的模型的评分数据。还可以把二者的关系画出来，直观地看到参数值与模型准确度的关系。

以模型深度 max_depth 为例，先创建一个函数，它使用不同的模型深度训练模型，并计算评分数据。

```
# 参数选择 max_depth
def cv_score(d):
    clf = DecisionTreeClassifier(max_depth=d)
    clf.fit(X_train, y_train)
    tr_score = clf.score(X_train, y_train)
    cv_score = clf.score(X_test, y_test)
    return (tr_score, cv_score)
```

接着构造参数范围，在这个范围内分别计算模型评分，并找出评分最高的模型所对应的参数。

```
depths = range(2, 15)
scores = [cv_score(d) for d in depths]
tr_scores = [s[0] for s in scores]
cv_scores = [s[1] for s in scores]

# 找出交叉验证数据集中评分最高的索引
best_score_index = np.argmax(cv_scores)
best_score = cv_scores[best_score_index]
best_param = depths[best_score_index]                    # 找出对应的参数
print('best param: {0}; best score: {1}'.format(best_param,
best_score))
```

笔者的计算机输出的结果如下：

```
best param: 7; best score: 0.837988826816
```

可以看到，针对模型深度这个参数，最优的值是 7，其对应的交叉验证数据集评分为 0.83799。我们还可以把模型参数和模型评分画出来，更直观地观察其变化规律。

```
plt.figure(figsize=(6, 4), dpi=144)
plt.grid()
plt.xlabel('max depth of decision tree')
plt.ylabel('score')
plt.plot(depths, cv_scores, '.g-', label='cross-validation score')
plt.plot(depths, tr_scores, '.r--', label='training score')
plt.legend()
```

笔者的计算机输出的结果如图 7-6 所示。

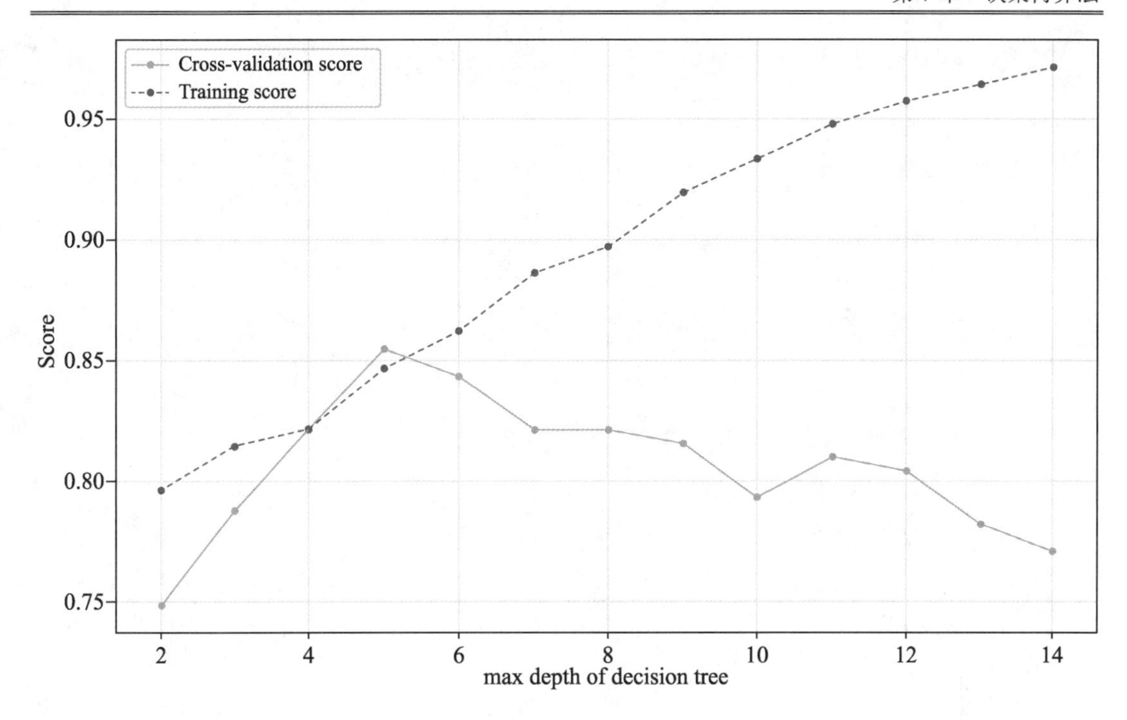

图 7-6　模型深度与模型评分

使用同样的方法，我们可以考察参数 min_impurity_split。这个参数用来指定信息熵或基尼不纯度的阈值，当决策树分裂后，其信息增益低于这个阈值时则不再分裂。

```
# 训练模型并计算评分
def cv_score(val):
    clf = DecisionTreeClassifier(criterion='gini', min_impurity_
split=val)
    clf.fit(X_train, y_train)
    tr_score = clf.score(X_train, y_train)
    cv_score = clf.score(X_test, y_test)
    return (tr_score, cv_score)

# 指定参数范围，分别训练模型并计算评分
values = np.linspace(0, 0.5, 50)
scores = [cv_score(v) for v in values]
tr_scores = [s[0] for s in scores]
cv_scores = [s[1] for s in scores]

# 找出评分最高的模型参数
best_score_index = np.argmax(cv_scores)
best_score = cv_scores[best_score_index]
best_param = values[best_score_index]
print('best param: {0}; best score: {1}'.format(best_param,
```

```
    best_score))

    # 画出模型参数与模型评分的关系
    plt.figure(figsize=(6, 4), dpi=144)
    plt.grid()
    plt.xlabel('threshold of entropy')
    plt.ylabel('score')
    plt.plot(values, cv_scores, '.g-', label='cross-validation score')
    plt.plot(values, tr_scores, '.r--', label='training score')
    plt.legend()
```

笔者的计算机输出的结果如下：

```
best param: 0.214285714286; best score: 0.849162011173
```

对应的参数与模型分数的关系如图 7-7 所示。

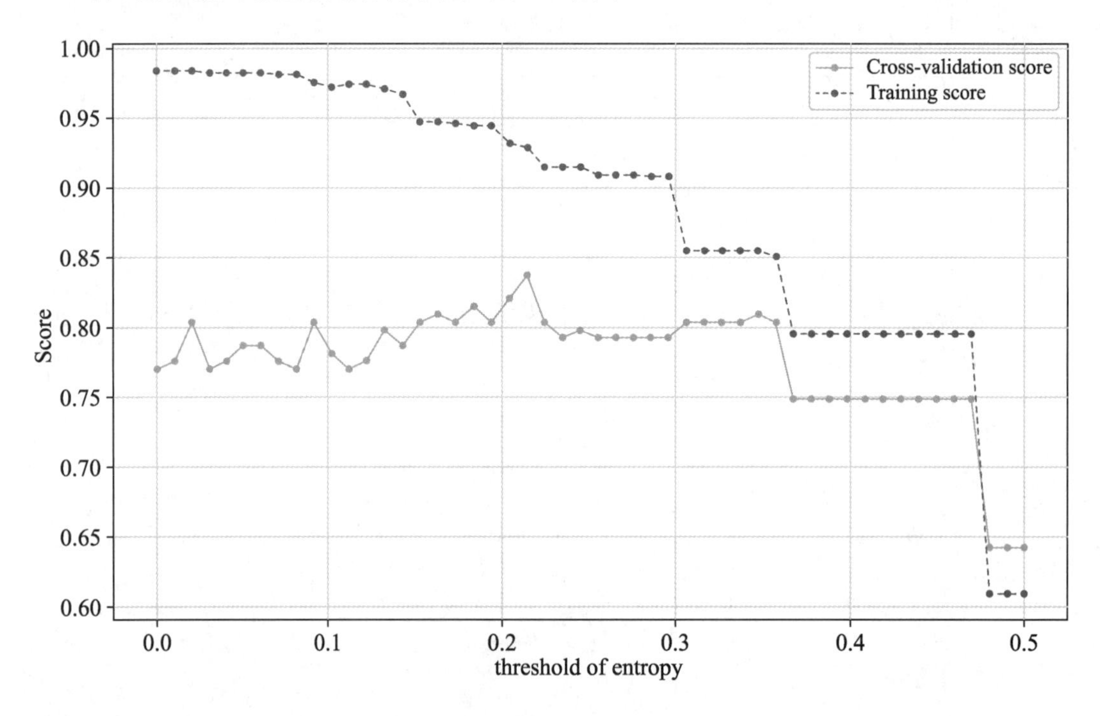

图 7-7 阈值与模型评分

我们把[0, 0.5]之间 50 等分，以每个等分点作为信息增益阈值来训练一次模型，并计算模型评分数据。从图 7-7 中可以看出，当阈值接近 0.5 时，模型的训练评分和交叉验证评分都急剧下降，说明模型出现了欠拟合。读者可以思考一下，把决策树特征选择的标准由基尼不纯度改为信息熵，即把 criterion='gini' 改为 criterion='entropy'，图形有什么变化？为什么？修改完后，是否需要重新调整代码中 values 的范围？

7.3.4　模型参数选择工具包

细心的读者会发现我们介绍的模型参数优化方法有两个问题。**其一，数据不稳定**。读者可以试着运行一下示例代码，每次重新把数据集划分成训练数据集和交叉验证数据集后，选择出的模型参数就不是最优的了。例如，原来选择的决策树深度为 7 是最优的，第二次计算出来的决策树的最优深度可能变成了 6。**其二，不能一次选择多个参数**。例如，想要考察 max_depth 和 min_samples_leaf 两个参数结合起来的最优参数就没办法实现。

问题一的原因是，每次把数据集划分为训练样本和交叉验证样本时，是随机划分的，这样导致每次的训练数据集是有差异的，训练出来的模型也有差异。解决这个问题的方法是多次计算，求平均值。具体来讲，就是针对模型的某个特定参数值，多次划分数据集，多次训练模型，计算出这个参数值的最低评分、最高评分及平均评分。在第 3 章介绍学习曲线时，我们使用过这个方法。问题二的解决方法比较简单，把代码再优化一下，能处理多个参数组合即可。

所幸，我们不需要实现这些代码。scikit-learn 在 sklearn.model_selection 包中有大量模型选择和评估的工具供我们使用。针对以上问题，可以使用 GridSearchCV 类来解决。下面先看一下怎样用 GridSearchCV 类选择一个参数的最优值。

```
from sklearn.model_selection import GridSearchCV

thresholds = np.linspace(0, 0.5, 50)
# 设置参数矩阵
param_grid = {'min_impurity_split': thresholds}

clf = GridSearchCV(DecisionTreeClassifier(), param_grid, cv=5)
clf.fit(X, y)
print("best param: {0}\nbest score: {1}".format(clf.best_params_,
                                                 clf.best_score_))
plot_curve(thresholds, clf.cv_results_, xlabel='gini thresholds')
```

笔者的计算机输出的结果如下：

```
best param: {'min_impurity_split': 0.2040816326530612}
best score: 0.82379349046
```

其中关键的参数是 param_grid，它是一个字典，字典关键字所对应的值是一个列表。GridSearchCV 会枚举列表中的所有值来构建模型，然后多次计算训练模型并计算模型评分，最终得出指定参数值的平均评分及标准差。另外一个关键的参数是 cv，它用来指定交叉验证数据集的生成规则，代码中的 cv=5 表示每次计算都把数据集分成 5 份，其中一份作为交叉验证数据集，其他的作为训练数据集。最终得出的最优参数及最优评分保存在 clf.best_params_ 和 clf.best_score_ 中。此外，clf.cv_results_ 保存了计算过程的所有中间结果。我们可以拿这个数据来画出模型参数与模型评分的关系图，如图 7-8 所示。

```
def plot_curve(train_sizes, cv_results, xlabel):
    train_scores_mean = cv_results['mean_train_score']
    train_scores_std = cv_results['std_train_score']
    test_scores_mean = cv_results['mean_test_score']
    test_scores_std = cv_results['std_test_score']
    plt.figure(figsize=(6, 4), dpi=144)
    plt.title('parameters turning')
    plt.grid()
    plt.xlabel(xlabel)
    plt.ylabel('score')
    plt.fill_between(train_sizes,
                     train_scores_mean - train_scores_std,
                     train_scores_mean + train_scores_std,
                     alpha=0.1, color="r")
    plt.fill_between(train_sizes,
                     test_scores_mean - test_scores_std,
                     test_scores_mean + test_scores_std,
                     alpha=0.1, color="g")
    plt.plot(train_sizes, train_scores_mean, '.--', color="r",
             label="Training score")
    plt.plot(train_sizes, test_scores_mean, '.-', color="g",
             label="Cross-validation score")

    plt.legend(loc="best")
```

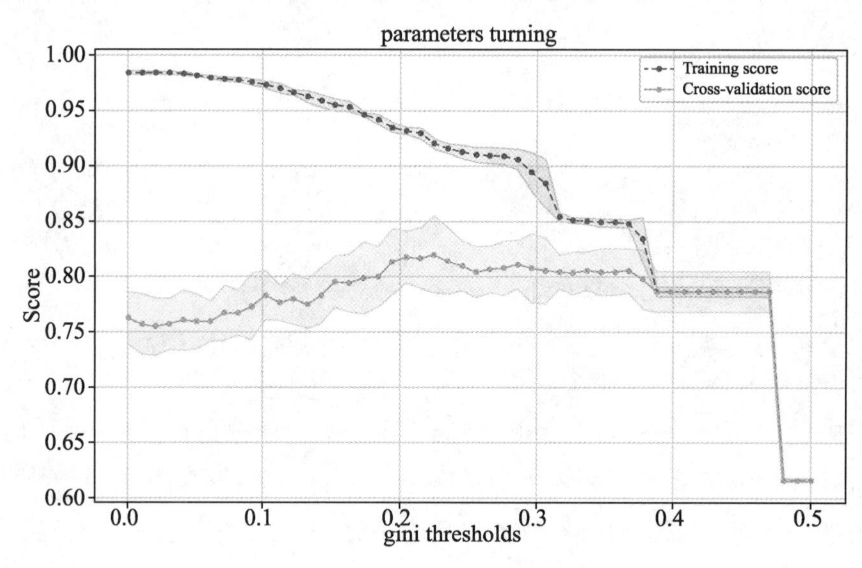

图 7-8　阈值与模型评分

接下来看一下如何在多组参数之间选择最优的参数。

```
from sklearn.model_selection import GridSearchCV

entropy_thresholds = np.linspace(0, 1, 50)
gini_thresholds = np.linspace(0, 0.5, 50)

# 设置参数矩阵
param_grid = [{'criterion': ['entropy'],
              'min_impurity_split': entropy_thresholds},
             {'criterion': ['gini'],
              'min_impurity_split': gini_thresholds},
             {'max_depth': range(2, 10)},
             {'min_samples_split': range(2, 30, 2)}]

clf = GridSearchCV(DecisionTreeClassifier(), param_grid, cv=5)
clf.fit(X, y)
print("best param: {0}\nbest score: {1}".format(clf.best_params_,
                                                  clf.best_score_))
```

笔者的计算机输出的结果如下：

```
best param: {'min_impurity_split': 0.530612, 'criterion': 'entropy'}
best score: 0.823793
```

以上代码，关键部分还是 param_grid 参数，它是一个列表，列表中的每个元素都是一个字典。例如，针对列表中的第一个字典，选择信息熵作为决策树特征选择的判断标准，同时其阈值范围是[0, 1]之间分为 50 等份。GridSearchCV 会针对列表中的每个字典进行迭代，最后比较列表中每个字典所对应的参数组合从而选择出最优的参数。关于 GridSearchCV 的更详细的信息，可以参阅 scikit-learn 的官方文档。

最后基于好奇，我们想知道使用最优参数的决策树到底是什么样的。我们可以使用 sklearn.tree.export_graphviz()函数把决策树模型参数导出到文件中，然后使用 graphviz 工具包生成决策树示意图。关于如何生成决策树示意图，以及本章实例的所有相关代码，请参阅 ch07.02.ipynb。

7.4 拓展阅读

7.4.1 熵和条件熵

在决策树的创建过程中，我们会计算以某个特征创建分支后的子数据集的信息熵。用数学语言来描述实际上是计算**条件熵**，即满足某个条件前提下的信息熵。

关于信息熵和条件熵的相关概念，感兴趣的读者可以阅读吴军老师的《信息的度量和作用》一文，其收录在吴军老师的《数学之美》这本书中。在这本书中，吴军老师用平实的语言，把复杂的数学概念解释得“入木三分”，即使你只有高中的数学水平，也可以领略到数学的“优雅”和“威力”。

7.4.2 决策树的构建算法

本章重点介绍的决策树构建算法是 ID3 算法，它是 1986 年由 Ross Quinlan 提出的。1993 年，该算法作者发布了新的决策树构建算法 C 4.5，作为 ID3 算法的改进，主要体现在：

- 增加了对连续值的处理，方法是使用一个阈值作为连续值的划分条件，从而把数据离散化。
- 自动处理特征值缺失问题，处理方法是直接把这个样本抛弃，不参与信息增益比计算。
- 使用信息增益比作为特征选择标准。
- 采用后剪枝算法处理过拟合，即等决策树创建完之后，再通过合并叶子节点的方式进行剪枝。

此后，该算法作者又发布了改进的商业版本 C 5.0，它的运算效率更高，使用内存更小，创建出来的决策树更小，并且准确性更高，适合大数据集的决策树构建。

除了前面介绍的使用基尼不纯度来构建决策树的 CART 算法之外，还有其他知名的决策树构建算法，如 CHAID 和 MARS 等。感兴趣的读者可以搜索相关关键字，了解更多的信息。

7.5 集合算法

集合算法（Ensemble）是一种元算法（Meta-algorithm），它利用统计学采样原理，训练出成百上千个不同的算法模型。当需要预测一个新样本时，使用这些模型分别对这个样本进行预测，然后采用少数服从多数的原则，决定新样本的类别。集合算法可以有效地解决过拟合问题。在 scikit-learn 中，所有的集合算法都实现在 sklearn.ensemble 包中。

7.5.1 自助聚合算法

自助聚合在大部分英文资料中一般称为 Bagging，它是 Bootstrap Aggregating 的缩写。它的核心思想是，采用**有放回**的采样规则，从 m 个样本的原数据集中进行 n ($n \leqslant m$)次采样，构成一个包含 n 个样本的新训练数据集，然后拿这个新训练数据集来训练模型。重复上次过程 B 次，得到 B 个模型。当有新样本需要进行预测时，拿这 B 个模型分别对这个样本进行预测，然后采用投票方式（分类问题）或求平均值的方式（回归问题）得到新样本的预测值。

所谓的有放回采样规则是指，在 m 个数据集中，随机取出一个样本放到新数据集里，然后把这个样本放回原数据集中，继续随机采样，直到达到采样次数 n 次为止。由此可见，随机采样出的数据集中可能有重复数据，并且原数据集中的每个数据不一定都会出现在新采样的数据集中。

单一模型往往容易对数据噪声敏感，从而造成高方差（High Variance）。自助聚合算法可以降低对数据噪声的敏感性，从而提高模型的准确性和稳定性。这种方法不需要额外地输入，只是简单地对同一个数据集训练出多个模型即可实现。当然，这并不是说没有代价，自助聚合算法一般会增加模型训练的计算量。

在 scikit-learn 中，由 BaggingClassifier 和 BaggingRegressor 分别实现分类和回归的 Bagging 算法。

7.5.2 正向激励算法

大部分中文文献里是直接使用英文 Boosting 来称呼正向激励算法。笔者的这个翻译没有被广泛采用，但笔者认为这个翻译点出了算法原理的核心精神。Boosting 算法的原理是，初始化时，针对有 m 个训练样本的数据集，给每个样本都分配一个初始权重，然后使用这个带权重的数据集来训练模型。训练出这个模型后，针对这个模型**预测错误**的样本，增加其权重值，然后拿这个新的带权重的数据集训练出一个新模型。重复上述过程 B 次，训练出 B 个模型。Boosting 与 Bagging 算法的区别如下：

- 采样规则不同。Bagging 算法是采用有放回的随机采样规则，而 Boosting 是使用增大错误预测样本权重的方法，这个方法相当于加强对错误预测的样本的学习力度，从而提高模型准确性。
- 训练方式不同。Bagging 算法可以并行训练多个模型，而 Boosting 算法只能串行训练，因为下一个模型依赖于上一个模型的预测结果。

- ❑模型权重不同。Bagging 算法训练出来的 B 个模型权重是一样的，而 Boosting 算法训练出来的模型本身带有权重信息，在对新样本进行预测时，每个模型的权重是不一样的。单个模型的权重由模型训练的效果来决定，即准确性高的模型权重更高。

Boosting 算法的实现有很多种，其中最著名的是 AdaBoost 算法。在 scikit-learn 中，由 AdaBoostClassifier 和 AdaBoostRegressor 分别实现分类和回归算法。

7.5.3 随机森林

随机森林在自助聚合算法的基础上更进一步，对特征应用自助聚合算法，即，每次训练时，不拿所有的特征来训练，而是随机选择一个特征的子集进行训练。随机森林算法有两个关键参数，一个是构建的决策树的个数 t，另一个是构建单棵决策树特征的个数 f。假设，针对一个有 m 个样本、n 个特征的数据集，则其算法原理如下。

1. 单棵决策树的构建

- ❑采用有放回采样，从原数据集中经过 m 次采样，获取到一个有 m 个样本的数据集（这个数据集中可能有重复的样本）。
- ❑从 n 个特征 k ，采用无放回采样规则，从中取出 f 个特征作为输入特征。
- ❑在新数据集上（即 m 个样本、f 个特征的数据集上）构建决策树。
- ❑重复上述过程 t 次，构建出 t 棵决策树。

2. 随机森林的分类结果

生成 t 棵决策树之后，对于每个新的测试样例，综合多棵决策树的预测结果作为随机森林的预测结果。具体为，如果目标为数字类型，则取 t 棵决策树的预测值的平均值作为预测结果；如果目标为分类问题，则采取少数服从多数的原则，取单棵树分类结果最多的那个类别作为整个随机森林的分类结果。

思考：为什么随机森林要选取特征的子集来构建决策树？

假如某个输入特征对预测结果是强关联的，当选择全部的特征来构建决策树时，这个特征会在所有的决策树中体现。由于这个特征和预测结果强关联，会造成所有的决策树都强烈地反映这个特征的“倾向”性，从而导致无法很好地解决过拟合问题。我们在讨论线性回归算法时，通过增加正则项来解决过拟合问题，它的原理就是确保每个特征都对预测结果有少量的贡献，从而避免单个特征对预测结果有过大贡献导致的过拟合问题。这里的原理是一样的。

在 scikit-learn 中，由 RandomForestClassifier 和 RandomForestRegressor 分别实现随机森林的分类和回归算法。

7.5.4　ExtraTrees 算法

随机森林在构建决策树的过程中会使用信息熵（或基尼不纯度），然后选择信息增益最大的特征进行分裂。而 ExtraTrees 算法是直接从这些特征中随机选择一个特征来分裂，从而避免了过拟合问题。

在 scikit-learn 中，由 ExtraTreesClassifier 和 ExtraTreesRegressor 分别实现 ExtraTrees 分类和回归算法。

7.6　习　　题

1．什么是信息熵？其计算公式是什么？

2．什么是信息增益？

3．在决策树创建过程中，用什么方法来选择特征，从而进行数据集的划分？

4．决策树如何处理连续值的特征？

5．除了信息增益外，还有什么标准可以用来选择决策树的特征？

6．解决决策树过拟合的方法有哪些？

7．DecisionTreeClassifier 提供了哪些参数来解决决策树过拟合问题？

8．运行 ch07.02.ipynb 的实例代码，观察 min_samples_split 这个参数的变化与模型准确性的关系。

9．请登录 https://www.kaggle.com 并注册一个账号，以 ch07.02.ipynb 代码为基础，按照 https://www.kaggle.com/c/titanic#evaluation 的要求，计算 test.csv 的预测值并把结果提交到 kaggle.com 上。

10．针对本章的预测泰坦尼克号幸存者数据集，使用随机森林对模型进行训练，观察训练出的模型的准确性和稳定性。

第8章 支持向量机算法

支持向量机（Support Vector Machine，SVM）是一种分类算法，在工业界和学术界都有广泛的应用。特别是针对数据集较小的情况，往往其分类效果比神经网络好。本章涵盖的主要内容如下：

- 支持向量机的原理及松弛系数的作用；
- 支持向量机的核函数及常见核函数的对比；
- scikit-learn 中的支持向量机算法；
- 使用支持向量机实现乳腺癌检测。

8.1 算法原理

SVM 的最大特点是能构造出**最大间距**的决策边界，从而提高分类算法的鲁棒性。

8.1.1 大间距分类算法

假设要对一个数据集进行分类，如图 8-1 所示，可以构造一个分隔线把圆形的点和方形的点分开。这个分隔线称为**分隔超平面**（Separating Hyperplane）。

从图 8-1 中可以明显看出，实线的分隔线比虚线的分隔线更好，因为使用实线的分隔线进行分类时，离分隔线最近的点到分隔线上的距离更大，即 margin2 > margin1。这段距离的两倍，称为**间距**（Margin）。那些离分隔超平面最近的点，称为**支持向量**（Support Vector）。为了达到最好的分类效果，SVM 的算法原理就是找到一个分隔超平面，它能**把数据集正确地分类**，并且**间距最大**。

首先，我们来看怎么计算间距。在二维空间里，可以使用方程 $w_1x_1+w_2x_2+b=0$ 来表示分隔超平面。针对高维度空间，可以写成一般化的向量形式，即 $\boldsymbol{w}^{\mathrm{T}}\boldsymbol{x}+b=0$。我们画出与分隔超平面平行的两条直线，分别穿过两个类别的支持向量（离分隔超平面距离最近的点）。这两条直线的方程分别为 $\boldsymbol{w}^{\mathrm{T}}\boldsymbol{x}+b=-1$ 和 $\boldsymbol{w}^{\mathrm{T}}\boldsymbol{x}+b=1$，如图 8-2 所示。

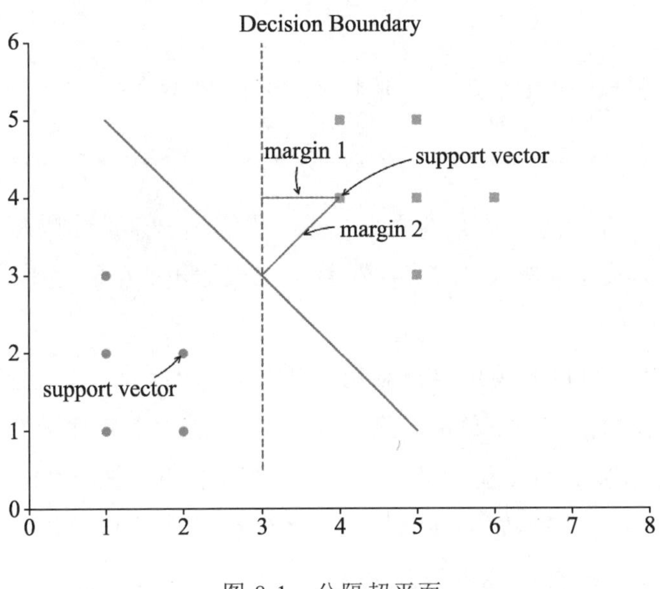

图 8-1　分隔超平面

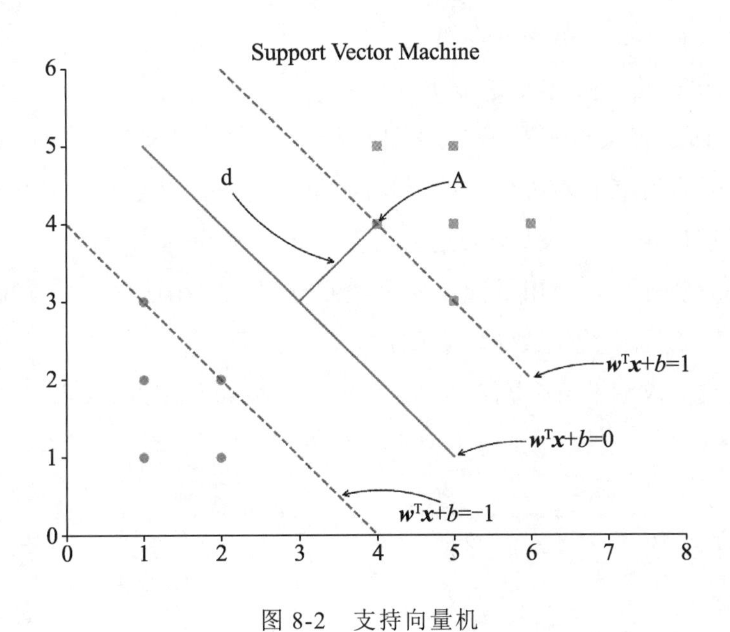

图 8-2　支持向量机

根据点到直线的距离公式，可以容易地算出支持向量 $\boldsymbol{A}$ 到分隔超平面的距离为：

$$d=\frac{|\boldsymbol{w}^{\mathrm{T}}\boldsymbol{A}+b|}{\|\boldsymbol{w}\|} \tag{8-1}$$

由于点 $\boldsymbol{A}$ 在直线 $\boldsymbol{w}^{\mathrm{T}}\boldsymbol{x}+b=1$ 上，因此 $\boldsymbol{w}^{\mathrm{T}}\boldsymbol{A}+b=1$，代入即可得，支持向量 $\boldsymbol{A}$ 到分隔超平面的距离为 $d=\frac{1}{\|\boldsymbol{w}\|}$。为了使间距最大，我们只需要找到合适的参数 $\boldsymbol{w}$ 和 b，

使 $\frac{1}{\|\boldsymbol{w}\|}$ 最大即可。$\|\boldsymbol{w}\|$ 是向量 $\boldsymbol{w}$ 的 **L2 范数**，其计算公式为：

$$\|\boldsymbol{w}\|=\sqrt{\sum_{i=1}^{n}\boldsymbol{w}_i^2} \tag{8-2}$$

由此可得，求 $\frac{1}{\|\boldsymbol{w}\|}$ 的最大值，等价于求 $\|\boldsymbol{w}\|^2$ 的最小值：

$$\|\boldsymbol{w}\|^2=\sum_{j=1}^{n}\boldsymbol{w}_j^2 \tag{8-3}$$

其中，n 为向量 $\boldsymbol{w}$ 的维度。除了间距最大外，我们选出来的分隔超平面还要能正确地将数据集进行分类。问题来了，怎样在数学上表达出“正确地将数据集进行分类”这个描述呢？

回到图 8-2 中，可以容易地得出结论，针对方形的点 $\boldsymbol{x}$，必定满足 $\boldsymbol{w}^{\mathrm{T}}\boldsymbol{x}+b\geqslant 1$ 的约束条件。针对圆形的点 x，必定满足 $\boldsymbol{w}^{\mathrm{T}}\boldsymbol{x}+b\leqslant -1$ 的约束条件。类别是离散的值，我们使用-1 来表示圆形的类别，用 1 来表示方形的类别，即 $y\in\{-1,1\}$。针对数据集中的所有样本 $\boldsymbol{x}^{(i)},\boldsymbol{y}^{(i)}$，只要它们都满足以下的约束条件，则由参数 $\boldsymbol{w}$ 和 b 定义的分隔超平面即可正确地将数据集进行分类：

$$\boldsymbol{y}^{(i)}(\boldsymbol{w}^{\mathrm{T}}\boldsymbol{x}^{(i)}+b)\geqslant 1 \tag{8-4}$$

等等，怎么得出这个数学表达式的？

其技巧在于使用 1 和-1 来定义类别标签。针对 $\boldsymbol{y}^{(i)}=1$ 的情况，由于其满足 $\boldsymbol{w}^{\mathrm{T}}\boldsymbol{x}^{(i)}+b\geqslant 1$ 的约束，两边都乘以 $\boldsymbol{y}^{(i)}$后，大于号保持不变。针对 $\boldsymbol{y}^{(i)}=-1$ 的情况，由于其满足 $\boldsymbol{w}^{\mathrm{T}}\boldsymbol{x}^{(i)}+b\leqslant -1$ 的约束，两边都乘以 $\boldsymbol{y}^{(i)}$后，负负得正，并且小于号变成了大于号。这样，我们就可以用一个公式来表达针对两个不同类别的约束函数了。

在逻辑回归算法中，使用 0 和 1 作为类别标签，而在这里我们使用-1 和 1 作为类别标签，目的都是让数学表达尽量简洁。

一句话总结：求解 SVM 算法，就是在满足约束条件 $\boldsymbol{y}^{(i)}(\boldsymbol{w}^{\mathrm{T}}\boldsymbol{x}^{(i)}+b)\geqslant 1$ 的前提下，求解 $\|\boldsymbol{w}\|^2$ 的最小值。

8.1.2 松弛系数

针对线性不可分的数据集，8.1.1 节介绍的方法就失灵了，因为无法找到最大间距的分隔超平面，如图 8-3（a）所示。

解决这个问题的办法是引入一个参数 ε，它称为**松弛系数**。然后把优化的目标函数变为：

$$\arg\min\|\boldsymbol{w}\|^2+R\sum_{i=1}^{m}\varepsilon_i \tag{8-5}$$

其中，m 为数据集的个数，R 为算法参数。约束条件相应地变为：

$$y^{(i)}(\boldsymbol{w}^{\mathrm{T}}\boldsymbol{x}^{(i)}+b)\geqslant 1-\varepsilon_i \tag{8-6}$$

怎么理解松弛系数呢？我们可以把 ε_i 理解为数据样本 $\boldsymbol{x}^{(i)}$违反最大间距规则的程度，如图 8-3（b）所示，针对大部分“正常”的样本，即满足约束条件的样本，$\varepsilon=0$，而对部分违反最大间距规则的样本，$\varepsilon>0$。参数 R 则表示对违反最大间距规则的样本的“惩罚”力度。当 R 选择一个很大的值时，我们的目标函数对违反最大间距规则的点的“惩罚力度”将变得很大。当 R 选择一个比较小的值时，针对那些违反最大间距规则的样本，其“付出的代价”不是特别大，模型就会倾向于允许部分点违反最大间距规则。我们可以把 $\boldsymbol{y}^{(i)}(\boldsymbol{w}^{\mathrm{T}}\boldsymbol{x}^{(i)}+b)$作为横坐标，把样本由于违反约束条件所付出的代价 J_i 作为纵坐标，可以画出如图 8-4 所示的关系图。

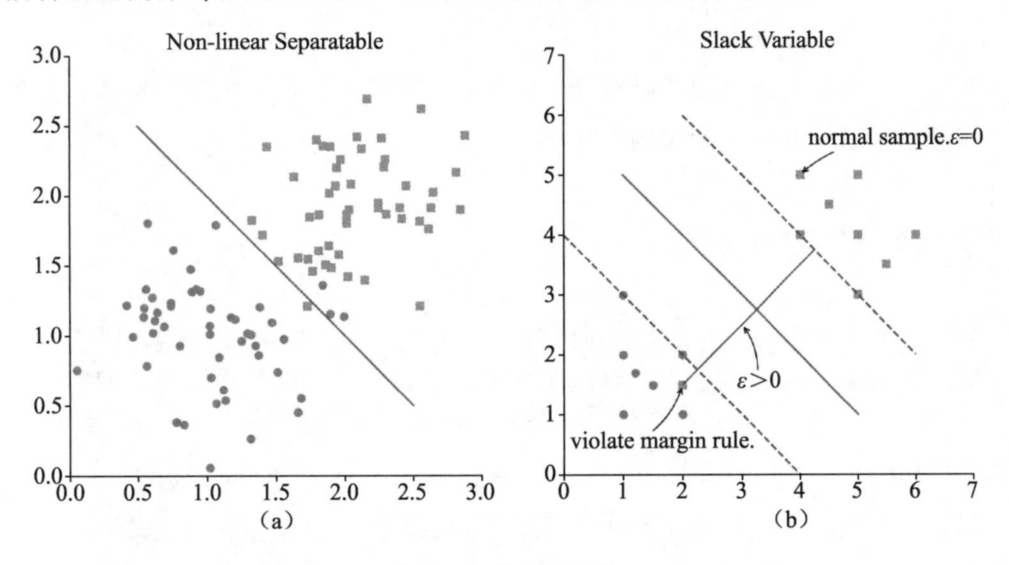

图 8-3　线性不可分

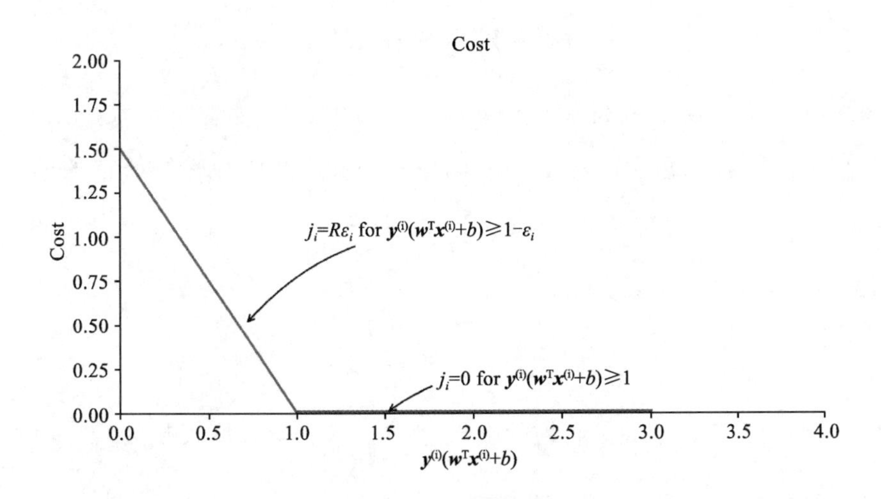

图 8-4　样本成本函数

从图 8-4 中可以清楚地看出来，对于那些没有违反约束条件 $\boldsymbol{y}^{(i)}(\boldsymbol{w}^{\mathrm{T}}\boldsymbol{x}^{(i)}+b)\geqslant 1$ 的样本，其成本为 0。而对于那些违反了约束条件 $\boldsymbol{y}^{(i)}(\boldsymbol{w}^{\mathrm{T}}\boldsymbol{x}^{(i)}+b)\geqslant 1-\varepsilon_i$ 的样本，其成本与 ε 成正比，如图 8-4 中的斜线所示，斜线的斜率为 R。

从这里的描述可知，引入松弛系数类似于逻辑回归算法里的成本函数引入正则项，都是为了纠正过拟合问题，让支持向量机对噪声数据有更强的适应性。如图 8-3（b）所示，当出现一些违反大间距规则的噪声样本时，仍然希望分隔超平面是原来的样子，这就是松弛系数的作用。

8.2 核　函　数

什么是核函数？核函数是**特征转换**函数。这是非常抽象的描述，本节的内容就是为了帮助读者理解这个抽象的概念。

8.2.1 最简单的核函数

回顾 8.1 节介绍的内容，我们的任务是找出合适的参数 w,b，使得由它们决定的分隔超平面间距最大，并且能正确地对数据集进行分类。间距最大是我们的优化目标，正确地对数据集进行分类是约束条件。用数学来表达就是，在满足约束条件 $\boldsymbol{y}^{(i)}(\boldsymbol{w}^{\mathrm{T}}\boldsymbol{x}^{(i)}+b)\geqslant 1$，即 $\boldsymbol{y}^{(i)}(\boldsymbol{w}^{\mathrm{T}}\boldsymbol{x}^{(i)}+b)-1\geqslant 0$ 的条件下，求 $\frac{1}{2}\|\boldsymbol{w}\|^2$ 的最小值。

拉格朗日乘子法是解决在约束条件下，求函数极值的理想方法。其方法是引入非负系数 α 作为约束条件的权重：

$$L=\frac{1}{2}\|\boldsymbol{w}\|^2-\sum_{i=1}^{m}\alpha_i(\boldsymbol{y}^{(i)}(\boldsymbol{w}^{\mathrm{T}}\boldsymbol{x}^{(i)}+b)-1) \tag{8-7}$$

公式（8-7）中，针对数据集中的每个样本 $\boldsymbol{x}^{(i)},\boldsymbol{y}^{(i)}$，都有一个系数 α_i 与之对应。学习过微积分的读者都知道，极值处的偏导数为 0。我们先求 L 对 $\boldsymbol{w}$ 的偏导数：

$$\frac{\partial L}{\partial w}=w-\sum_{i=1}^{m}\alpha_i\boldsymbol{y}^{(i)}\boldsymbol{x}^{(i)}=0 \tag{8-8}$$

从而得到 $\boldsymbol{w}$ 和 α 的关系：

$$\boldsymbol{w}=\sum_{i=1}^{m}\alpha_i\boldsymbol{y}^{(i)}\boldsymbol{x}^{(i)} \tag{8-9}$$

至此，读者应该知道，我们为什么要把求 $\frac{2}{\|\boldsymbol{w}\|}$ 的最大值转换为求 $\frac{1}{2}\|\boldsymbol{w}\|^2$ 的最小值。其目的是使得 $\boldsymbol{w}$ 的数学表达尽量简洁、优美。接着继续求 L 对 b 的偏导数：

$$\frac{\partial L}{\partial b}=\sum_{i=1}^{m}\boldsymbol{y}^{(i)}\alpha_i=0 \tag{8-10}$$

把 $\boldsymbol{w}=\sum_{i=1}^{m}\alpha_i\boldsymbol{y}^{(i)}\boldsymbol{x}^{(i)}$ 和 $\sum_{i=1}^{m}\boldsymbol{y}^{(i)}\alpha_i=0$ 代入 L，通过代数运算可得：

$$L=\sum_{i=1}^{m}\alpha_i-\frac{1}{2}\sum_{i=1}^{m}\sum_{j=1}^{m}\alpha_i\alpha_j\boldsymbol{y}^{(i)}\boldsymbol{y}^{(j)}\boldsymbol{x}^{(i)\mathrm{T}}\boldsymbol{x}^{(j)} \tag{8-11}$$

公式（8-11）看起来很复杂。我们解释一下公式中各个变量的含义。其中，m 是数据集的个数，α 是拉格朗日乘子法引入的一个系数，针对数据集中的每个样本 $\boldsymbol{x}^{(i)}$，都有对应的 α_i。$\boldsymbol{x}^{(i)}$是数据集中第 i 个样本的输入，它是一个向量，$\boldsymbol{y}^{(i)}$是数据集第 i 个样本的输出标签，其值为 $\boldsymbol{y}^{(i)}\in\{-1,1\}$。

怎么求公式（8-11）的最小值，是**数值分析**（Numerical Analysis）这个数学分支要解决的问题，这是一个典型的**二次规划**问题。目前广泛应用的是一个称为 **SMO**（序列最小优化）的算法。这些内容不再进一步展开，感兴趣的读者可以查阅相关资料。

最后求解出来的 α 有一个明显的特点，即大部分 $\alpha_i=0$，得出这个结论的原因很直观，因为只有那些支持向量所对应的样本，才直接决定间隙的大小，其他离分隔超平面太远的样本，对间隙大小根本没有影响。读者可以参考图 8-1 加深一下印象。

读到这里，相信读者心里会有疑问：你用拉格朗日乘子法加上一大堆偏导数运算，最后推导出来的公式复杂到无法展开，从而进一步论述其求解方法，那么做这些事情和公式推导的意义在哪里呢？实际上，推导出公式（8-11）是为了引入支持向量机的另外一个核心概念：**核函数**。

注意 L 中的 $\boldsymbol{x}^{(i)\mathrm{T}}\boldsymbol{x}^{(j)}$部分，其中，$\boldsymbol{x}^{(i)}$是一个特征向量，所以 $\boldsymbol{x}^{(i)\mathrm{T}}\boldsymbol{x}^{(j)}$是一个数值，它是两个输入特征向量的内积。另外，我们的预测函数为：

$$\hat{y}=\boldsymbol{w}^{\mathrm{T}}\boldsymbol{x}+b=\sum_{i=1}^{m}\alpha_i\boldsymbol{y}^{(i)}\boldsymbol{x}^{(i)\mathrm{T}}\boldsymbol{x}+b \tag{8-12}$$

当 $\hat{y}>0$时，预测为类别 1，当 $\hat{y}<0$时，预测为类别-1。注意，预测函数中也包含式子 $\boldsymbol{x}^{(i)\mathrm{T}}\boldsymbol{x}$。我们把 $K(\boldsymbol{x}^{(i)},\boldsymbol{x}^{(j)})=\boldsymbol{x}^{(i)\mathrm{T}}\boldsymbol{x}^{(j)}$称为**核函数**。$\boldsymbol{x}^{(i)\mathrm{T}}\boldsymbol{x}^{(j)}$是两个向量内积，它的物理含义是衡量两个向量的**相似性**，典型地，当这两个向量相互垂直时，即完全线性无关，此时 $\boldsymbol{x}^{(i)\mathrm{T}}\boldsymbol{x}^{(j)}=0$。引入核函数后，预测函数就变成：

$$\hat{y}=\sum_{i=1}^{m}\alpha_i\boldsymbol{y}^{(i)}K(\boldsymbol{x}^{(i)},\boldsymbol{x})+b \tag{8-13}$$

思考：在 8.1 节的内容中，根据图 8-2，我们把方形类别的约束定义为 $\boldsymbol{w}^{\mathrm{T}}\boldsymbol{x}+b\geqslant 1$，把圆形类别的约束定义为 $\boldsymbol{w}^{\mathrm{T}}\boldsymbol{x}+b\leqslant -1$。而这里的预测函数又以 0 为分界点，即对于输入特征向量 $\boldsymbol{x}$，当 $\boldsymbol{w}^{\mathrm{T}}\boldsymbol{x}+b>0$ 时，预测为方形类别，这是为什么呢？

8.2.2 相似性函数

请读者思考一下，为什么需要引入核函数？假设有一个数据集，它只有一个输入特征，要对这个数据集进行分类。由于只有一个输入特征，这些训练样本分布在一条直线上，此时很难找出一个分隔超平面来分隔这个数据集，如图 8-5（a）所示。

为了解决这个问题，我们可以想办法，用一定的规则把这些无法进行线性分隔的样本映射到更高维度的空间里，然后在高维度空间中找出分隔超平面。针对这个例子，把一维空间上的样本映射到二维空间，这样很容易就能找出一个分隔超平面，从而把这些样本分开，如图 8-5（b）所示。

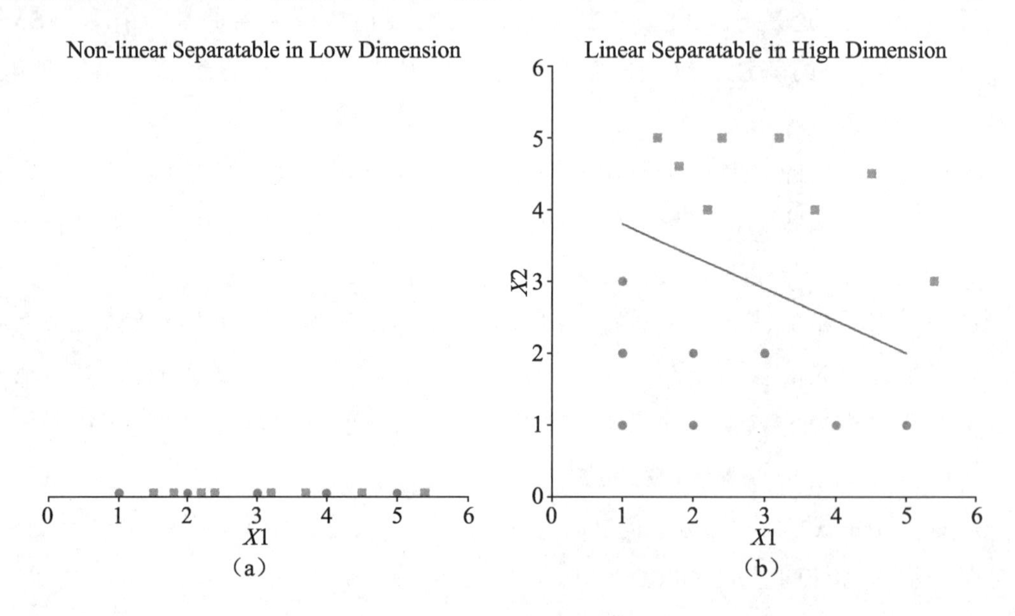

图 8-5　相似性转换

SVM 的核函数就是为了实现这种**相似性映射**。从 8.1 节的内容中我们知道，最简单的核函数是 $K(\boldsymbol{x}^{(i)}, \boldsymbol{x}^{(j)})=\boldsymbol{x}^{(i)\mathrm{T}}\boldsymbol{x}^{(j)}$，它衡量的是两个输入特征向量的相似性。可以通过定义核函数 $K(\boldsymbol{x}^{(i)}, \boldsymbol{x}^{(j)})$来重新定义相似性，从而得到想要的映射。例如，在基因测序领域，我们需要根据 DNA 分子的特征来定义相似性函数，即核函数。在文本处理领域，也可以自己定义核函数来衡量两个词之间的相似性。

怎样把低维度的空间映射到高维度的空间呢？大家是否还记得前面介绍的一个解决欠拟合的方法，就是使用多项式来增加特征数，本质上就是从低维度映射到高维度。针对图 8-5 中的例子，我们的输入特征是一维的，即只有$[x_1]$变量，如果要变成二维的，一个方法是把输入特征变为$[x_1, 2x_1^2]$，此时的输入特征就变成了一个二维的向量。定义这种特征映射的函数为 $\Phi(\boldsymbol{x})$，称为相似性函数。针对输入特征向量 $\boldsymbol{x}$，经过 $\Phi(\boldsymbol{x})$作用后，会变成一个新的更高维度的输入特征向量。这样原来在低维度空间中计算相似性的运算 $\boldsymbol{x}^{(i)\mathrm{T}}\boldsymbol{x}^{(j)}$，就可以转换为在高维度空间里进行相似性运算 $\Phi(\boldsymbol{x}^{(i)})^{\mathrm{T}}\Phi(\boldsymbol{x}^{(j)})$。

思考：核函数 $K(\boldsymbol{x}^{(i)}, \boldsymbol{x}^{(j)})$和相似性函数 $\Phi(\boldsymbol{x})$有什么关系？

相似性函数是特征映射函数，比如针对二维的特征向量$[\boldsymbol{x}_1, \boldsymbol{x}_2]$，我们可以定义相似性函数 $\boldsymbol{\Phi}(\boldsymbol{x})=[x_1,x_2,x_1x_2,x_1^2,x_2^2]$。经过相似性函数转换后，二维的特征向量就变成了五维的特征向量。而核函数定义为特征向量的内积，经过相似性函数 $\Phi(\boldsymbol{x})$转换后，核函数即变为两个五维特征向量的内积，即 $K(\boldsymbol{x}^{(i)}, \boldsymbol{x}^{(j)})=\Phi(\boldsymbol{x}^{(i)})^{\mathrm{T}}\Phi(\boldsymbol{x}^{(j)})$ 。

这里我们介绍相似性函数 $\Phi(\boldsymbol{x})$的目的，是帮助读者理解核函数的生成过程及其背后的思想。在实际计算过程中，我们不会计算相似性函数及其映射值，因为这样做的计算效率很低。例如，把二维的空间映射到 n 维的空间，如果 n 非常大，要在 n 维的空间里计算两个向量的内积，需要 n^2 次运算才可以完成，这个计算成本是非常高的。

8.2.3　常用的核函数

核函数一般和应用场景相关，例如，在基因测序领域和文本处理领域，它们的核函数可能是不一样的，有专门针对特定应用领域进行核函数开发和建模的科研人员在从事这方面的研究。虽然核函数和应用场景相关，但实际上还是有一些通用的“万金油”式的核函数。常用的核函数有两种，一种是**多项式核函数**，顾名思义，是对输入特征向量增加多项式的一种相似性映射函，其数学表达如下：

$$K(\boldsymbol{x}^{(i)},\boldsymbol{x}^{(j)})=(\gamma\boldsymbol{x}^{(i)\mathrm{T}}\boldsymbol{x}^{(j)}+c)^n \tag{8-14}$$

其中，γ 为正数，c 为非负数。我们介绍过的线性核函数 $K(\boldsymbol{x}^{(i)}, \boldsymbol{x}^{(j)})=\boldsymbol{x}^{(i)\mathrm{T}}$，其中，$\boldsymbol{x}^{(j)}$ 是多项式核函数在 n=1，γ=1，c=0 处的一种特例。在二维空间中，$K(\boldsymbol{x}^{(i)}, \boldsymbol{x}^{(j)})=\boldsymbol{x}^{(i)\mathrm{T}}, \boldsymbol{x}^{(j)}$ 只能表达直线的分隔超平面，而多项式核函数 $K(\boldsymbol{x}^{(i)}, \boldsymbol{x}^{(j)})=(\gamma\boldsymbol{x}^{(i)\mathrm{T}}\boldsymbol{x}^{(j)}+c)^n$ 在 $n>1$ 时，可以表达更复杂的非直线的分隔超平面。

另外一个常用的核函数是**高斯核函数**，其数学表达式如下：

$$K(\boldsymbol{x}^{(i)},\boldsymbol{x}^{(j)})=\exp\left(-\frac{(\boldsymbol{x}^{(i)}-\boldsymbol{x}^{(j)})^2}{2\sigma^2}\right) \tag{8-15}$$

如果输入特征是一维的标量，那么高斯核函数对应的形状就是一个反钟形的曲线，其参数 σ 控制反钟形的宽度，如图 8-6 所示。

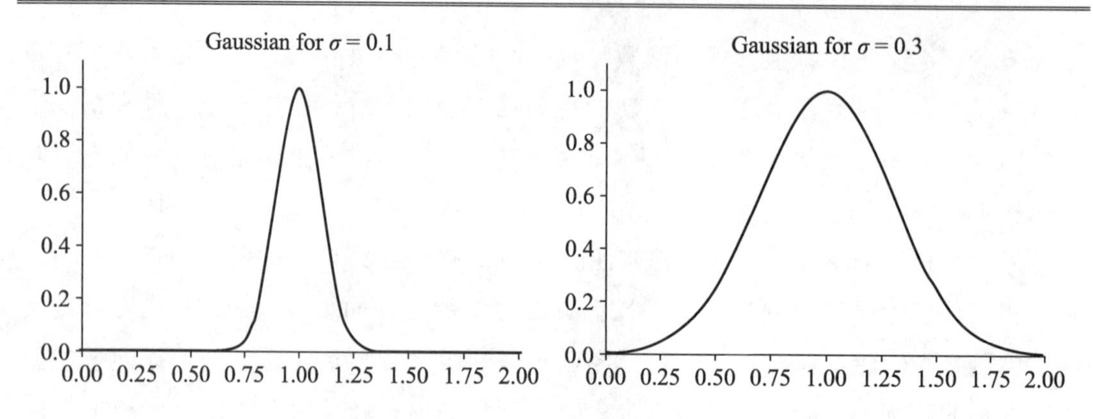

图 8-6 高斯核函数

由于 $K(\boldsymbol{x}^{(i)}, \boldsymbol{x}^{(j)})=\Phi(\boldsymbol{x}^{(i)})^{\mathrm{T}}\Phi(\boldsymbol{x}^{(j)})$，经过合适的数学变换，可得高斯核函数对应的特征转换函数如下：

$$\boldsymbol{\Phi}(x)=\sum_{i=0}^{\infty}\exp(-x^2)\sqrt{\frac{2^i}{i!}}x^i \tag{8-16}$$

注意，前面无限多项的累加器 $\sum_{i=0}^{\infty}$，其物理意义就是把特征向量转换到无限多维向量空间里，即高斯核函数**可以把输入特征向量扩展到无限维空间里**。公式的推导过程会用到**泰勒展开式**，感兴趣的读者可以在 YouTube 上搜索 Gaussian Kernel Hsuan-Tien Lin，这是林轩田的一个机器学习视频。

接下来看一下高斯核函数对应的预测函数：

$$\hat{y}=\sum_{i=1}^{m}\alpha_i \boldsymbol{y}^{(i)}K(\boldsymbol{x}^{(i)},\boldsymbol{x})+b \tag{8-17}$$

其中，$K(\boldsymbol{x}^{(i)}, \boldsymbol{x})$是高斯核函数，而 α_i 只在支持向量对应的样本处不为 0，其他的样本均为 0。由此得知，**预测函数是中心点在支持向量处的高斯函数的线性组合**，其线性组合的系数为 $\alpha_i \boldsymbol{y}^{(i)}$。因此，高斯核函数也称为 RBF（Radial Basis Function）核函数，即反钟形函数的线性组合。

8.2.4 核函数的对比

本节将对我们学习的几个核函数进行对比，看看它们各有哪些优缺点。

1. 线性函数

$$K(\boldsymbol{x}^{(i)},\boldsymbol{x}^{(j)})=\boldsymbol{x}^{(i)\mathrm{T}}\boldsymbol{x}^{(j)} \tag{8-18}$$

这是我们接触到的最简单的核函数，它直接计算两个输入特征向量的内积。它的优点是简单、运算效率高，因为不涉及复杂的变换；结果容易解释，因为总是能生成一个最简洁的线性分隔超平面。它的缺点也很明显，即对线性不可分的数据集没有很好的解决办法。

2．多项式核函数

$$K(\boldsymbol{x}^{(i)},\boldsymbol{x}^{(j)})=(\gamma\boldsymbol{x}^{(i)\mathrm{T}}\boldsymbol{x}^{(j)}+c)^n \tag{8-19}$$

多项式核函数通过多项式作为特征映射函数，它的优点是可以拟合出复杂的分隔超平面。它的缺点是可选的参数太多，有 γ,c,n 这 3 个参数要选择，在实践过程中，选择一组合适的参数会变得比较困难；另外一个缺点是，多项式的阶数 n 不宜太高，否则会给模型求解带来一些计算困难。典型地，当 $\boldsymbol{x}^{(i)\mathrm{T}}\boldsymbol{x}^{(j)}<1$ 时，经过 n 次方运算后，多项式核函数的值会接近于 0；当 $\boldsymbol{x}^{(i)\mathrm{T}}\boldsymbol{x}^{(j)}>1$ 时，经过 n 次方运算后，多项式核函数的值又会变得非常大，这样核函数就会变得不稳定。

3．高斯核函数

$$K(\boldsymbol{x}^{(i)},\boldsymbol{x}^{(j)})=\exp\left(-\frac{(\boldsymbol{x}^{(i)}-\boldsymbol{x}^{(j)})^2}{2\sigma^2}\right) \tag{8-20}$$

高斯核函数可以把输入特征映射到无限多维，因此它比线性核函数的功能要强大很多，并且没有多项式核函数的数值计算那么困难，因为它的核函数计算出来的值永远在[0, 1]之间。高斯核函数还有一个优点是参数容易选择，因为它只有一个参数 σ。它的缺点是不容易解释，因为映射到无限多维向量空间这个事情显得太不直观；计算速度比较慢；容易造成过拟合，原因是映射到无限维向量空间是个非常复杂的模型，它会试图拟合所有的样本，从而造成过拟合。

在实践中怎么选择核函数呢？更进一步，逻辑回归算法也可以用来解决分类问题，到底是用逻辑回归算法还是用 SVM 算法呢？假设 n 是特征个数，m 是训练数据集的样本个数，一般可以按照下面的规则来选择算法。

如果 n 相对 m 来说比较大，例如，n=10 000，m=10～1000，如文本处理问题，这个时候使用逻辑回归或线性函数的 SVM 算法都可以；如果 n 比较小，m 中等大小，例如，n=1～1000，m=10～10 000，那么可以使用高斯核函数的 SVM 算法；如果 n 比较小，m 比较大，例如，n=1～1000，m≥50 000，那么一般需要增加特征，此时需要使用多项式核函数或高斯核函数的 SVM 算法。

一般性的算法选择原则是，针对数据量很大的问题，我们可以选择复杂一点的模型。虽然复杂模型容易造成过拟合，但是由于数据量很大，可以有效地弥补过拟合问题。如果数据量比较小，一般需要选择简单一点的模型，否则很容易造成过拟合，此时要特别注意模型是否欠拟合，如果出现了欠拟合，可以使用增加多项式特征的方法纠正欠拟合问题。读到这里，读者的脑海里要想象出一幅过拟合和欠拟合时的学习曲线图。

本章所有的图片都是通过 Matplotlib 库画出来的，感兴趣的读者可以参阅随书代码 ch08.01.ipynb。

8.3 scikit-learn 中 SVM 算法的实现

scikit-learn 中 SVM 算法的实现都在包 sklearn.svm 下。其中，SVC 用在分类任务中，SVR 用在数值回归任务中。读者可能会有疑问，SVM 不是用来进行分类的算法吗？为什么可以用来进行数值回归？实际上，这只是数学上的一些扩展而已，在计算机中，可以用离散的数值计算来代替连续的数值回归。我们在 k-近邻算法中已经看到过这种扩展实现。

以 SVC 为例，首先需要选择 SVM 的核函数，由参数 kernel 指定。其中：linear 表示本章介绍的线性函数，它只能产生直线形状的分隔超平面；poly 表示本章介绍的多项式核函数，用它可以构建出复杂形状的分隔超平面；rbf 表示高斯核函数。

不同的核函数需要指定不同的参数。针对线性函数，只需要指定参数 C，它表示对不符合最大间距规则的样本的惩罚力度，即 8.1.2 节介绍的系数 R。针对多项式核函数，除了参数 C 以外，还需要指定 degree，它表示多项式的阶数。针对高斯核函数，除了参数 C 以外，还需要指定 gamma 值，这个值对应的是 8.2.3 节介绍的高斯核函数公式中的 $\frac{1}{2\sigma^2}$ 的值。

下面先来看一个最简单的示例。生成一个有两个特征并包含两种类别的数据集，然后用线性核函数的 SVM 算法进行分类。

```
from sklearn import svm
from sklearn.datasets import make_blobs

X, y = make_blobs(n_samples=100, centers=2,
                  random_state=0, cluster_std=0.3)
clf = svm.SVC(C=1.0, kernel='linear')
clf.fit(X, y)

plt.figure(figsize=(12, 4), dpi=144)
plot_hyperplane(clf, X, y, h=0.01,
                title='Maximum Margin Hyperplan')
```

输出的图形如图 8-7 所示，其中，带有×标记的点即为支持向量，它保存在模型的 support_vectors_中。

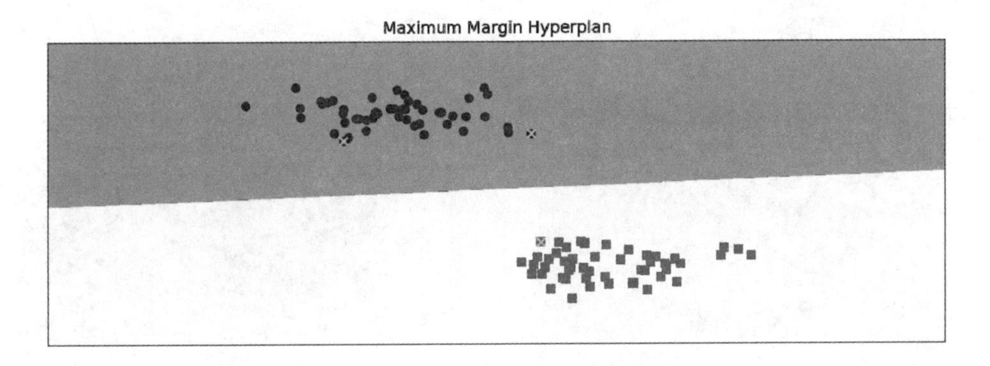

图 8-7　大间距分类算法

此处需要注意的是 plot_hyperplane()函数，它的主要功能是画出样本点，同时画出分类区间。它的原理是使用 numpy.meshgrid()生成一个坐标矩阵，然后预测坐标矩阵中每个点所属的类别，最后用 contourf()函数为坐标矩阵中不同类别的点填充不同的颜色。其中，contourf()函数是画等高线并填充颜色的函数，具体可以查阅 Matplotlib 的官方文档。关于 plot_hyperplane()函数的详细实现，读者可参阅随书代码 ch08.02.ipynb。

接着来看另外一个示例。生成一个有两个特征并包含三种类别的数据集，然后分别构造 4 个 SVM 算法来拟合数据集，它们分别是线性核函数、三阶多项式核函数、γ=0.5 的高斯核函数，以及 γ=0.1 的高斯核函数。最后把这 4 个 SVM 算法拟合出来的分隔超平面画出来。

```
from sklearn import svm
from sklearn.datasets import make_blobs

X, y = make_blobs(n_samples=100, centers=3,
                  random_state=0, cluster_std=0.8)
clf_linear = svm.SVC(C=1.0, kernel='linear')
clf_poly = svm.SVC(C=1.0, kernel='poly', degree=3)
clf_rbf = svm.SVC(C=1.0, kernel='rbf', gamma=0.5)
clf_rbf2 = svm.SVC(C=1.0, kernel='rbf', gamma=0.1)

plt.figure(figsize=(10, 10), dpi=144)

clfs = [clf_linear, clf_poly, clf_rbf, clf_rbf2]
titles = ['Linear Kernel',
          'Polynomial Kernel with Degree=3',
          'Gaussian Kernel with $\gamma=0.5$',
          'Gaussian Kernel with $\gamma=0.1$']
```

```
for clf, i in zip(clfs, range(len(clfs))):
    clf.fit(X, y)
    plt.subplot(2, 2, i+1)
    plot_hyperplane(clf, X, y, title=titles[i])
```

输出的图形如图 8-8 所示，其中，带有×标记的点即为支持向量。

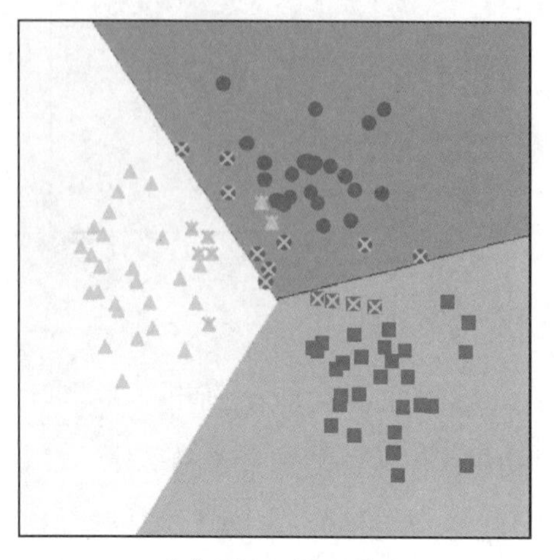

（a）Linear Kernel

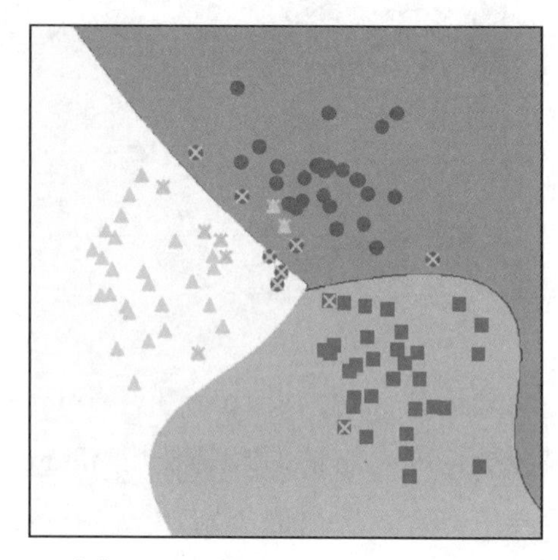

（b）Polynomial Kernel with Degree=3

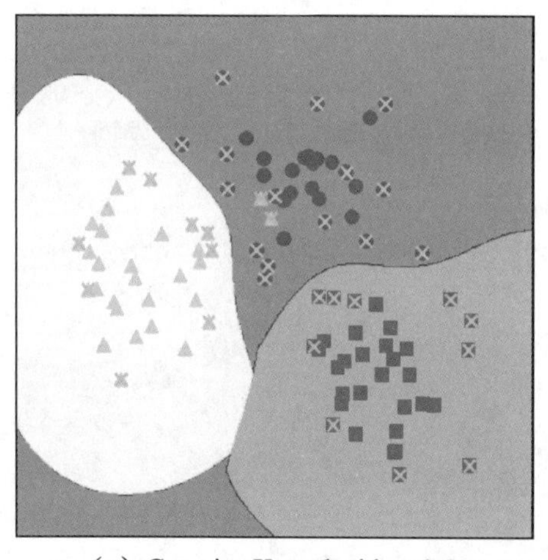

（c）Gaussian Kernel with γ=0.5

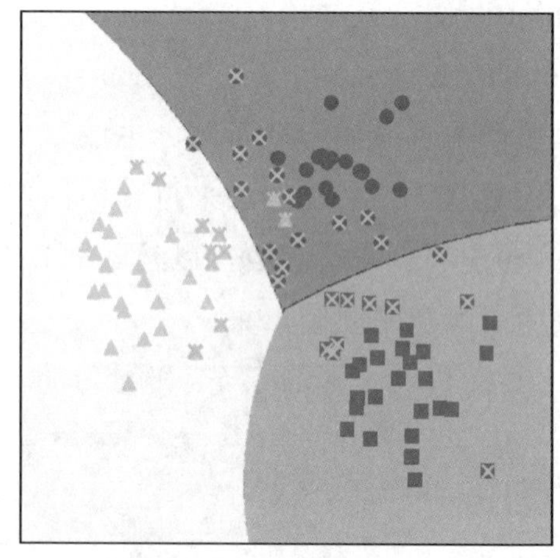

（d）Gaussian Kernel with γ=0.1

图 8-8　不同的 SVM 核函数对应的决策边界

图 8-8（a）是线性核函数，它只能拟合出直线分隔超平面。图 8-8（b）是三阶多项式核函数，它能拟合出复杂的曲线分隔超平面。图 8-8（c）是 γ=0.5 的高斯核函数，图 8-8（d）是 γ=0.1 的高斯核函数，通过调整参数 γ 的值，可以调整分隔超平面的形状。如果 γ 值太大，则越容易造成过拟合，如果 γ 值太小，则高斯核函数会退化成线性核函数。读者可以修改随书代码 ch08.02.ipynb，把 gamma 值改为 100 和 0.1 后观察一下输出图形。

思考：请读者留意图 8-8（c），带有 x 标记的点是支持向量。前面介绍过，离分隔超平面最近的点是支持向量，为什么很多离分隔超平面很远的点也是支持向量呢？

原因是高斯核函数把输入特征向量映射到了无限维的向量空间里，在映射后的高维向量空间里，这些点其实是离分隔超平面最近的点。当回到二维向量空间中时，这些点“看起来”就不像是距离分隔超平面最近的点了，但实际上它们就是支持向量。

8.4　实例：乳腺癌检测

在第 6 章中我们使用逻辑回归算法进行了乳腺癌检测模型的学习和训练。本节使用支持向量机来解决这个问题。首先载入数据：

```
# 载入数据
from sklearn.datasets import load_breast_cancer
from sklearn.model_selection import train_test_split

cancer = load_breast_cancer()
X = cancer.data
y = cancer.target
print('data shape: {0}; no. positive: {1}; no. negative: {2}'.format(
    X.shape, y[y==1].shape[0], y[y==0].shape[0]))

X_train, X_test, y_train, y_test = train_test_split(X, y,
test_size=0.2)
```

输出结果如下：

```
data shape: (569, 30); no. positive: 357; no. negative: 212
```

可以看出，我们的数据集很小。高斯核函数太复杂，容易造成过拟合，模型效果应该不会很好。我们先用高斯核函数试一下，看与猜测的是否一致。

```
from sklearn.svm import SVC

clf = SVC(C=1.0, kernel='rbf', gamma=0.1)
clf.fit(X_train, y_train)
train_score = clf.score(X_train, y_train)
test_score = clf.score(X_test, y_test)
print('train score: {0}; test score: {1}'.format(train_score,
test_score))
```

输出结果如下：

```
train score: 1.0; test score: 0.526315789474
```

训练数据集分数接近满分，而交叉验证数据集的评分很低，这是典型的过拟合现象。代码中选择的 gamma 参数为 0.1，这个值相对已经比较小了。读者可以验证一下，把 gamma 参数改为 0.0001 看看是什么结果。

当然，我们完全可以自动选择参数。第 7 章介绍过使用 GridSearchCV 可以自动选择参数。我们看一下，如果使用高斯模型，那么最优的 gamma 参数值是多少，其对应的模型交叉验证评分是多少。

```
from common.utils import plot_param_curve
from sklearn.model_selection import GridSearchCV

gammas = np.linspace(0, 0.0003, 30)
param_grid = {'gamma': gammas}
clf = GridSearchCV(SVC(), param_grid, cv=5, return_train_score=True)
clf.fit(X, y)
print("best param: {0}\nbest score: {1}".format(clf.best_params_,
                                                  clf.best_score_))

plt.figure(figsize=(10, 4), dpi=144)
plot_param_curve(plt, gammas, clf.cv_results_, xlabel='gamma');
```

笔者的计算机输出的结果如下：

```
best param: {'gamma': 0.00011379310344827585}
best score: 0.936731107206
```

由此可见，即使是最好的 gamma 参数，其平均最优得分也只是 0.936731107206。我们选择当 gamma 为 0.01 时画出学习曲线，以便更直观地观察模型的拟合情况。

```
import time
from common.utils import plot_learning_curve
from sklearn.model_selection import ShuffleSplit

cv = ShuffleSplit(n_splits=10, test_size=0.2, random_state=0)
title = 'Learning Curves for Gaussian Kernel'

start = time.time()
plt.figure(figsize=(10, 4), dpi=144)
plot_learning_curve(plt, SVC(C=1.0, kernel='rbf', gamma=0.01),
                    title, X, y, ylim=(0.5, 1.01), cv=cv)

print('elaspe: {0:.6f}'.format(time.time()-start))
```

画出来的图形如图 8-9 所示。

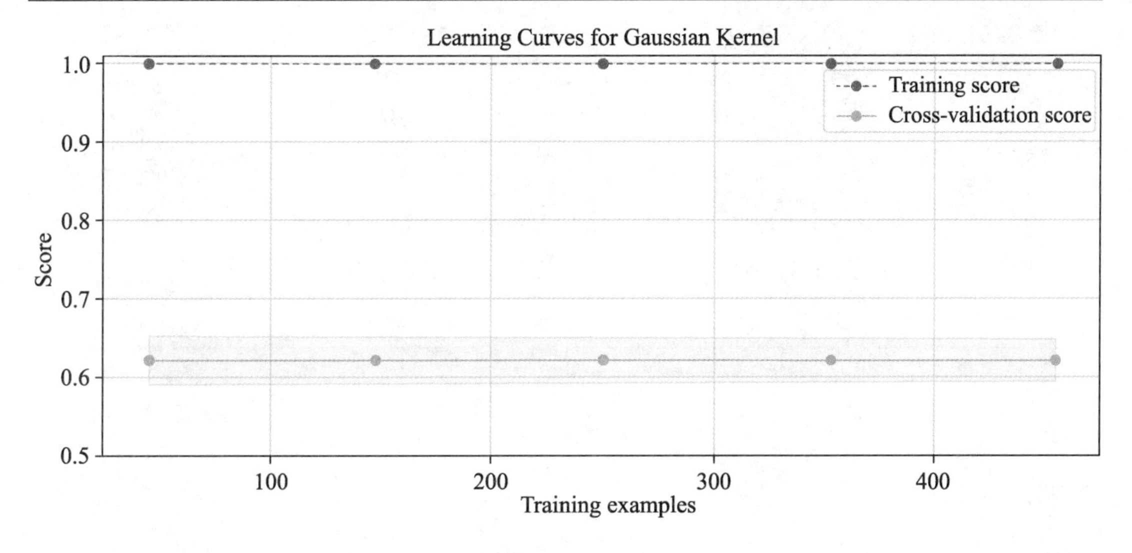

图 8-9　高斯核函数

这是明显的过拟合现象，交叉验证数据集的评分非常低，并且离训练数据集评分非常远。

接下来换一个模型，使用二阶多项式核函数来拟合模型，看一下结果。

```
from sklearn.svm import SVC

clf = SVC(C=1.0, kernel='poly', degree=2)
clf.fit(X_train, y_train)
train_score = clf.score(X_train, y_train)
test_score = clf.score(X_test, y_test)
print('train score: {0}; test score: {1}'.format(train_score,
test_score))
```

笔者的计算机输出的结果如下：

```
train score: 0.978021978022; test score: 0.947368421053
```

看起来结果好多了。作为对比，我们画出一阶多项式和二阶多项式的学习曲线，观察模型的拟合情况。

```
import time
from common.utils import plot_learning_curve
from sklearn.model_selection import ShuffleSplit

cv = ShuffleSplit(n_splits=5, test_size=0.2, random_state=0)
title = 'Learning Curves with degree={0}'
degrees = [1, 2]

start = time.time()
plt.figure(figsize=(12, 4), dpi=144)
for i in range(len(degrees)):
    plt.subplot(1, len(degrees), i + 1)
```

```
    plot_learning_curve(plt, SVC(C=1.0, kernel='poly',
                             degree=degrees[i]),
                             title.format(degrees[i]),
                             X, y, ylim=(0.8, 1.01), cv=cv, n_jobs=4)

print('elaspe: {0:.6f}'.format(time.time()-start))
```

输出的图形如图 8-10 所示。

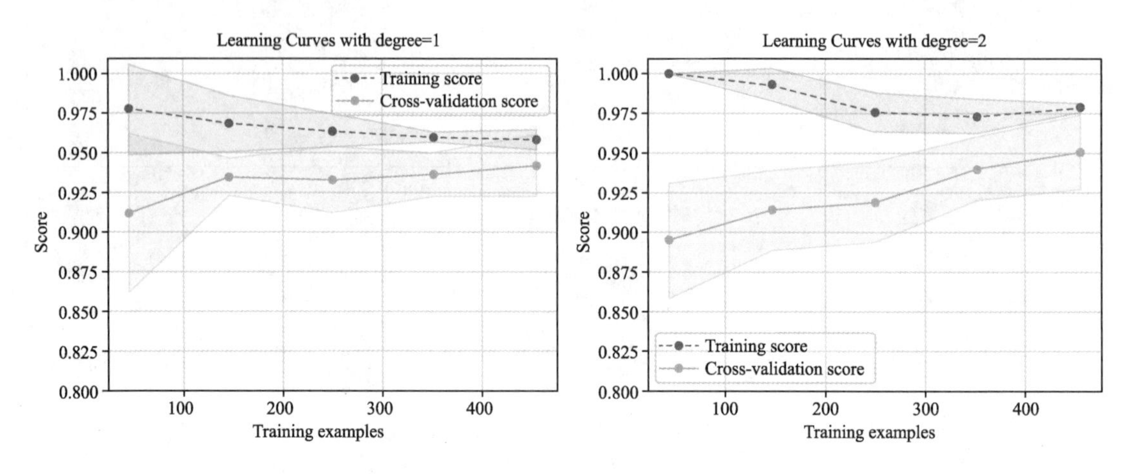

图 8-10　多项式核函数

从图 8-10 中可以看出，二阶多项式核函数的拟合效果更好。平均交叉验证数据集评分可以达到 0.950，最高时可以达到 0.975。运行示例代码的读者需要注意，二阶多项式核函数计算代价很高，在笔者的 MacBook Pro 上运行了数分钟之久。

在第 6 章中，我们使用逻辑回归算法处理乳腺癌检测问题时，使用二阶多项式增加特征，同时使用 L1 范数作为正则项，拟合效果比这里的支持向量机效果好。更重要的是，逻辑回归算法的运算效率远远高于二阶多项式核函数的支持向量机算法。当然，这里的支持向量机算法的效果还是比使用 L2 范数作为正则项的逻辑回归算法好。由此可见，模型选择和模型参数调优，在工程实践中有着非常重要的作用。

8.5　习　　题

1．一句话总结支持向量机算法的最大特点。

2．在支持向量机中，为什么把类别标识定义为[-1, 1]？

3．什么是松弛系数？它有什么作用？

4．一句话总结什么是核函数？什么是相似性函数？二者有什么关系？

5．常用的核函数有哪些？分别有什么特点？

6．运行随书代码 ch08.02.ipynb，修改模型的参数，观察结果有什么变化。

7．阅读 scikit-learn 官方文档，试着用 svm.LinearSVC 来解决乳腺癌检测问题，并与逻辑回归模型对比一下，看看哪个效果更好。提示：可以尝试指定 penalty 参数，使用 L1 范数作为正则项来构造支持向量机模型，并使用 PolynomialFeatures 引入二阶多项式特征。

第9章　朴素贝叶斯算法

朴素贝叶斯（Naive Bayes）是一种基于概率统计的分类方法。它在条件独立假设的基础上使用贝叶斯定理构建算法，在文本处理领域有广泛的应用。本章从条件概率讲起，介绍贝叶斯定理，帮助读者理解算法原理，接着介绍概率分布及连续值的处理，最后通过一个文档分类的例子介绍如何使用朴素贝叶斯算法。本章涵盖的主要内容如下：

- 条件概率及贝叶斯定理；
- 朴素贝叶斯算法原理；
- 多项式概率分布及高斯分布；
- 使用朴素贝叶斯处理文档分类实例。

9.1　算法原理

要讲明白算法原理，需要先清楚贝叶斯定理，它是一个条件概率公式。

9.1.1　贝叶斯定理

维基百科上有一个有意思的案例。某警察使用一个假冒伪劣的呼气测试仪来测试司机是否醉驾。假设这个仪器有5%的概率会把一个正常的司机判断为醉驾，但对真正醉驾的司机其测试结果是100%准确的。从过往的统计得知，大概有0.1%的司机为醉驾。假设该警察随机拦下一个司机，让他（她）做呼气测试，仪器测试结果为醉驾。仅凭这个结果判断这位司机真的是醉驾的概率有多高？

90%？50%？真实的结果是不到2%。对，你没看错。如果我们没有通过其他方法（如闻司机身上的酒味），仅凭这个仪器的测试结果来判断，其实准确性是非常低的。

假设我们的样本里有1 000位司机，根据过往的统计数据，这1 000位司机中有

0.1%的概率为真正醉驾，即有 1 位是真正醉驾的司机，999 位是正常的。这 1 000 位司机均拿这个劣质呼气测试仪来测试，则有多少人会被判断为醉驾？对于这位真正醉驾的司机来说，他（她）无法蒙混过关，而对于 999 位正常的司机来说，则有 5%的概率会被误判，所以总共有 1 + 999 × 5%个“倒霉蛋”会被仪器判断为醉驾。由此可得，所有被仪器判断为醉驾的司机中，真正醉驾的概率是 1 / (1 + 999×5%) = 1.96%。

实际上，贝叶斯定理是计算这类**条件概率**问题的绝佳方法。记 $P(A|B)$表示观察到事件 B 发生时事件 A 发生的概率，则贝叶斯定理的数学表达式如下：

$$P(A|B)=\frac{P(A)P(B|A)}{P(B)} \tag{9-1}$$

回到例子中，我们记事件 A 为司机真正醉驾，事件 B 为仪器显示司机醉驾，则例子中要求解的问题即为 $P(A|B)$，即观察到仪器显示司机醉驾（事件 B 发生）时，司机真正醉驾（事件 A 发生）的概率是多少。$P(A)$表示司机真正醉驾的概率，这是**先验概率**，例子中的数值是 0.1%。$P(B|A)$表示当司机真正醉驾时（事件 A 发生），仪器显示司机醉驾（事件 B 发生）的概率，从例子中的数据得知是 100%。$P(B)$表示仪器显示司机醉驾的概率，这里有两部分数据：针对真正醉驾的司机（0.1%），仪器能 100%检测出来，因此这部分的数值为 0.1%×100%；针对正常的司机（1 − 0.1%），仪器显示醉驾的概率为（1 − 0.1%）× 5%。代入贝叶斯定理即可得：

$$P(A|B)= 0.1\% \times 100\% / [0.1\% \times 100\% +(1-0.1\%)\times 5\%] = 1.96\%$$

9.1.2　朴素贝叶斯分类法

假设有一个已标记的数据集$[x^{(i)}, y^{(i)}]$，其中，$y^{(i)}\in[C_1,C_2,\cdots,C_b]$，即数据集总共有 b 个类别；$x^{(i)}=[x_1,x_2,\cdots,x_n]$，即总共有 n 个输入特征。针对一个新的样本 x，我们要预测 y 的值，即对 x 进行分类。这是一个典型的机器学习中的分类问题。

对于我们要求解的问题，使用统计学的语言可以描述为：当观察到输入样本是 x 时，其所属于的类别 $y=C_k$ 的概率，使用条件概率公式表示如下：

$$p(C_k|x) \tag{9-2}$$

其中，$C_k\in[C_1,C_2,\cdots,C_b]$，只需要分别求出所有 b 个类别的概率，然后取**概率最大**的那个 C_k 即是 x 所属的类别。直接求解公式（9-2）比较困难，可以应用贝叶斯定理进行一下变换：

$$p(C_k|x)=\frac{p(C_k)P(x|C_k)}{P(x)} \tag{9-3}$$

对于一个确定的数据集，C_k，$P(x)$都是固定的值。因此：

$$p(C_k \mid x) \propto p(C_k)P(x \mid C_k) \tag{9-4}$$

其中，$\propto$ 表示成正比的意思。因此，我们只需要求解，针对不同的 $C_k \in [C_1, C_2, \cdots, C_b]$ 的情况下 $p(C_k)P(x|C_k)$的最大值，即可知道 x 属于哪个类别。根据**联合概率**公式可得：

$$p(C_k)P(x \mid C_k) = P(C_k, x) \tag{9-5}$$

对概率统计比较陌生的读者不要被专业术语吓到了，联合概率表示的是一种概率叠加。例如，你走在路上遇到一位漂亮的女生是一个随机事件，漂亮的女生对你一见钟情是另外一个随机事件，那么你在路上遇到一位漂亮的女生且她对你一见钟情的概率怎么计算呢？即 P（漂亮的女生，对你一见钟情）的值是多少呢？使用概率叠加来计算，遇到漂亮的女生的概率乘以是漂亮的女生且对你一见钟情的概率（条件概率），即：

$$P(\text{Beauty,Like You}) = P(\text{Beauty})\, P(\text{Like You}|\text{Beauty})$$

回到枯燥的数学中。又因为 $\boldsymbol{x}$ 是有 n 个特征的向量，即 $\boldsymbol{x}=[x_1, x_2,\cdots, x_n]$，可得：

$$p(C_k)P(\boldsymbol{x} \mid C_k) = P(C_k, \boldsymbol{x}) = P(C_k, x_1, x_2, \cdots, x_n) \tag{9-6}$$

根据链式法则及条件概率的定义，可以进一步推导公式：

$$P(C_k, x_1, x_2, \cdots, x_n) = P(x_1, x_2, \cdots, x_n, C_k)$$

$$P(x_1, x_2, \cdots, x_n, C_k) = P(x_1 \mid x_2, \cdots, x_n, C_k)P(x_2, \cdots, x_n, C_k)$$

$$P(x_1, x_2, \cdots, x_n, C_k) = P(x_1 \mid x_2, \cdots, x_n, C_k)P(x_2 \mid x_3, \cdots, x_n, C_k)\cdots P(x_n \mid C_k)P(C_k) \tag{9-7}$$

咦？好像越推导越复杂了。那么是时候用上我们的“法宝”了。在上述推导过程中只用了贝叶斯定理，我们的“法宝”就是前面的定语**“朴素”**。朴素指的是条件独立假设，即事件之间没有关联关系。例如，掷一个质地均匀的骰子两次，前后之间出现的数字是独立且不相关的，我们称这两个事件是条件独立的。朴素贝叶斯算法的前提是，输入特征需要满足条件独立假设。即，当 $i \neq j$ 时，x_i 和 x_j 是不相关的，通俗地说就是 x_i 事件是否发生和 x_j 没关系。根据条件独立的原则可得公式：

$$P(x_i \mid x_{i+1}, \ldots, x_n, C_k) = P(x_i \mid C_k) \tag{9-8}$$

有了公式（9-8），我们就可以化简为：

$$P(x_1, x_2, \cdots, x_n, C_k) = P(x_1 \mid C_k)P(x_2 \mid C_k)\cdots P(x_n \mid C_k)P(C_k) \tag{9-9}$$

最终的推导结果如下：

$$p(C_k \mid \boldsymbol{x}) \propto P(C_k)\prod_{i=1}^{n} P(x_i \mid C_k) \tag{9-10}$$

其中，$\prod$ 是连乘符号。$P(C_k)$表示每种类别出现的概率，这个值可以很容易地从数据集里统计出来。$P(x_i|C_k)$表示当类别为 C_k 时，特征 x_i 出现的概率，这个值也可以从数据集中统计出来。这就是朴素贝叶斯分类法的数学原理。

9.2　一个简单的示例

本节通过一个简单的例子看一下怎样使用朴素贝叶斯分类法。假设有以下关于驾龄、平均车速和性别的统计数据，如表 9-1 所示。

表 9-1　统计数据

序　　号	驾　　龄	平均车速	性　　别	序　　号	驾　　龄	平均车速	性　　别
1	1	60	男	6	2	40	女
2	2	80	男	7	1	40	女
3	3	80	男	8	1	40	女
4	2	80	男	9	3	60	女
5	1	40	男	10	3	80	女

现在观察到一个驾龄为 2 年的人，平均车速为 80。问：这个人是男性还是女性？

假设 C_0 表示女性，C_1 表示男性，x_0 表示驾龄，x_1 表示平均车速。我们先来计算这个人为女性的概率的相对值。根据统计数据，女性司机的概率 $P(C_0)=5/10=0.5$。驾龄为 2 年的女性司机的概率即 $P(x_0|C_0)=1/5=0.2$。平均车速为 80 的女性司机的概率 $P(x_1|C_0)=1/5=0.2$。根据朴素贝叶斯分类法的数学公式进行计算：

$$P(C_0)\prod_{i=1}^{n}P(x_i\mid C_0)=0.5\times0.2\times0.2=0.02$$

接着计算这个人为男性的概率相对值。根据统计数据，不难得出男性司机的概率 $P(C_1)=5/10=0.5$。驾龄为 2 年的男性司机的概率 $P(x_0|C_1)=2/5=0.4$。平均车速为 80 的男性司机的概率 $P(x_1|C_1)=3/5=0.6$。根据朴素贝叶斯分类法的数学公式进行计算：

$$P(C_1)\prod_{i=1}^{n}P(x_i\mid C_0)=0.5\times0.4\times0.6=0.12$$

从相对概率来看，这个人是男性的概率是女性的概率的 6 倍，据此判断这个人是男性。我们也可以从相对概率里算出绝对概率，即这个人是男性的概率是 0.12/(0.12+0.02)= 0.857。

9.3　概 率 分 布

到目前为止，我们介绍的朴素贝叶斯分类法是根据数据集里的数据，计算出绝对概率进行求解。前面讲过，在朴素贝叶斯分类法的数学公式[见式（9-10）]中，

$P(x_i|C_k)$表示在类别 C_k 里特征 x_i 出现的概率。这里有个最大的问题，如果数据集太小，那么从数据集里计算出来的概率偏差将非常严重。例如，观察一个质地均匀的骰子投掷 6 次的结果是[1, 3, 1, 5, 3, 3]。质地均匀的骰子每个点出现的概率都是 1/6，如果根据观察到的数据集去计算每个点的概率，则真实的概率相差非常大。

怎么解决这个问题呢？答案是使用概率分布来计算概率，而不是从数据集中计算概率。为了讲清楚这个问题，需要从概率统计的基本概念说起，对概率统计比较熟悉的读者可以直接跳过本节的内容。

9.3.1 概率统计的基本概念

人的身高是一个**连续随机变量**，而投掷一个骰子得到的点数则是一个**离散随机变量**。我们闭着眼睛随便找一个人，问这个人身高是 170cm 的可能性是多大呢？如果有一个函数 $f(x)$，能描述人类身高的可能性，那么直接把 170cm 代入即可求出这个可能性。这个函数就是**概率密度函数**，也称为 PDF（Probability Density Function）。典型的概率密度函数是高斯分布函数，如人类的身高就满足高斯分布的规律，后面会详细介绍。

再例如，投掷一个质地均匀的骰子，得到 6 的概率是多少？大家都知道答案是 1/6。假如有一个函数 $f(x)$，能描述骰子出现 x 点数（$x \in [1,6]$）的概率，那么把 x 代入即可得到概率，这个函数称为**概率质量函数**，即 PMF（Probability Mass Function）。那么为什么还要使用概率质量函数呢？一是在数学上追求统一性，二是并不是所有的离散随机变量的概率分布都像投掷一次骰子这么直观。例如，投掷 6 次质地均匀的骰子，得到 4 个 4 的概率是多少？相信好学的你会陷入沉思并感叹：这个问题不好算啊。这个时候如果使用概率质量函数，就可轻松求解啦。

总结一下，**随机变量**分为两种，一种是连续随机变量，另外一种是离散随机变量。概率密度函数描述的是连续随机变量在某个特定值的可能性，概率质量函数描述的是离散随机变量在某个特定值的可能性，而**概率分布**则是描述随机变量取值的概率规律。

9.3.2 多项式分布

抛一枚硬币，要么出现正面，要么出现反面（假设硬币不会立起来）。假如出现正面（用数字 1 表示）的概率是 p，则出现反面（用数字 0 表示）的概率就是 $1-p$。符合这种规律的概率分布称为**伯努利分布**（Bernoulli Distribution）。其概率质量函数为：

$$f(k;p)=p^k(1-p)^{1-k} \tag{9-11}$$

其中，$k\in[0,1]$，p 是出现 1 的概率。例如，一枚质地均匀的硬币被抛一次，得到正面的概率为 0.5，这是众所周知的答案。我们代入上述公式，也可以得到相同的结果，即 $f(1;0.5)=0.5$。

一般情况下，即不止两种可能性时，假设每种可能性是 p_i，则满足 $\sum_i^n p_i=1$ 条件的概率分布称为**类别分布**（Categorical Distribution）。例如，投掷一个骰子，会出现 6 种可能性，所有的可能性加起来的概率为 1。类别分布的概率质量函数为：

$$f(x\mid p)=\prod_{i=1}^{k}p_i^{x_i} \tag{9-12}$$

其中，$\prod$ 是连乘符号，k 是类别的数量，p_i 是第 i 种类别的概率，x_i 当且仅当类别 x 为类别 i 时，x_i 的值为 1，其他情况下，x_i 的值为 0。例如，针对质地均匀的骰子，k 的值为 6，p_i 的值为 1/6。问：投掷这个骰子得到 3 的概率是多少？答案是 1/6。我们代入概率质量函数验算一下，$f(3\mid p)=\prod_{i=1}^{6}p_i^{x_i}$，针对所有 $i\neq3$ 的情况，$x_i=0$，针对 $i=3$ 的情况，$x_i=1$，所以容易算出 $f(3|\ p)=1/6$。

看到这里，可能读者感觉被“绕晕”了，这么简单的问题，为什么要弄得这么复杂呢？笔者仿佛听到读者在报怨了。前面都是铺垫，接下来介绍的内容才是精华。再往下看，就能知道笔者把问题复杂化的原因，也能看到数学之美。

那我们开始吧。问：一枚质地均匀的硬币被抛 10 次，出现 3 次正面的概率是多少？这是个典型的**二项式分布**问题。二项式分布指的是把符合伯努利分布的实验做了 n 次，结果为 1（硬币正面）时出现 0 次，1 次，2 次，…，n 次的概率分别是多少，它的概率质量函数为：

$$f(k;n,p)=\frac{n!}{k!(n-k)!}p^k(1-p)^{n-k} \tag{9-13}$$

其中，k 是结果 1 出现的次数，$k\in[0,1,\cdots,n]$，n 是实验的总次数，p 是在一次实验中结果 1 出现的概率。怎么理解公式（9-13）呢？我们总共进行了 n 次实验，那么出现 k 次结果 1 的概率为 p^k，剩下的必定是结果 0 的次数，即出现了 $n-k$ 次，其概率为$(1-p)^{n-k}$。公式前面的系数表示的是组合，即 k 次结果 1 可以是任意的组合。例如，可能是前 k 次是结果 1，也可能是最后 k 次出现的是结果 1。回到最初的问题：一枚质地均匀的硬币被抛 10 次，出现 3 次正面的概率是多少？代入式（9-13），得到：

$$f(3;10,0.5)=\frac{10!}{3!\times(10-3)!}\times0.5^3\times(1-0.5)^{10-3}=0.1171875$$

我们再看一个更简单的例子。问：一枚质地均匀的硬币被抛 1 次，出现 0 次正面的概率是多少？代入式（9-13），得到：

$$f(0;1,0.5)=\frac{1!}{0!\times(1-0)!}\times0.5^0\times(1-0.5)^{1-0}=0.5$$

其中，0 的阶乘为 1，即 0!=1。结果跟预期的相符，当实验只做一次时，二项式分布退化为伯努利分布。

多项式分布是指满足类别分布的实验，连续做 n 次后，每种类别出现的特定次数组合的概率分布情况。假设，x_i 表示类别 i 出现的次数，p_i 表示类别 i 在单次实验中出现的概率。当满足前提条件 $\sum_{i=1}^{k} x_i = n$ 时，由随机变量 x_i 构成的**随机向量** $\boldsymbol{X}=[x_1,\cdots,x_k]$满足以下分布函数：

$$f(\boldsymbol{X},n,\boldsymbol{P}) = \frac{n!}{\prod_{i=1}^{k} x_i!} \prod_{i=1}^{k} p_i^{x_i} \tag{9-14}$$

其中，$\boldsymbol{P}$ 是由各个类别的概率构成的向量，即 $\boldsymbol{P}=[p_1,\cdots,p_k]$，$k$ 表示类别的总数，n 表示实验进行的总次数。理解这个公式也比较简单，可以把 $\prod_{i=1}^{k} p_i^{x_k}$ 理解为按照特定顺序，所有类别出现的某个特定的次数组合的概率，如投 6 次骰子，出现（1, 2, 3, 4, 5, 6）这样特定顺序组合的概率。前面的系数表示组合的个数，如投 6 次骰子，每个点数都出现一次，可以是（1, 2, 3, 4, 5, 6），也可以是（1, 3, 2, 4, 5, 6）。

下面来看一个例子，同时投掷 6 个质地均匀的骰子，出现（1, 2, 3, 4, 5, 6）这种组合的概率是多少？可以把这个问题转换成连续 6 次投掷质地均匀的骰子，每个类别都出现 一次的概率。这是一个典型的**多项式分布**问题，其中，随机向量 $\boldsymbol{X}=[1,1,1,1,1,1]$，代入式（9-13）可得：

$$f(X,n,P) = \frac{6!}{\prod_{i=1}^{6} 1!} \prod_{i=1}^{6} (1/6) = 0.015432099$$

好了，是时候解决前面那个让读者深思的问题了：将质地均匀的骰子投掷 6 次，得到 4 个 4 的概率是多少？我们需要把这个问题转换为**二项式分布**问题。投掷 1 次骰子时，得到 4 的概率是 1/6，得到其他点数（非 4）的概率是 5/6。现在需要计算投掷 6 次骰子得到 4 个 4 的概率，代入式（9-13）可得：

$$f(4;6,1/6) = \frac{6!}{4!\times(6-4)!}(1/6)^4 \times (1-1/6)^{6-4} = 0.008037551$$

再来算一下同时投掷 6 个质地均匀的骰子，出现 5 个 1 的概率是多少？还是转换为二项式分布问题：

$$f(5;6,1/6) = \frac{6!}{5!\times(6-5)!}(1/6)^5 \times (1-1/6)^{6-5} = 0.000643004$$

在我国的厦门和台湾地区，“中秋博饼”是一个盛大的传统活动，相传是郑成功为了缓解士兵的中秋思乡之情所发明的一种游戏。很多公司中秋节都会组织“中秋博饼”活动，奖品包括牙膏、牙刷、洗衣粉、食用油、洗发水和购物卡等，可以说是样样俱全。往往这个时候员工都会玩得很开心。游戏规则是，所有参与的玩家轮流投掷骰子，每轮投掷 6 次骰子，根据掷出的不同点数组合，发放对应奖项的奖品。游戏设有一个状元、两个对堂及其他数量不等的不同名目的奖项。状元的点数组合是 4 个 4、6 个 4 或者 5 个相同点数的骰子组合，如 5 个 1 或 5 个 2 等。如果是顺子，即（1, 2, 3, 4, 5, 6）的组合，则为对堂。参加过“中秋博饼”活动的读者经常会有这样的体会：状元奖品早就被博走了，可是对堂奖品却还有。这里就从概率的角度来看看为什么会出现这个现象。根据上文例子的计算结果，出现对堂的概率是 0.015432099，而出现状元的概率是 0.008037551 + 6×0.000643004 = 0.011895575（忽略 6 个 4 的超级状元组合）。这说明古人在发明这种游戏时还是充分考虑过概率的，即博出状元奖项的概率比对堂低。不过，由于对堂有两份奖品，算起来虽然对堂出现的概率比状元高，但需要出现两次才能把对堂的全部奖品消耗完，而其概率又不足状元的两倍。这就解释了为什么往往状元奖品已经被“博”走了，可是对堂奖项还没有“博”走的原因。

简单总结一下，二项式分布描述的是在多次伯努利实验中，某个结果出现次数的概率。多项式分布描述的是在多次进行满足类别分布的实验中，所有类别出现的次数组合的分布。

二项式分布和多项式分布结合朴素贝叶斯算法，经常被用来实现文章分类算法。例如，有一个论坛需要对用户的评论进行过滤，屏蔽不文明的评论。首先需要一个经过标记的数据集，称为语料库。假设使用人工标记的方法对评论进行人工标记，标记为 1 包含不文明用语的评论，标记为 0 正常评论。

假设我们的词库大小为 k，则文章中出现的某个词可以视为一次满足 k 个类别的类别分布实验。我们知道，一篇评论是由 n 个词组成的，因此一篇文章可以视为进行 n 次符合类别分布的实验后的产物。由此得知，一篇评论文章服从多项式分布，它是词库中的所有词语出现的次数组合构成的**随机向量**。一般情况下，词库比较大，评论文章只是由少量词组成，因此这个随机向量是很稀疏的，即大部分元素为 0。通过分析语料库，可以容易地统计出每个词出现“不文明评论”及“正常评论”中的概率，即 p_i 的值。同时，针对待预测的评论文章，我们可以统计出词库中的所有词在这篇文章中出现的次数，即 x_i 的值及评论文章的词语个数 n。代入多项式分布的概率质量函数为：

$$f(X,n,P)=\frac{n!}{\prod_{i=1}^{k}x_i!}\prod_{i=1}^{k}p_i^{x_i} \tag{9-15}$$

我们可以求出待预测的评论文章构成的随机向量 $\boldsymbol{X}$ 为不文明评论的相对概率。同理也可求出其为正常评论的相对概率，通过比较两个相对概率，就可以对这篇文章输出一个预测值。当然，在实际应用中涉及大量的自然语言处理手段，包括中文分词技术、词的数学表示等，在此不一一展开。

9.3.3 高斯分布

在前面举的车速和性别预测的例子里，对于平均车速，笔者故意给出了离散值，实际上它是一个连续值。这个时候怎么用朴素贝叶斯算法来处理呢？答案是，可以用区间把连续值转换为离散值。例如，我们把[0, 40]之间的平均车速作为一个级别，把[40, 80]之间的平均车速作为一个级别，再把 80 以上的车速作为一个级别。这样就可以把连续的值变成离散的值，从而使用朴素贝叶斯分类法进行处理。另外一个方法，是使用连续随机变量的概率密度函数，把数值转换为一个相对概率。本节介绍的高斯分布就是这样的方法。

高斯分布（Gaussian Distribution）也称为正态分布（Normal Distribution），是自然界最常见的一种概率密度函数。人的身高满足高斯分布，特别高和特别矮的人出现的相对概率都比较低。人的智商也符合高斯分布，特别聪明的天才和特别笨的人出现的相对概率都比较低。高斯分布的概率密度函数为：

$$f(x)=\frac{1}{\sqrt{2\pi\sigma^2}}\exp\left(-\frac{(x-\mu)^2}{2\sigma^2}\right) \tag{9-16}$$

其中，x 为随机变量的值，$f(x)$为随机变量的相对概率，μ 为样本的平均值，决定高斯分布曲线的位置，σ 为标准差，决定高斯分布的幅度，σ 值越大，分布越分散，值越小，分布越集中。典型的高斯分布如图 9-1 所示。

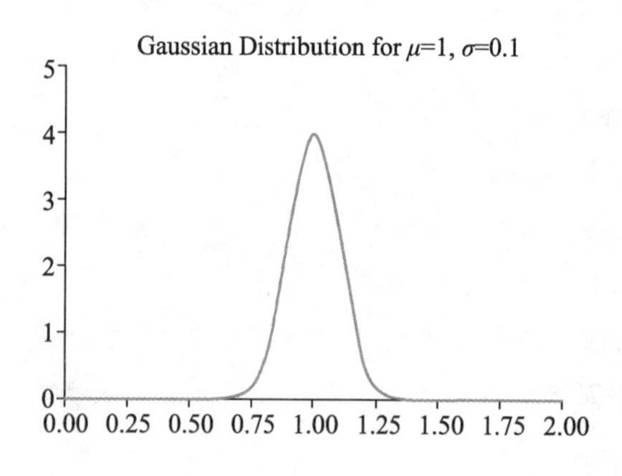

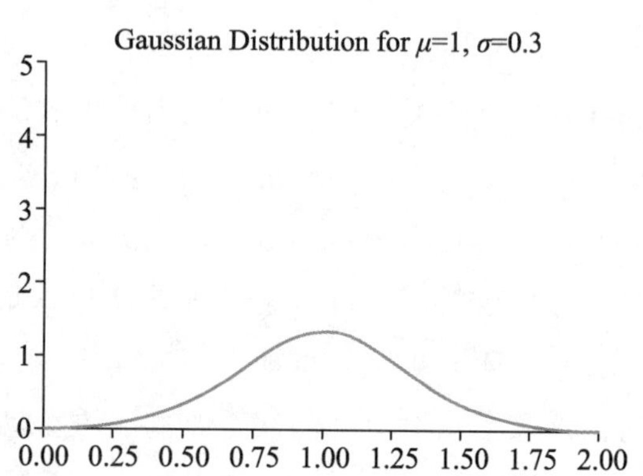

图 9-1　高斯分布

这里需要提醒读者注意高斯分布的概率密度函数和支持向量机里的高斯核函数的区别，二者的核心数学模型是相同的，但目的不同。

9.4　连续值的处理

首先来看一个来自维基百科的例子。假设有一组身体特征的统计数据如表 9-2 所示。

表 9-2　身体特征统计数据

性　　别	身高（英尺）	体重（磅）	脚掌（英寸）
男	6	180	12
男	5.92	190	11
男	5.58	170	12
男	5.92	165	10
女	5	100	6
女	5.5	150	8
女	5.42	130	7
女	5.75	150	9

假设某人身高 6 英尺、体重 130 英磅、脚掌 8 英寸，请判断此人的性别。

根据朴素贝叶斯公式见式（9-10），针对待预测的这个人的数据 x，我们只需要分别求出男性和女性的相对概率：

$$p(\text{Gender})\times p(\text{Height}\,|\,\text{Gender})\times p(\text{Weight}\,|\,\text{Gender})\times p(\text{Feet}\,|\,\text{Gender})$$

然后取相对概率较高的性别为预测值即可。困难在于，所有的特征都是连续变量，无法根据统计数据计算概率。当然，这里可以用区间法，把连续变量转换为离散变量，然后再计算概率，但由于数据量较小，这显然不是一个好方法。由于人类身高、体重和脚掌尺寸满足高斯分布，因此更好的办法是使用高斯分布的概率密度函数来求相对概率。

首先，针对男性和女性，分别求出每个特征的平均值和方差，如表 9-3 所示。

表 9-3　身体特征的平均值和方法

性　　别	身高均值	身高方差	体重均值	体重方差	脚掌均值	脚掌方差
男性	5.855	3.5033e-02	176.25	1.2292e+02	11.25	9.1667e-01
女性	5.4175	9.7225e-02	132.5	5.5833e+02	7.5	1.6667e+00

接着利用高斯分布的概率密度函数，求解男性身高为 6 英尺的相对概率：

$$p(\text{Height}=6\,|\,\text{Male})=\frac{1}{\sqrt{2\pi\times 3.5033\text{e}-02}}\exp\left(-\frac{(6-5.855)^2}{2\times 3.5033\text{e}-02^2}\right)\approx 1.5789$$

这里的关键是把连续值（身高）作为输入，通过高斯分布的概率密度函数的处理，把身高直接转换为相对概率。注意这里是相对概率，因此其值大于 1 并未违反概率论规则。

使用相同的方法，可以算出以下数值：

$$p(\text{Weight}=130\,|\,\text{Male})=5.9881\times10^{-6}$$

$$p(\text{Feet}=8\,|\,\text{Male})=1.3112\times10^{-3}$$

由于 $p(\text{Male})=0.5$，因此这个人是男性的相对概率为：

$$0.5\times1.5789\times5.9881\times10^{-6}\times1.3112\times10^{-3}=6.1984\times10^{-9}$$

使用相同的方法，可以算出这个人为女性的相对概率为 5.3778×10^{-4}。从数据中可知，这个人为女性的概率比男性的概率高了 5 个数量级，因此我们判断这个人为女性。

9.5 实例：文档分类

在 scikit-learn 中，朴素贝叶斯算法在 sklearn.naive_bayes 包里实现，包含本章介绍的几种典型的概率分布算法。其中，GaussianNB 实现了高斯分布的朴素贝叶斯算法，MultinomialNB 实现了多项式分布的朴素贝叶斯算法，BernoulliNB 实现了伯努利分布的朴素贝叶斯算法。朴素贝叶斯算法在自然语言领域有广泛的应用，本节我们用 MultinomialNB 来实现文档自动分类。

9.5.1 获取数据集

本节使用的数据集来自 http://qwone.con 上的 20news-18828，读者可以直接访问 http://qwon.com/~jason/20Newsgroups/下载（免费注册后即可下载）。如果你下载了随书代码，也可以在 datasets/mlcomp/dataset-379-20news-18828.zip 中找到笔者下载好的数据集。下载数据集后，将其解压到 datasets/mlcomp/目录下，解压后会在 datasets/ mlcomp 下生成一个名为 379 的目录，该目录包含 3 个子目录和一个名为 metadata 的介绍文件。

```
$ cd ~/code/datasets/mlcomp
$ ls 379
metadata  raw  test  train
```

我们使用 train 子目录下的文档进行模型训练，然后使用 test 子目录下的文档进行模型测试。train 子目录下包含 20 个子目录，每个子目录代表一种文档的类型，子目录下的所有文档都是属于目录名称所标识的文档类型。读者可以随意浏览数据集，以便对数据集有一个感性的认识。例如，datasets/mlcomp/379/train/rec.autos/6652-103421 是一个讨论汽车主题的帖子：

```
Hahahahahaha. gasp pant Hm, I'm not sure whether the above was just
a silly remark or a serious remark. But in case there are some
misconceptions, I think Henry Robertson hasn't updated his data file
on Korea since…mid 1970s.
Owning a car in Korea is no longer a luxury. Most middle class people
in Korea can afford a car and do have at least one car. The problem
in Korea, especially in Seoul, is that there are just so many privately-
owned cars,as well as taxis and buses, the rush-hour has become a 24
hour phenomenon and that there is no place to park. Last time I heard,
back in January, the Kim Administration wanted to legislate a law
requireing a potential car owner to provide his or her own parking area,
just like they do in Japan.
Also, Henry would be glad to know that Hyundai isn't the only car
manufacturer in Korea. Daewoo has always manufactured cars and I believe
Kia is back in business as well. Imported cars, such as Mercury Sable
are becoming quite popular as well, though they are still quite
expensive.
Finally, please ignore Henry's posting about Korean politics and
bureaucracy. He's quite uninformed.
```

9.5.2　文档的数学表达

怎样把一个文档表达为计算机可以理解并处理的信息，是自然语言处理的一个重要课题。本节简单介绍 TF-IDF 的原理，以便读者更好地理解本文介绍的实例。

TF-IDF 是一种统计方法，用于评估一个词语对一份文档的重要程度。TF 表示**词频**（Term Frequency），对一份文档而言，词频是特定词语在这篇文档里出现的次数除以文档的词语总数。例如，一篇文档总共有 1 000 个词，其中，“朴素贝叶斯”出现了 5 次，“的”出现了 25 次，“应用”出现了 12 次，那么它们的词频分别是 0.005、0.025 和 0.012。

IDF 表示一个词的**逆向文档频率指数**（Inverse Document Frequency），可以通过总文档数目除以包含该词语的文档的数目，再将得到的商取对数得到，它表达的是词语的权重指数。例如，我们的数据集总共有 10 000 篇文档，其中，“朴素贝叶斯”只出现在 10 篇文档中，则其权重指数 $\text{IDF} = \log(\frac{10000}{10}) = 3$。“的”在所有的文档中都出现过，则其权重指数 IDF=log(1)=0。“应用”在 1 000 篇文档中出现过，则其权重指数 $\text{IDF}=\log(\frac{10000}{1000}) = 1$。

计算出每个词的词频和权重指数后，将二者相乘，即可得到这个词在文档中的重要程度。词语的重要性随着它在文档中出现的次数呈正比例增加，但同时会随着它在语料库中出现的频率呈反比下降。关于 TF-IDF 在搜索引擎上的应用，可参阅吴军老师的书《数学之美》中的“如何确定网页和查询的相关性”一文。

有了 TF-IDF 这个工具，我们就可以把一篇文档转换为一个向量。首先，可以从数据集（在自然语言处理领域也称为 Corpus，即语料库）里提取出所有出现的词语，我们称为**词典**。假设词典里总共有 10 000 个词语，则每个文档都可以转化为一个 10 000 维的向量。其次，针对我们要转换的文档里出现的每个词语，计算其 TF-IDF 的值，并把这个值填入文档向量中这个词所对应的元素上。这样就完成了把一篇文档转换为一个向量的过程。一个文档往往由词典中的一小部分词语构成，这意味着这个向量中的大部分元素都是 0。

所幸，上述过程不需要我们自己写代码去完成，scikit-learn 软件包里实现了把文档转换为向量的这个过程。首先，把训练用的语料库读入内存：

```
from time import time
from sklearn.datasets import load_files

print("loading train dataset ...")
t = time()
news_train = load_files('datasets/mlcomp/379/train')
print("summary: {0} documents in {1} categories.".format(
    len(news_train.data), len(news_train.target_names)))
print("done in {0} seconds".format(time() - t))
```

其中，datasets/mlcomp/379/train 目录下存放的就是我们的语料库，其中包含 20 个子目录，每个子目录的名字表示的是文档的类别，子目录下包含这种类别的所有文档。load_files()函数会从这个目录里把所有文档都读入内存，并且自动根据所在的子目录名称打上标签。其中，news_train.data 是一个数组，里面包含所有文档的文本信息。news_train.target 也是一个数组，包含所有文档所属的类别，而 news_train.target_names 则是类别的名称，因此，如果我们想知道第一篇文档所属的类别名称，只需要通过代码 news_train.target_names[news_train.target[0]]即可得到。

上述代码在笔者的计算机输出的结果如下：

```
loading train dataset ...
summary: 13180 documents in 20 categories.
done in 0.212177991867 seconds
```

不难看到，语料库中总共有 13 180 个文档，分为 20 个类别。接着需要把这些文档全部转换为由 TF-IDF 表达的权重信息构成的向量。

```
from sklearn.feature_extraction.text import TfidfVectorizer
```

```
print("vectorizing train dataset ...")
t = time()
vectorizer = TfidfVectorizer(encoding='latin-1')
X_train = vectorizer.fit_transform((d for d in news_train.data))
print("n_samples: %d, n_features: %d" % X_train.shape)
print("number of non-zero features in sample [{0}]: {1}".format(
    news_train.filenames[0], X_train[0].getnnz()))
print("done in {0} seconds".format(time() - t))
```

其中，TfidfVectorizer 类用来把所有的文档转换为矩阵，该矩阵每行都代表一个文档，一行中的每个元素代表一个对应的词语的重要性，词语的重要性由 TF-IDF 来表示。熟悉 scikit-learn API 的读者应该清楚，fit_transform()方法是由 fit()和 transform()合并起来的。其中，fit()会先完成语料库分析、提取词典等操作，transform()会把对每篇文档转换为向量，最终构成一个矩阵，保存在 X_train 变量中。这段代码在笔者的计算机上的输出结果如下：

```
vectorizing train dataset ...
n_samples: 13180, n_features: 130274
number of non-zero features in sample
  [datasets/mlcomp/379/train/talk.politics.misc/17860-178992]: 108
done in 4.15024495125 seconds
```

由程序的输出可以知道，词典总共有 130 274 个词语，即每篇文档都可以转换为一个 130 274 维的向量。在第一篇文档中只有 108 个非 0 元素，即这篇文档总共由 108 个不重复的单词组成，在这篇文档中出现的这 108 个单词的 TF-IDF 值会被计算出来，并保存在向量的指定位置上。X_train 是一个维度为 13 180×130 274 的稀疏矩阵。

9.5.3　模型训练

费了好些功夫，终于把文档数据转换为 scikit-learn 中典型的训练数据集矩阵：矩阵的每一行表示一个数据样本，矩阵的每一列表示一个特征。然后可以直接使用 MultinomialNB 对数据集进行训练：

```
from sklearn.naive_bayes import MultinomialNB

print("traning models ...".format(time() - t))
t = time()
y_train = news_train.target
clf = MultinomialNB(alpha=0.0001)
clf.fit(X_train, y_train)
train_score = clf.score(X_train, y_train)
```

```
print("train score: {0}".format(train_score))
print("done in {0} seconds".format(time() - t))
```

其中，alpha 表示平滑参数，其值越小，越容易造成过拟合，值太大，则容易造成欠拟合，具体可参阅复习题的内容。这段代码在笔者的计算机上的输出结果如下：

```
traning models ...
train score: 0.997875569044
done in 0.274363040924 seconds
```

接着，加载测试数据集并用一篇文档来预测其是否准确。测试数据集在 datasets/mlcomp/379/test 目录下，使用前面介绍的方法先加载数据集。

```
print("loading test dataset ...")
t = time()
news_test = load_files('datasets/mlcomp/379/test')
print("summary: {0} documents in {1} categories.".format(
    len(news_test.data), len(news_test.target_names)))
print("done in {0} seconds".format(time() - t))
```

笔者的计算机输出的结果如下：

```
loading test dataset ...
summary: 5648 documents in 20 categories.
done in 0.117918014526 seconds
```

由输出结果可知，测试数据集共有 5 648 篇文档。接着把文档向量化：

```
print("vectorizing test dataset ...")
t = time()
X_test = vectorizer.transform((d for d in news_test.data))
y_test = news_test.target
print("n_samples: %d, n_features: %d" % X_test.shape)
print("number of non-zero features in sample [{0}]: {1}".format(
    news_test.filenames[0], X_test[0].getnnz()))
print("done in %fs" % (time() - t))
```

这里需要注意，vectorizer 变量是处理训练数据集时用到的向量化的类的实例，此处只需要调用 transform()进行 TF-IDF 数值计算即可，不需要再调用 fit()进行语料库分析了。这段代码在笔者的计算机上的输出结果如下：

```
vectorizing test dataset ...
n_samples: 5648, n_features: 130274
number of non-zero features in sample
    [datasets/mlcomp/379/test/rec.autos/7429-103268]: 61
done in 2.915759s
```

这样，测试数据集就转换为了一个维度为 5 648×130 274 的稀疏矩阵。可以取测试数据集中的第一篇文档初步验证一下，看看训练出来的模型能否正确地预测这个文档所属的类别。

```
pred = clf.predict(X_test[0])
print("predict: {0} is in category {1}".format(
    news_test.filenames[0], news_test.target_names[pred[0]]))
print("actually: {0} is in category {1}".format(
    news_test.filenames[0], news_test.target_names[news_test.target[0]]))
```

这段代码在笔者的计算机输出的结果如下：

```
predict: datasets/mlcomp/379/test/rec.autos/7429-103268 is in category
rec.autos
actually: datasets/mlcomp/379/test/rec.autos/7429-103268 is in category
rec.autos
```

可以看出，预测的结果和实际结果是相符的。

9.5.4 模型评价

虽然通过验证，说明我们训练的模型是可用的，但是不能通过一个样本的预测来评价模型的准确性。我们需要对模型有一个全方位的评价，scikit-learn 软件包提供了全方位的模型评价工具。

首先，对测试数据集进行预测。

```
print("predicting test dataset ...")
t0 = time()
pred = clf.predict(X_test)
print("done in %fs" % (time() - t0))
```

笔者的计算机输出的结果如下：

```
predicting test dataset ...
done in 0.090978s
```

其次，使用 classification_report()函数查看针对每个类别的预测准确性。

```
from sklearn.metrics import classification_report

print("classification report on test set for classifier:")
print(clf)
print(classification_report(y_test, pred,
                            target_names=news_test.target_names))
```

笔者的计算机输出的结果如下：

```
classification report on test set for classifier:
MultinomialNB(alpha=0.0001, class_prior=None, fit_prior=True)
                      precision    recall  f1-score   support

         alt.atheism       0.90      0.91      0.91       245
       comp.graphics       0.80      0.90      0.85       298
```

```
  comp.os.ms-windows.misc       0.82      0.79      0.80       292
comp.sys.ibm.pc.hardware       0.81      0.80      0.81       301
   comp.sys.mac.hardware       0.90      0.91      0.91       256
          comp.windows.x       0.88      0.88      0.88       297
            misc.forsale       0.87      0.81      0.84       290
               rec.autos       0.92      0.93      0.92       324
         rec.motorcycles       0.96      0.96      0.96       294
      rec.sport.baseball       0.97      0.94      0.96       315
        rec.sport.hockey       0.96      0.99      0.98       302
               sci.crypt       0.95      0.96      0.95       297
         sci.electronics       0.91      0.85      0.88       313
                 sci.med       0.96      0.96      0.96       277
               sci.space       0.94      0.97      0.96       305
  soc.religion.christian       0.93      0.96      0.94       293
      talk.politics.guns       0.91      0.96      0.93       246
   talk.politics.mideast       0.96      0.98      0.97       296
      talk.politics.misc       0.90      0.90      0.90       236
      talk.religion.misc       0.89      0.78      0.83       171

             avg / total       0.91      0.91      0.91      5648
```

从输出结果中可以看出，针对每种类别都统计了查准率、召回率和 F1-Score（忘记这些概率的读者，可查阅第 3 章的内容）。此外，还可以通过 confusion_matrix() 函数生成混淆矩阵，观察每种类别被错误分类的情况。例如，这些被错误分类的文档被错误分类到哪些类别中：

```
from sklearn.metrics import confusion_matrix

cm = confusion_matrix(y_test, pred)
print("confusion matrix:")
print(cm)
```

笔者的计算机输出的结果如下：

```
confusion matrix:
[[224 0   0   0   0   0   0   0  0  0  0  0   0  0  2  5   0  0  1 13]
 [1 267   5   5   2   8   1   1  0  0  0  2   3  2  1  0   0  0  0  0]
 [1  13 230  24   4  10   5   0  0  0  0  1   2  1  0  0   0  0  1  0]
 [0   9  21 242   7   2  10   1  0  0  1  1   7  0  0  0   0  0  0  0]
 [0   1   5   5 233   2   2   2  1  0  0  3   1  0  1  0   0  0  0  0]
 [0  20   6   3   1 260   0   0  0  2  0  1   0  0  2  0   2  0  0  0]
 [0   2   5  12   3   1 235  10  2  3  1  0   7  0  2  0   2  1  4  0]
 [0   1   0   0   1   0   8 300  4  1  0  0   1  2  3  0   2  0  1  0]
 [0   1   0   0   0   2   2   3 283 0  0  0   1  0  0  0   0  0  1  1]
 [0   1   1   0   1   2   1   2  0 297 8  1   0  1  0  0   0  0  0  0]
 [0   0   0   0   0   0   0   0  2  2 298 0   0  0  0  0   0  0  0  0]
 [0   1   2   0   0   1   1   0  0  0  0 284  2  1  0  0   2  1  2  0]
 [0  11   3   5   4   2   4   5  1  1  0  4 266  1  4  0   1  0  1  0]
 [1   1   0   1   0   2   1   0  0  0  0  0   1 266 2  1   0  0  1  0]
```

```
[0   3   0   0   1   1   0   0  0  0  0  1   0  1 296 0   1  0  1   0]
[3   1   0   1   0   0   0   0  0  0  1  0   0  2  1 280  0  1  1   2]
[1   0   2   0   0   0   0   0  1  0  0  0   0  0  0  0 236  1  4   1]
[1   0   0   0   0   1   0   0  0  0  0  0   0  0  0  3  0  290 1  0]
[2   1   0   0   1   1   0   1  0  0  0  0   0  0  0  1  10   7 212 0]
[16  0   0   0   0   0   0   0  0  0  0  0   0  0  0  12  4   1  4 134]]
```

从第一行数据中可以看出，类别为 0（alt.atheism）的文档，有 13 个被错误地分类到类别为 19 的文档（talk.religion.misc）中。此外，还可以把混淆矩阵进行数据可视化处理：

```
# Show confusion matrix
plt.figure(figsize=(8, 8), dpi=144)
plt.title('Confusion matrix of the classifier')
ax = plt.gca()
ax.spines['right'].set_color('none')
ax.spines['top'].set_color('none')
ax.spines['bottom'].set_color('none')
ax.spines['left'].set_color('none')
ax.xaxis.set_ticks_position('none')
ax.yaxis.set_ticks_position('none')
ax.set_xticklabels([])
ax.set_yticklabels([])
plt.matshow(cm, fignum=1, cmap='gray')
plt.colorbar();
```

笔者的计算机输出的结果如图 9-2 所示。

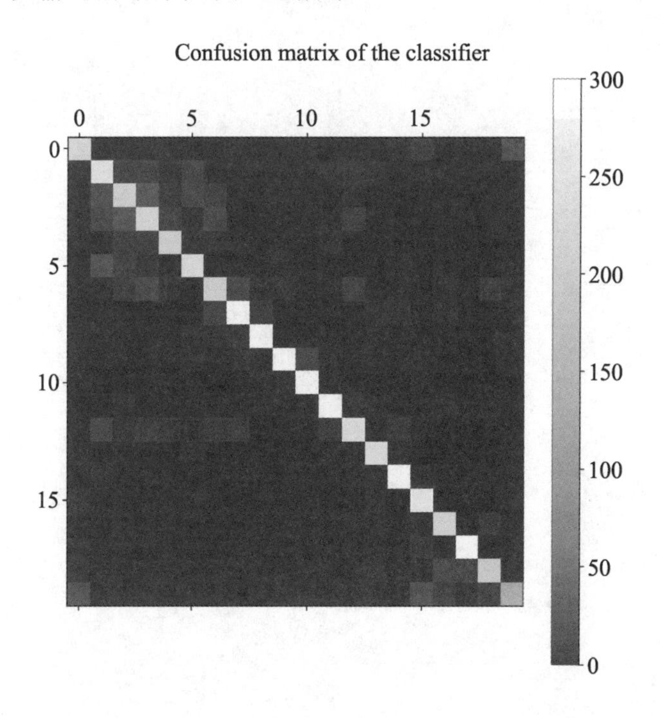

图 9-2　混淆矩阵

除了对角线外，其他地方的颜色越浅，说明此处的错误就越多。通过这些数据，我们可以详细分析样本数据，找出为什么某种类别会被错误地分类到另一种类别中，从而进一步优化模型。本节介绍的实例在随书代码 ch09.02.ipynb 中。

9.6 习　　题

1．什么是贝叶斯定理？

2．朴素贝叶斯分类法的数学原理是什么？其中，朴素二字意味着什么？

3．什么是二项式分布？

4．多项式分布有什么特点？

5．高斯分布的概率密度函数在二维坐标轴上的形状是什么样的？

6．使用朴素贝叶斯分类法时，使用概率分布函数来计算概率，与从数据集中直接统计出概率相比有什么优点？

7．运行本章实例的随书代码 ch09.02.ipynb，画出 alpha=0.0001 的学习曲线。

8．使用 sklearn.model_selection.GridSearchCV 类，给算法参数 alpha 选择一个最合适的值。提示：读者可参阅第 7 章的相关内容。

第 10 章　PCA 算法

PCA（Principal Component Analysis，主成分分析法）是一种维数约简（Dimensionality Reduction）算法，即把**高维度数据**在**损失最小**的情况下转换为**低维度数据**的算法。显然，PCA 可以用来对数据进行压缩，可以在可控的失真范围内提高运算速度。本章涵盖的主要内容如下：

- PCA 算法的原理及运算步骤；
- 使用 NumPy 实现简化版的 PCA 算法，并与 scikit-learn 的结果进行比较；
- PCA 的物理含义；
- PCA 的数据还原率及应用；
- 通过一个人脸识别实例，说明 PCA 的重要作用。

10.1　算法原理

我们先从最简单的情况说起。假设需要把一个二维数据减为一维数据，要怎么做呢？如图 10-1 所示，我们可以想办法找出一个向量 $\boldsymbol{u}^{(1)}$，以便让二维数据的点（方形点）到这个向量所在的直线上的**平均距离最短**，即投射误差最小。这样就可以在失真最小的情况下，把二维数据转换为向量 $\boldsymbol{u}^{(1)}$所在直线上的一维数据。再进一步，假如需要把三维数据降为二维数据，我们需要找出两个向量 $\boldsymbol{u}^{(1)}$，$\boldsymbol{u}^{(2)}$，以便让三维数据的点在这两个向量所决定的平面上的投射误差最小。

从数学角度来描述 PCA 算法过程就是，当数据需要从 n 维降为 k 维时，首先需要找出 k 个向量 $\boldsymbol{u}^{(1)}$, $\boldsymbol{u}^{(2)}$，…, $\boldsymbol{u}^{(k)}$，然后把 n 维的数据投射到这 k 个向量决定的线性空间中，最终使**投射误差最小化**。

思考：在什么情况下进行 PCA 运算时误差为 0？如图 10-1 所示，当这些二维数据在同一条直线上时，进行 PCA 运算时误差为 0。

问题来了，怎样找出投射误差最小的 k 个向量呢？要完整地用数学公式推导出这个方法，涉及较多高级线性代数的知识，我们就此略过。感兴趣的读者可进一步阅读本章扩展阅读部分的内容。下面直接介绍 PCA 算法求解的一般步骤。

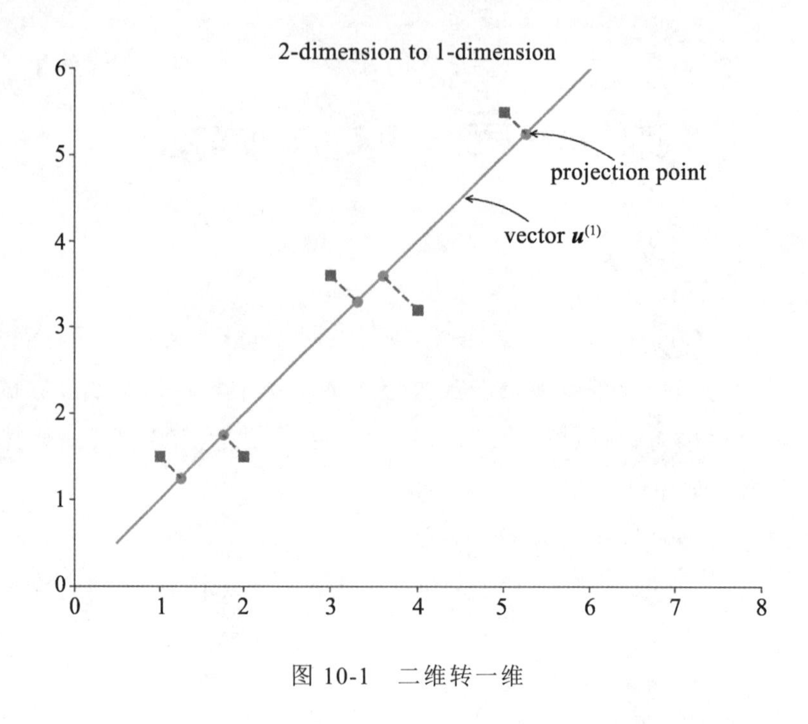

图 10-1　二维转一维

假设有一个数据集，用 $m \times n$ 维的矩阵 $\boldsymbol{A}$ 表示。矩阵中的每一行表示一个样本，每一列表示一个特征，总共有 m 个样本，每个样本有 n 个特征。我们的目标是减少特征个数，只保留最重要的 k 个特征。

10.1.1　数据归一化和缩放

数据归一化和缩放是一种数学技巧，旨在提高 PCA 运算时的效率。数据归一化的目标是使特征的均值为 0。数据归一化公式如下：

$$x_j^{(i)} = a_j^{(i)} - \mu_j \tag{10-1}$$

其中，$a_j^{(i)}$ 是指 i 个样本的第 j 个特征的值，μ_j 表示第 j 个特征的均值。当不同的特征值不在同一个数量级上的时候，还需要对数据进行缩放。数据归一化再缩放的公式如下：

$$x_j^{(i)} = \frac{a_j^{(i)} - \mu_j}{s_j} \tag{10-2}$$

其中，$a_j^{(i)}$ 是指 i 个样本的第 j 个特征的值，μ_j 表示的是第 j 个特征的均值，s_j 表示第 j 个特征的范围，即 $s_j = \max(a_j^{(i)}) - \min(a_j^{(i)})$。

10.1.2 计算协方差矩阵的特征向量

针对预处理后的矩阵 $\boldsymbol{X}$，先计算其协方差矩阵（Covariance Matrix）：

$$\boldsymbol{\Sigma}=\frac{1}{m}\boldsymbol{X}^{\mathrm{T}}\boldsymbol{X} \tag{10-3}$$

其中，$\boldsymbol{\Sigma}$ 表示协方差矩阵，用大写的 Sigma 表示。大写的 Sigma 和累加运算符看起来几乎一样，但这里其实是一个数学符号而已，不是累加运算。计算结果 $\boldsymbol{\Sigma}$ 将是一个 $n \times n$ 的矩阵。

接着通过奇异值分解来计算协方差矩阵的特征向量（Eigenvectors）：

$$[\boldsymbol{U},\boldsymbol{S},\boldsymbol{V}]=svd(\boldsymbol{\Sigma}) \tag{10-4}$$

其中，svd 是奇异值分解（Singular Value Decomposition）运算，这是高级线性代数的内容。经过奇异值分解后，有 3 个返回值，其中，矩阵 $\boldsymbol{U}$ 是一个 $n \times n$ 的矩阵，如果选择 $\boldsymbol{U}$ 的列作为向量，那么将得到 n 个列向量 $\boldsymbol{u}^{(1)}$, $\boldsymbol{u}^{(2)}$,…, $\boldsymbol{u}^{(n)}$，这些向量就是协方差矩阵的特征向量。它的物理意义是，协方差矩阵 $\boldsymbol{\Sigma}$ 由这些特征向量进行线性组合得到。

10.1.3 数据降维和恢复

得到特征矩阵后，就可以对数据进行降维处理了。假设降维前的值为 $\boldsymbol{x}^{(i)}$，降维后为 $\boldsymbol{z}^{(i)}$，那么：

$$\boldsymbol{z}^{(i)}=\boldsymbol{U}_{\text{reduce}}^{\mathrm{T}}\boldsymbol{x}^{(i)} \tag{10-5}$$

其中，$\boldsymbol{U}_{\text{reduce}}=[\boldsymbol{u}^{(1)}, \boldsymbol{u}^{(2)},\cdots, \boldsymbol{u}^{(k)}]$，它选取自矩阵 $\boldsymbol{U}$ 的前 k 个向量，$\boldsymbol{U}_{\text{reduce}}$ 称为**主成分特征矩阵**，它是数据降维和恢复的关键中间变量。看一下数据维度，$\boldsymbol{U}_{\text{reduce}}$ 是 $n \times k$ 的矩阵，因此 $\boldsymbol{U}_{\text{reduce}}^{\mathrm{T}}$ 是 $k \times n$ 的矩阵，$\boldsymbol{x}^{(i)}$是 $n \times 1$ 的向量，因此 $\boldsymbol{z}^{(i)}$ 是 $k \times 1$ 的向量。这样即完成了数据的降维操作。

也可以用矩阵运算一次性转换多个向量，提高效率。假设 $\boldsymbol{X}$ 是行向量 $\boldsymbol{x}^{(i)}$组成的矩阵，则：

$$\boldsymbol{Z}=\boldsymbol{X}\boldsymbol{U}_{\text{reduce}} \tag{10-6}$$

其中，$\boldsymbol{X}$ 是 $m \times n$ 的矩阵，因此降维后的矩阵 $\boldsymbol{Z}$ 也是一个 $m \times k$ 的矩阵。

从物理角度来看，$\boldsymbol{z}^{(i)}$ 就是 $\boldsymbol{x}^{(i)}$在 $\boldsymbol{U}_{\text{reduce}}$ 构成的线性空间投射，并且其投射误差最小。要从数学上证明这个结论，将是一个非常复杂的过程。对其原理感兴趣的读者可以参阅本章的扩展阅读内容。

数据降维后怎样恢复呢？通过前面的计算公式知道，降维的数据计算公式为

$z^{(i)}=U_{\text{reduce}}^{\mathrm{T}}x^{(i)}$。如果要还原数据，可以使用下面的公式：

$$x_{\text{approx}}^{(i)}=U_{\text{reduce}}z^{(i)} \tag{10-7}$$

其中，U_{reduce} 是 $n\times k$ 维矩阵，$z^{(i)}$ 是 k 维列向量。这样算出来的 $x^{(i)}$就是 n 维列向量。

矩阵化数据恢复运算公式如下：

$$X_{\text{approx}}=ZU_{\text{reduce}}^{\mathrm{T}} \tag{10-8}$$

其中，X_{approx} 是还原的数据，它是一个 $m\times n$ 的矩阵，每行表示一个训练样例。Z 是一个 $m\times k$ 的矩阵，是降维后的数据。

10.2 PCA 算法示例

假设数据集总共有 5 个记录，每个记录有 2 个特征，这样构成的矩阵 A 为：

$$A=\begin{bmatrix}3 & 2000\\2 & 3000\\4 & 5000\\5 & 8000\\1 & 2000\end{bmatrix}$$

我们的目标是把二维数据降为一维数据。为了更好地理解 PCA 的计算过程，分别使用 NumPy 和 Sklearn 对同一个数据进行 PCA 降维处理。

10.2.1 使用 NumPy 模拟 PCA 的计算过程

下面使用 NumPy 来模拟 PCA 降维的过程。首先需要对数据进行预处理：

```
A = np.array([[3, 2000],
              [2, 3000],
              [4, 5000],
              [5, 8000],
              [1, 2000]], dtype='float')
# 数据归一化
mean = np.mean(A, axis=0)
norm = A - mean
# 数据缩放
scope = np.max(norm, axis=0) - np.min(norm, axis=0)
norm = norm / scope
norm
```

由于两个特征的均值不在同一个数量级上，我们同时对数据进行了缩放。笔者的计算机上的输出结果如下：

```
array([[ 0.        , -0.33333333],
       [-0.25      , -0.16666667],
       [ 0.25      ,  0.16666667],
       [ 0.5       ,  0.66666667],
       [-0.5       , -0.33333333]])
```

接着对协方差矩阵进行奇异值分解，求解其特征向量：

```
U, S, V = np.linalg.svd(np.dot(norm.T, norm))
U
```

笔者的计算机上的输出结果如下：

```
array([[-0.67710949, -0.73588229],
       [-0.73588229,  0.67710949]])
```

由于需要把二维数据降为一维，因此只取特征矩阵的第一列来构造出 $\boldsymbol{U}_{\text{reduce}}$。

```
U_reduce = U[:, 0].reshape(2,1)
U_reduce
```

输出如下：

```
array([[-0.67710949],
       [-0.73588229]])
```

有了主成份特征矩阵，就可以对数据进行降维了。

```
R = np.dot(norm, U_reduce)
R
```

输出如下：

```
array([[ 0.2452941 ],
       [ 0.29192442],
       [-0.29192442],
       [-0.82914294],
       [ 0.58384884]])
```

这样就把二维数据降维为一维数据了。如果需要还原数据，根据PCA数据恢复的计算公式可得：

```
Z = np.dot(R, U_reduce.T)
Z
```

输出如下：

```
array([[-0.16609096, -0.18050758],
       [-0.19766479, -0.21482201],
       [ 0.19766479,  0.21482201],
       [ 0.56142055,  0.6101516 ],
       [-0.39532959, -0.42964402]])
```

由于我们在数据预处理阶段对数据进行了归一化，并且做了缩放处理，所以需要进一步还原才能得到原始数据，这一步是数据预处理的逆运算。

```
np.multiply(Z, scope) + mean
```

其中，numpy.multiply 是矩阵的点乘运算，即对应的元素相乘。对矩阵基础不熟悉的读者，可以搜索矩阵点乘和叉乘的区别。上述代码的输出如下：

```
array([[ 2.33563616e+00,   2.91695452e+03],
       [ 2.20934082e+00,   2.71106794e+03],
       [ 3.79065918e+00,   5.28893206e+03],
       [ 5.24568220e+00,   7.66090960e+03],
       [ 1.41868164e+00,   1.42213588e+03]])
```

与原始矩阵 ***A*** 相比，恢复后的数据还是存在一定程度的失真，这种失真是不可避免的。个别读者可能会对 2.91695452e+03 数值感到奇怪，实际上它是一种科学计数法，e+03 表示的是 10 的 3 次方，其表示的数值是 2916.95452。

10.2.2　使用 Sklearn 进行 PCA 的降维运算

在 Sklearn 工具包中，类 sklearn.decomposition.PCA 实现了 PCA 算法，使用方便，不需要了解具体的 PCA 运算步骤。但需要注意的是，数据的预处理需要自己完成，其 PCA 算法实现本身不进行数据预处理（归一化和缩放）。此处，我们选择 MinMaxScaler 类进行数据预处理。

```
from sklearn.decomposition import PCA
from sklearn.pipeline import Pipeline
from sklearn.preprocessing import MinMaxScaler

def std_PCA(**argv):
    scaler = MinMaxScaler()
    pca = PCA(**argv)
    pipeline = Pipeline([('scaler', scaler),
                         ('pca', pca)])
    return pipeline

pca = std_PCA(n_components=1)
R2 = pca.fit_transform(A)
R2
```

阅读过前面章节的读者，对 Pipeline 应该不会陌生，它的作用是把数据预处理和 PCA 算法组成一个串行流水线。这段代码在笔者的计算机上输出的结果如下：

```
array([[-0.2452941 ],
       [-0.29192442],
```

```
           [ 0.29192442],
           [ 0.82914294],
           [-0.58384884]])
```

这个输出值就是矩阵 ***A*** 经过预处理及 PCA 降维后的数值。细心的读者会发现，此处的输出和 10.2.1 节使用 NumPy 降维后的输出刚好符号相反。这其实不是错误，只是降维后选择的坐标方向不同而已。

接着我们在 Sklearn 中把数据恢复回来：

```
pca.inverse_transform(R2)
```

这里的 pca 是一个 Pipeline 实例，其逆运算 inverse_transform()是逐级进行的，即先进行 PCA 还原，再执行预处理的逆运算。具体来说就是先调用 PCA.inverse_transform()，然后再调用 MinMaxScaler.inverse_transform()。输出如下：

```
array([[ 2.33563616e+00,  2.91695452e+03],
       [ 2.20934082e+00,  2.71106794e+03],
       [ 3.79065918e+00,  5.28893206e+03],
       [ 5.24568220e+00,  7.66090960e+03],
       [ 1.41868164e+00,  1.42213588e+03]])
```

读者可以对比一下，这里的输出和 10.2.1 节使用 NumPy 计算 PCA 时还原的数据是一致的。

10.2.3　PCA 的物理含义

我们可以把前面例子里的数据在一个坐标轴上全部画出来，以便仔细观察 PCA 降维过程的物理含义，如图 10-2 所示。

在图 10-2 中，正方形的点是原始数据经过预处理后（归一化、缩放）的数据，圆形的点是从一维恢复到二维后的数据。同时，我们画出主成分特征向量 $\boldsymbol{u}^{(1)}, \boldsymbol{u}^{(2)}$，根据图 10-2 的直观印象，介绍几个有意思的结论。第一，圆形点实际上就是方形点在向量 $\boldsymbol{u}^{(1)}$ 所在的直线上的**投射点**，所谓的降维，实际上就是方形的点在主成分特征向量 $\boldsymbol{u}^{(1)}$ 上的**投影**。所谓的 PCA 数据恢复，并不是真正的恢复，只是**把降维后的坐标转换为原坐标系中的坐标**而已。针对我们的例子，只是把由向量 $\boldsymbol{u}^{(1)}$ 决定的一维坐标系中的坐标转换为原始的二维坐标系中的坐标。第二，主成分特征向量 $\boldsymbol{u}^{(1)}$，$\boldsymbol{u}^{(2)}$ 是**相互垂直**的。第三，方形点和圆形点之间的距离就是 PCA 数据降维后的**误差**。

建议读者仔细阅读 10.02.ipynb 的代码并画出图 10-2 所示的图，从而理解 PCA 降维背后的物理含义。

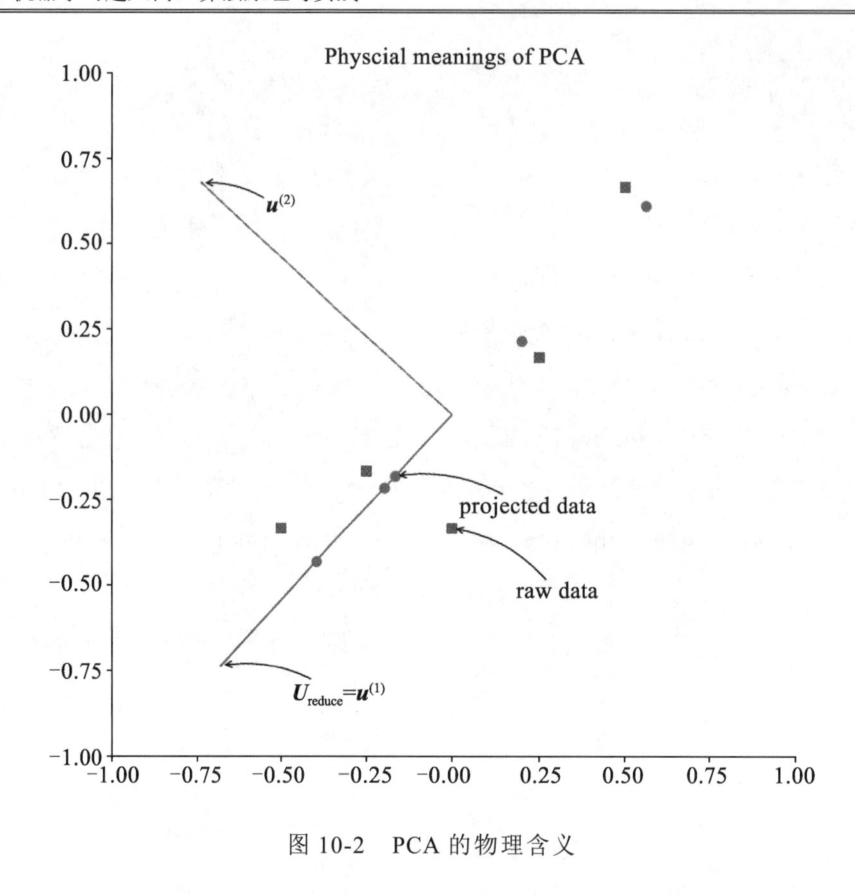

图 10-2　PCA 的物理含义

10.3　PCA 的数据还原率与应用

PCA 算法可以用来对数据进行压缩，可以在可控的失真范围内提高运算速度。

10.3.1　数据还原率

使用 PCA 对数据进行压缩时，涉及失真的度量问题，即压缩后的数据能在多大程度上还原出原数据，我们称这一指标为**数据还原率**，用百分比表示。假设我们要求失真度不超过 1%，即数据还原率达到 99%，怎样来实现这个要求呢？k 是主成分分析法中主成分的个数。可以用下面的公式作为约束条件，从而选择合适的误差范围内最合适的 k 值。

$$\frac{\frac{1}{m}\sum_{i-1}^{m}\|\boldsymbol{x}^{(i)}-\boldsymbol{x}_{\text{approx}}^{(i)}\|^2}{\frac{1}{m}\sum_{i=1}^{m}\|\boldsymbol{x}^{(i)}\|}\leqslant 0.01 \tag{10-9}$$

其中，分子部分表示平均投射误差的平方，分母部分表示所有训练样例到原点距离的平均值。这里的物理意义用术语可以描述为**99%的数据真实性被保留下来了**。简单理解就是压缩后的数据还原出原数据的准确度为 99%。另外，常用的比率还有 0.05，这个时候数据还原率就是 95%。在实际应用中，可以根据要解决问题的场景来决定这个比率。

假设还原率要求是 99%，那么用下面的算法来选择参数 k：

（1）让 $k = 1$。

（2）运行 PCA 算法，计算出 $\boldsymbol{U}_{\text{reduce}}, z^{(1)}, z^{(2)}, \ldots, z^{(m)}, \boldsymbol{x}_{\text{approx}}^{(1)}, \boldsymbol{x}_{\text{approx}}^{(2)}, \ldots, \boldsymbol{x}_{\text{approx}}^{(m)}$。

（3）利用 $\dfrac{\frac{1}{m}\sum\limits_{i-1}^{m}\| \boldsymbol{x}^{(i)} - \boldsymbol{x}_{\text{approx}}^{(i)} \|^2}{\frac{1}{m}\sum\limits_{i=1}^{m}\| \boldsymbol{x}^{(i)} \|}$ 计算投射误差率，并判断是否满足要求。如果不满足要求，$k = k + 1$，继续步骤（2）；如果满足要求，k 即是我们选择的参数。

这个算法较容易理解，但实际上效率非常低，因为每做一次循环都需要运行一遍 PCA 算法。另一个更高效的方法是，利用协方差矩阵进行奇异值分解返回的 $\boldsymbol{S}$ 矩阵：$[\boldsymbol{U}, \boldsymbol{S}, \boldsymbol{V}] = \text{svd}(\boldsymbol{\Sigma})$。其中，$\boldsymbol{S}$ 是一个 $n \times n$ 的对角矩阵，即只有对角线上的值非 0 时其他元素均为 0。

从数学上可以证明，投射误差率也可以使用下面的公式计算：

$$1 - \frac{\sum\limits_{i=1}^{k} S_{ii}}{\sum\limits_{i=1}^{n} S_{ii}} \tag{10-10}$$

这样运算效率就大大提高了，我们只需要进行一次 svd 运算即可。

10.3.2　加快监督机器学习算法的运算速度

PCA 的一个典型应用是**加快监督学习的速度**。

例如，有 m 个训练数据 $(x^{(1)}, y^{(1)}), (x^{(2)}, y^{(2)}), \cdots, (x^{(m)}, y^{(m)})$，其中，$x^{(1)}$是 10 000 维的数据，想像一下，如果这是个图片分类问题，输入的图片是 100×100 分辨率，那么就有 10 000 维的输入数据。

使用 PCA 来加快算法运算速度时，我们把输入数据分解出来 $x^{(1)}, x^{(2)}, \cdots, x^{(m)}$，然后运用 PCA 算法对输入数据进行降维压缩，得到降维后的数据 $z^{(1)}$, $z^{(2)}, \cdots, z^{(m)}$，最后得到新的训练样例$(z^{(1)}, y^{(1)}), (z^{(2)}, y^{(2)}), (z^{(m)}, y^{(m)})$。利用新的训练样例训练出关于压缩后的变量 z 的预测函数 $h_\theta(z)$。

思考：针对图片分类问题，使用 PCA 算法进行数据降维，与直接把图片进行缩放处理相比有什么异同点？

需要注意，PCA 算法只用来处理训练样例，运行 PCA 算法得到的转换参数 U_{reduce} 可以用来对交叉验证数据集 $x_{cv}^{(i)}$ 及测试数据集 $x_{test}^{(i)}$ 进行转换。当然，还需要相应地对数据进行归一化处理或缩放。

10.4 实例：人脸识别

本节使用英国剑桥 AT&T 实验室的研究人员自拍的一组照片（AT&TLaboratories Cambridge），来开发一个特定的人脸识别系统。人脸识别，本质上是一个分类问题，我们需要把人脸图片当成训练数据集，对模型进行训练。训练好的模型就可以对新的人脸照片进行类别预测。这就是人脸识别系统的原理。

10.4.1 加载数据集

读者可以到数据集的主页 http://www.cl.cam.ac.uk/research/dtg/attarchive/facesataglance.html，查看数据集里所有 400 张照片的缩略图。数据集总共包含 40 位人员的照片，每个人 10 张照片。读者可以在代码里下载数据集，也可以直接使用笔者下载好的数据集。笔者下载好的数据集在随书代码目录 datasets/olivetti.pkz 下。

下载完照片，就可以使用下面的代码来加载这些照片了：

```
import time
import logging
from sklearn.datasets import fetch_olivetti_faces

logging.basicConfig(level=logging.INFO, format='%(asctime)s %(message)s')

data_home='datasets/'
logging.info('Start to load dataset')
faces = fetch_olivetti_faces(data_home=data_home)
logging.info('Done with load dataset')
```

加载的图片数据集保存在 faces 变量里，scikit-learn 已经对每张照片进行了初步的处理，即剪裁成 64×64 大小且人脸居中显示。这一步至关重要，否则模型将会被大量的噪声数据（即图片背景）所干扰。因为人脸识别的关键是五官纹理和特征，每张照片的背景都不同，人的发型也可能经常变化，这些特征都应该尽量排队在输入特征之外。最后，要成功加载数据集，还需要安装 Python 的图片处理工具包 Pillow，否则无法对图片进行解码，读者可参阅 2.1 节的内容。

成功加载数据后，其 data 中保存的就是按照 scikit-learn 要求的训练数据集，target 中保存的就是类别目标索引。通过下面的代码，将数据集的概要信息显示出来：

```
X = faces.data
y = faces.target
targets = np.unique(faces.target)
target_names = np.array(["c%d" % t for t in targets])
n_targets = target_names.shape[0]
n_samples, h, w = faces.images.shape
print('Sample count: {}\nTarget count: {}'.format(n_samples,
n_targets))
print('Image size: {}x{}\nDataset shape: {}\n'.format(w, h, X.shape))
```

笔者的计算机输出的结果如下：

```
Sample count: 400
Target count: 40
Image size: 64x64
Dataset shape: (400, 4096)
```

由输出结果可知，总共有 40 位人物的照片，图片总数是 400 张，输入特征有 4 096 个。为了后续区分不同的人物，我们用索引号给目标人物命名，并保存在变量 target_names 中。为了更直观地观察数据，从每个人物的照片里随机选择一张显示出来。先定义一个函数来显示照片阵列：

```
def plot_gallery(images, titles, h, w, n_row=2, n_col=5):
    """显示图片阵列"""
    plt.figure(figsize=(2 * n_col, 2.2 * n_row), dpi=144)
    plt.subplots_adjust(bottom=0, left=.01, right=.99, top=.90,
hspace=.01)
    for i in range(n_row * n_col):
        plt.subplot(n_row, n_col, i + 1)
        plt.imshow(images[i].reshape((h, w)), cmap=plt.cm.gray)
        plt.title(titles[i])
        plt.axis('off')
```

输入参数 images 是一个二维数据，每一行都是一个图片数据。在加载数据时，fetch_olivetti_faces()函数已经进行了预处理，图片的每个像素的 RGB 值都转换成了[0, 1]的浮点数。因此，我们画出来的照片是黑白的而不是彩色的。在图片识别领域，一般情况下用黑白照片就可以了，可以减少计算量，也会让模型更准确。

接着分成两行显示出这些人物的照片：

```
n_row = 2
n_col = 6
```

```
sample_images = None
sample_titles = []
for i in range(n_targets):
    people_images = X[y==i]
    people_sample_index = np.random.randint(0, people_images.shape[0], 1)
    people_sample_image = people_images[people_sample_index, :]
    if sample_images is not None:
        sample_images = np.concatenate((sample_images, people_sample_
        image), axis=0)
    else:
        sample_images = people_sample_image
    sample_titles.append(target_names[i])

plot_gallery(sample_images, sample_titles, h, w, n_row, n_col)
```

代码中，X[y==i]可以选择出属于特定人物的所有照片，随机选择出来的照片都放在 sample_images 数组对象中，最后使用前面定义的函数 plot_gallery()把照片画出来，如图 10-3 所示。

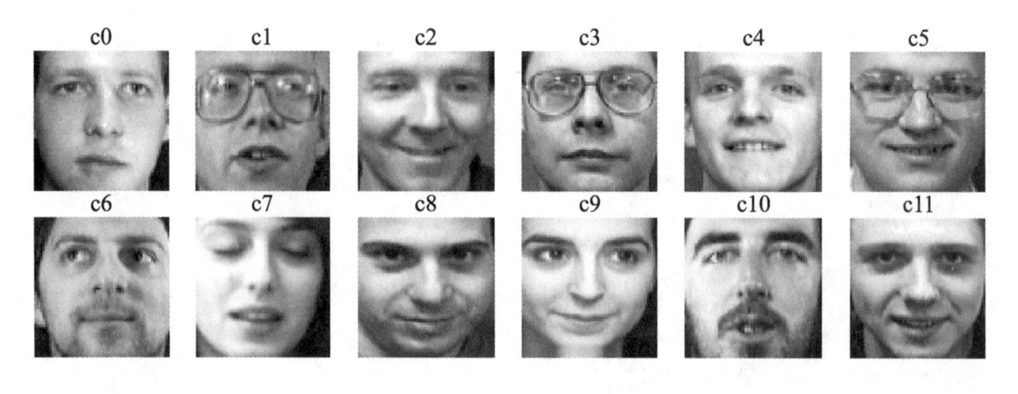

图 10-3　人物照片

从图 10-3 中可以看到，fetch_olivetti_faces()函数帮我们剪裁了中间部分，只留下脸部特征。

最后，把数据集划分成训练数据集和测试数据集：

```
from sklearn.model_selection import train_test_split

X_train, X_test, y_train, y_test = train_test_split(
    X, y, test_size=0.2, random_state=4)
```

10.4.2　一次失败的尝试

我们使用支持向量机来实现人脸识别：

```
from sklearn.svm import SVC

start = time.time()
print('Fitting train datasets ...')
clf = SVC(class_weight='balanced')
clf.fit(X_train, y_train)
print('Done in {0:.2f}s'.format(time.time()-start))
```

首先，指定 SVC 的 class_weight 参数，让 SVC 模型能根据训练样本的数量来均衡地调整权重，这对不均匀的数据集，即目标人物的照片数量相差较大的情况是非常有帮助的。由于总共只有 400 张照片，数据规模较小，因此模型运行时间不长，在笔者的计算机上只用了 1s 多。

其次，针对测试数据集进行预测：

```
start = time.time()
print("Predicting test dataset ...")
y_pred = clf.predict(X_test)
print('Done in {0:.2f}s'.format(time.time()-start))
```

最后，分别使用 confusion_matrix 和 classification_report 查看模型分类的准确性。

```
from sklearn.metrics import confusion_matrix

cm = confusion_matrix(y_test, y_pred, labels=range(n_targets))
print("confusion matrix:\n")
np.set_printoptions(threshold=2000)
print(cm)
```

np.set_printoptions()是为了确保完整地输出 cm 数组的内容，这是因为这个数组是 40×40 的，默认情况下不会全部输出。笔者的计算机输出如下：

```
confusion matrix:

[[0 0 0 0 0 0 0 0 0 0 0 1 0 0 0 0 0 0 0 0 0 0 0 0 0 0 0 0 0 0 0 0 0
0 0 0 0 0 0 0]
 [0 0 0 0 0 0 0 0 0 0 0 1 0 0 0 0 0 0 0 0 0 0 0 0 0 0 0 0 1 0 0 0 0
0 1 0 0 0 0 0]
 [0 0 0 0 0 0 0 0 0 0 0 1 0 0 0 0 0 0 0 0 0 0 0 0 0 0 0 0 1 0 0 0 0
0 0 0 0 0 0 0]
 [0 0 0 0 0 0 0 0 0 0 0 1 0 0 0 0 0 0 0 0 0 0 0 0 0 0 0 0 0 0 0 0 0
0 0 0 0 0 0 0]
 [0 0 0 0 0 0 0 0 0 0 0 0 0 0 0 0 0 0 0 0 0 0 0 0 0 0 0 0 0 0 0 0 0
0 1 0 0 0 0 0]
 [0 0 0 0 0 0 0 0 0 0 0 1 0 0 0 0 0 0 0 0 0 0 0 0 0 0 0 0 0 0 0 0 0
0 0 0 0 0 0 0]
 [0 0 0 0 0 0 0 0 0 0 0 4 0 0 0 0 0 0 0 0 0 0 0 0 0 0 0 0 0 0 0 0 0
0 0 0 0 0 0 0]
 [0 0 0 0 0 0 0 0 0 0 0 2 0 0 0 0 0 0 0 0 0 0 0 0 0 0 0 0 0 0 0 0 0
0 0 0 0 0 0 0]
```

```
 [0 0 0 0 0 0 0 0 0 0 0 4 0 0 0 0 0 0 0 0 0 0 0 0 0 0 0 0 0 0 0 0 0
0 0 0 0 0 0 0]
 [0 0 0 0 0 0 0 0 0 0 0 2 0 0 0 0 0 0 0 0 0 0 0 0 0 0 0 0 0 0 0 0 0
0 0 0 0 0 0 0]
 [0 0 0 0 0 0 0 0 0 0 0 1 0 0 0 0 0 0 0 0 0 0 0 0 0 0 0 0 0 0 0 0 0
0 0 0 0 0 0 0]
 [0 0 0 0 0 0 0 0 0 0 0 0 0 0 0 0 0 0 0 0 0 0 0 0 0 0 0 0 0 0 0 0 0
0 0 0 0 0 0 0]
 [0 0 0 0 0 0 0 0 0 0 0 3 0 0 0 0 0 0 0 0 0 0 0 0 0 0 0 0 0 0 0 0 0
0 1 0 0 0 0 0]
 [0 0 0 0 0 0 0 0 0 0 0 4 0 0 0 0 0 0 0 0 0 0 0 0 0 0 0 0 0 0 0 0 0
0 0 0 0 0 0 0]
 [0 0 0 0 0 0 0 0 0 0 0 0 0 0 0 0 0 0 0 0 0 0 0 0 0 0 0 0 0 0 0 0 0
0 1 0 0 0 0 0]
 [0 0 0 0 0 0 0 0 0 0 0 1 0 0 0 0 0 0 0 0 0 0 0 0 0 0 0 0 0 0 0 0 0
0 0 0 0 0 0 0]
 [0 0 0 0 0 0 0 0 0 0 0 1 0 0 0 0 0 0 0 0 0 0 0 0 0 0 0 0 0 0 0 0 0
0 2 0 0 0 0 0]
 [0 0 0 0 0 0 0 0 0 0 0 2 0 0 0 0 0 0 0 0 0 0 0 0 0 0 0 0 0 0 0 0 0
0 0 0 0 0 0 0]
 [0 0 0 0 0 0 0 0 0 0 0 2 0 0 0 0 0 0 0 0 0 0 0 0 0 0 0 0 0 0 0 0 0
0 0 0 0 0 0 0]
 [0 0 0 0 0 0 0 0 0 0 0 0 0 0 0 0 0 0 0 0 0 0 0 0 0 0 0 0 1 0 0 0 0
0 1 0 0 0 0 0]
 [0 0 0 0 0 0 0 0 0 0 0 1 0 0 0 0 0 0 0 0 0 0 0 0 0 0 0 0 0 0 0 0 0
0 0 0 0 0 0 0]
 [0 0 0 0 0 0 0 0 0 0 0 0 0 0 0 0 0 0 0 0 0 0 0 0 0 0 0 0 2 0 0 0 0
0 0 0 0 0 0 0]
 [0 0 0 0 0 0 0 0 0 0 0 3 0 0 0 0 0 0 0 0 0 0 0 0 0 0 0 0 0 0 0 0 0
0 0 0 0 0 0 0]
 [0 0 0 0 0 0 0 0 0 0 0 0 0 0 0 0 0 0 0 0 0 0 0 0 0 0 0 0 2 0 0 0 0
0 0 0 0 0 0 0]
 [0 0 0 0 0 0 0 0 0 0 0 1 0 0 0 0 0 0 0 0 0 0 0 0 0 0 0 0 0 0 0 0 0
0 2 0 0 0 0 0]
 [0 0 0 0 0 0 0 0 0 0 0 3 0 0 0 0 0 0 0 0 0 0 0 0 0 0 0 0 0 0 0 0 0
0 0 0 0 0 0 0]
 [0 0 0 0 0 0 0 0 0 0 0 2 0 0 0 0 0 0 0 0 0 0 0 0 0 0 0 0 0 0 0 0 0
0 0 0 0 0 0 0]
 [0 0 0 0 0 0 0 0 0 0 0 2 0 0 0 0 0 0 0 0 0 0 0 0 0 0 0 0 0 0 0 0 0
0 0 0 0 0 0 0]
 [0 0 0 0 0 0 0 0 0 0 0 0 0 0 0 0 0 0 0 0 0 0 0 0 0 0 0 0 0 0 0 0 0
0 0 0 0 0 0 0]
 [0 0 0 0 0 0 0 0 0 0 0 0 0 0 0 0 0 0 0 0 0 0 0 0 0 0 0 0 0 0 0 0 0
0 2 0 0 0 0 0]
 [0 0 0 0 0 0 0 0 0 0 0 0 0 0 0 0 0 0 0 0 0 0 0 0 0 0 0 0 0 0 0 0 0
0 2 0 0 0 0 0]
 [0 0 0 0 0 0 0 0 0 0 0 3 0 0 0 0 0 0 0 0 0 0 0 0 0 0 0 0 0 0 0 0 0
0 0 0 0 0 0 0]
 [0 0 0 0 0 0 0 0 0 0 0 0 0 0 0 0 0 0 0 0 0 0 0 0 0 0 0 0 2 0 0 0 0
0 0 0 0 0 0 0]
```

```
 [0 0 0 0 0 0 0 0 0 0 0 0 0 0 0 0 0 0 0 0 0 0 0 0 0 0 0 0 2 0 0 0 0
0 0 0 0 0 0 0]
 [0 0 0 0 0 0 0 0 0 0 0 0 0 0 0 0 0 0 0 0 0 0 0 0 0 0 0 0 0 0 0 0 0
0 0 0 0 0 0 0]
 [0 0 0 0 0 0 0 0 0 0 0 1 0 0 0 0 0 0 0 0 0 0 0 0 0 0 0 0 0 0 0 0 0
0 1 0 0 0 0 0]
 [0 0 0 0 0 0 0 0 0 0 0 1 0 0 0 0 0 0 0 0 0 0 0 0 0 0 0 0 2 0 0 0 0
0 0 0 0 0 0 0]
 [0 0 0 0 0 0 0 0 0 0 0 1 0 0 0 0 0 0 0 0 0 0 0 0 0 0 0 0 0 0 0 0 0
0 0 0 0 0 0 0]
 [0 0 0 0 0 0 0 0 0 0 0 0 0 0 0 0 0 0 0 0 0 0 0 0 0 0 0 0 2 0 0 0 0
0 0 0 0 0 0 0]
 [0 0 0 0 0 0 0 0 0 0 0 2 0 0 0 0 0 0 0 0 0 0 0 0 0 0 0 0 0 0 0 0 0
0 0 0 0 0 0 0]]
```

confusion matrix 理想的输出是矩阵的对角线上有数字，其他地方都没有数字，但结果显示不是这样的。可以明显看出，很多图片都被预测成索引为 12 的类别，结果看起来完全不对，这是怎么回事呢？我们再看一下 classification_report 的结果：

```
from sklearn.metrics import classification_report

print(classification_report(y_test, y_pred))
```

输出结果如下：

```
              precision    recall  f1-score   support

          c0       0.00      0.00      0.00         1
          c1       0.00      0.00      0.00         3
          c2       0.00      0.00      0.00         2
          c3       0.00      0.00      0.00         1
          c4       0.00      0.00      0.00         1
          c5       0.00      0.00      0.00         1
          c6       0.00      0.00      0.00         4
          c7       0.00      0.00      0.00         2
          c8       0.00      0.00      0.00         4
          c9       0.00      0.00      0.00         2
         c10       0.00      0.00      0.00         1
         c11       0.00      0.00      0.00         0
         c12       0.00      0.00      0.00         4
         c13       0.00      0.00      0.00         4
         c14       0.00      0.00      0.00         1
         c15       0.00      0.00      0.00         1
         c16       0.00      0.00      0.00         3
         c17       0.00      0.00      0.00         2
         c18       0.00      0.00      0.00         2
         c19       0.00      0.00      0.00         2
         c20       0.00      0.00      0.00         1
         c21       0.00      0.00      0.00         2
         c22       0.00      0.00      0.00         3
```

```
         c23       0.00      0.00      0.00         2
         c24       0.00      0.00      0.00         3
         c25       0.00      0.00      0.00         3
         c26       0.00      0.00      0.00         2
         c27       0.00      0.00      0.00         2
         c28       0.00      0.00      0.00         0
         c29       0.00      0.00      0.00         2
         c30       0.00      0.00      0.00         2
         c31       0.00      0.00      0.00         3
         c32       0.00      0.00      0.00         2
         c33       0.00      0.00      0.00         2
         c34       0.00      0.00      0.00         0
         c35       0.00      0.00      0.00         2
         c36       0.00      0.00      0.00         3
         c37       0.00      0.00      0.00         1
         c38       0.00      0.00      0.00         2
         c39       0.00      0.00      0.00         2

avg / total       0.00      0.00      0.00        80
```

在 40 个类别里，查准率、召回率、F1 Score 全为 0，不能有更差的预测结果了。为什么会这样？哪里出了差错？

答案是，我们把每个像素都作为一个输入特征来处理，这样的数据噪声太严重了，模型根本没有办法对训练数据集进行拟合。想想看，我们总共有 4 096 个特征，可是数据集大小才 400 个，比特征个数还少，而且还需要把数据集分出 20%作为测试数据集，导致训练数据集就更小了。在这样的状况下，模型根本无法进行准确的训练和预测。

10.4.3 使用 PCA 算法来处理数据集

解决上一节的问题的一个办法是使用 PCA 给数据降维，只选择前 k 个最重要的特征。问题来了，选择多少个特征合适呢？即怎么确定 k 的值？在 10.3 节讲过，PCA 算法可以通过下面的公式来计算失真幅度：

$$\frac{\frac{1}{m}\sum_{i-1}^{m}\|\boldsymbol{x}^{(i)}-\boldsymbol{x}_{\text{approx}}^{(i)}\|^2}{\frac{1}{m}\sum_{i=1}^{m}\|\boldsymbol{x}^{(i)}\|} \tag{10-11}$$

在 scikit-learn 中，可以从 PCA 模型的 explained_variance_ratio_变量中获取经 PCA 处理后的数据还原率。这是一个数组，所有元素求和即可知道我们选择的 k 值的数据还原率，数值越大说明失真越小，随着 k 值的增大，数值会无限接近于 1。

利用这个特性，可以让 k 取值为 10～300，每隔 30 进行一次取样。在所有的 k

值样本下，计算经过 PCA 算法处理后的数据还原率。然后根据数据还原率要求来确定合理的 k 值。针对我们的情况，选择失真度小于 5%，即 PCA 处理后能保留 95% 的原数据信息。代码如下：

```
from sklearn.decomposition import PCA

print("Exploring explained variance ratio for dataset ...")
candidate_components = range(10, 300, 30)
explained_ratios = []
start = time.time()
for c in candidate_components:
    pca = PCA(n_components=c)
    X_pca = pca.fit_transform(X)
    explained_ratios.append(np.sum(pca.explained_variance_ratio_))
print('Done in {0:.2f}s'.format(time.time()-start))
```

根据不同的 k 值来构建 PCA 模型，然后调用 fit_transform()函数处理数据集，再把模型处理后的数据还原率放入 explained_ratios 数组，最后把这个数组画出来。

```
plt.figure(figsize=(10, 6), dpi=144)
plt.grid()
plt.plot(candidate_components, explained_ratios)
plt.xlabel('Number of PCA Components')
plt.ylabel('Explained Variance Ratio')
plt.title('Explained variance ratio for PCA')
plt.yticks(np.arange(0.5, 1.05, .05))
plt.xticks(np.arange(0, 300, 20));
```

笔者的计算机输出的图形如图 10-4 所示。

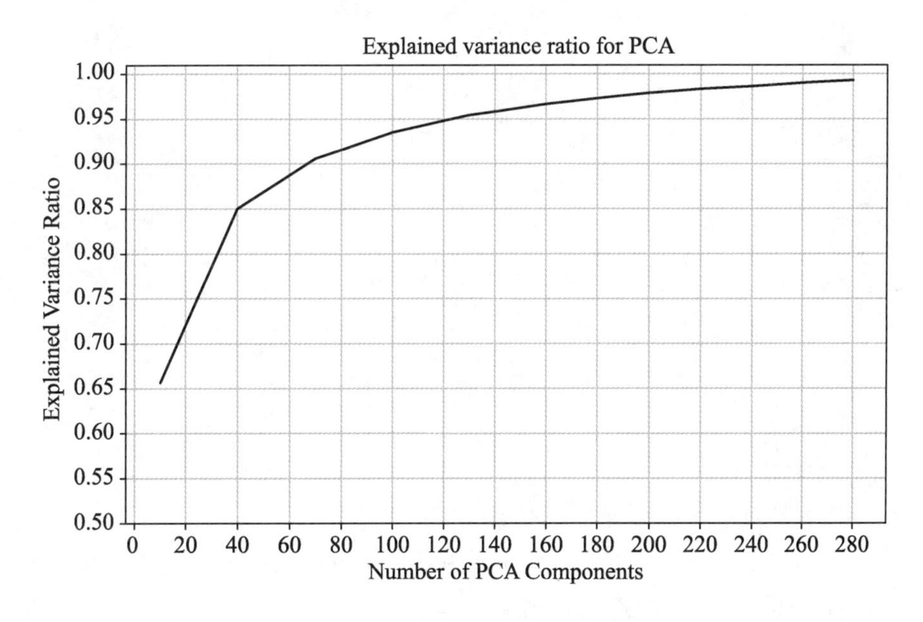

图 10-4　数据还原率与 k 的关系

在图 10-4 中，横坐标表示 k 值，纵坐标表示数据还原率。从图 10-4 中可以看出，要保留 95%以上的数据还原率，k 值选择 140 即可。根据图 10-4 也可以非常容易地找出不同的数据还原率所对应的 k 值。为了更直观地观察和对比在不同数据还原率下的数据，我们选择在数据还原率分别为 95%、90%、80%、70%、60%的情况下，画出经过 PCA 处理的图片。从图 10-4 中不难看出，这些数据还原率对应的 k 值分别是 140、75、37、19、8。

为了方便，这里直接选择在图 10-3 里画出的人物的前 5 位作为我们的样本图片。每行画出 5 个图片，先画出原图，接着再画出每行在不同数据还原率下对应的图片。

```
n_row = 1
n_col = 5

sample_images = sample_images[0:5]
sample_titles = sample_titles[0:5]

plotting_images = sample_images
plotting_titles = [title_prefix('orig', t) for t in sample_titles]
candidate_components = [140, 75, 37, 19, 8]
for c in candidate_components:
    print("Fitting and projecting on PCA(n_components={}) ..."
.format(c))
    start = time.time()
    pca = PCA(n_components=c)
    pca.fit(X)
    X_sample_pca = pca.transform(sample_images)
    X_sample_inv = pca.inverse_transform(X_sample_pca)
    plotting_images = np.concatenate((plotting_images, X_sample_inv),
    axis=0)
    sample_title_pca = [title_prefix('{}'.format(c), t) for t in
    sample_titles]
    plotting_titles = np.concatenate((plotting_titles, sample_title_
    pca), axis=0)
    print("Done in {0:.2f}s".format(time.time() - start))

print("Plotting sample image with different number of PCA
conpoments ...")
plot_gallery(plotting_images, plotting_titles, h, w,
    n_row * (len(candidate_components) + 1), n_col)
```

在代码里，我们把所有的图片收集进 plotting_images 数组，然后调用前面定义的 plot_gallery()函数一次性地将图片画出来。在笔者的计算机上画出来的图片如图 10-5 所示。

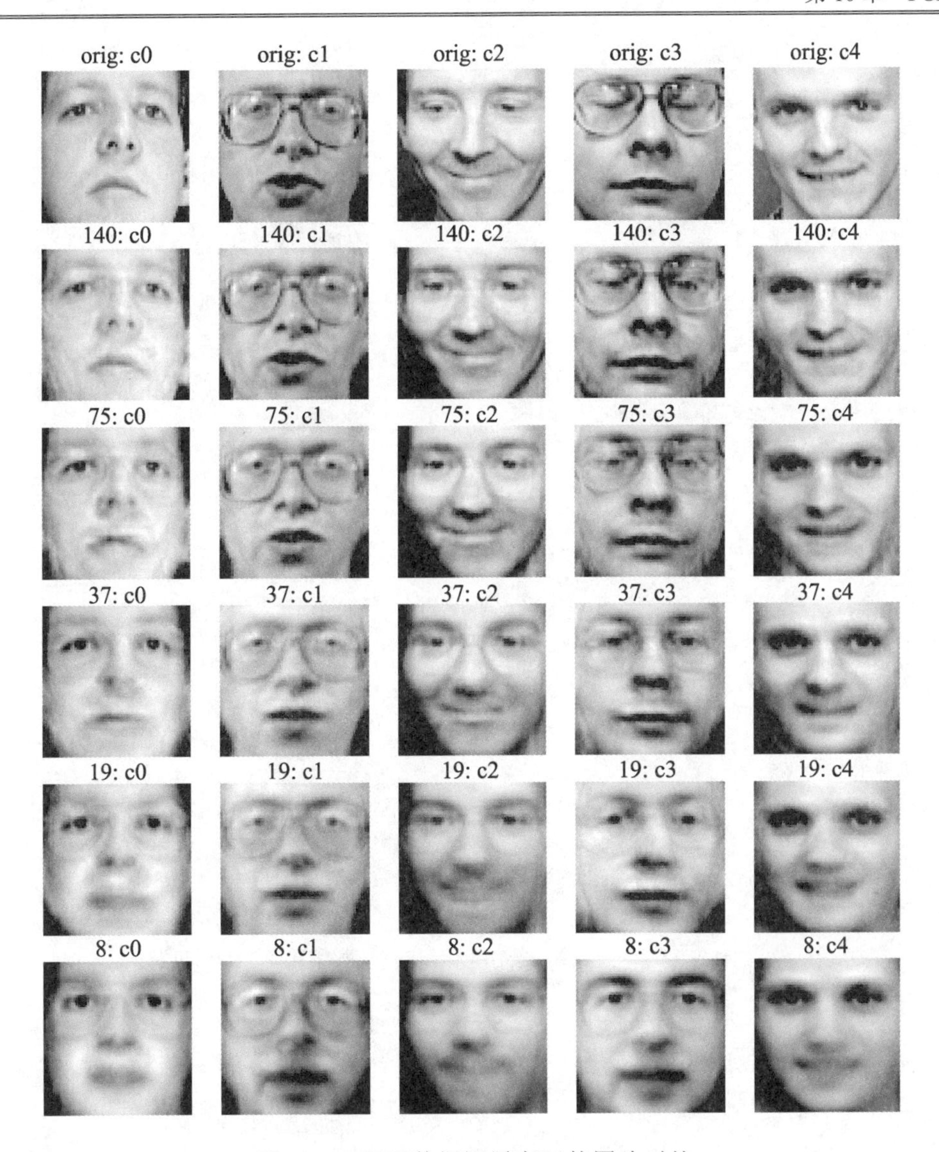

图 10-5　不同数据还原率下的图片对比

图 10-5 第 1 行显示的是原图，第 2 行显示的是数据还原度在 95%处，即 $k = 140$ 的图片；第 3 行显示的是数据还原度在 90%处，即 $k = 90$ 的图片；以此类推。读者可以直观地观察到，原图和 95%数据还原率的图片没有太大差异。另外，即使在 $k = 8$ 处，图片也能比较清楚地反映出人物的脸部特征轮廓。

10.4.4　最终的结果

接下来的问题就变得简单了。我们选择 $k = 140$ 作为 PCA 参数，对训练数据集和测试数据集进行特征提取。

```
n_components = 140
```

```
print("Fitting PCA by using training data ...")
start = time.time()
pca = PCA(n_components=n_components, svd_solver='randomized', whiten=
True).fit(X_train)
print("Done in {0:.2f}s".format(time.time() - start))

print("Projecting input data for PCA ...")
start = time.time()
X_train_pca = pca.transform(X_train)
X_test_pca = pca.transform(X_test)
print("Done in {0:.2f}s".format(time.time() - start))
```

接着使用 GridSearchCV 选择一个最佳的 SVC 模型参数，然后使用最佳参数对模型进行训练。

```
from sklearn.model_selection import GridSearchCV

print("Searching the best parameters for SVC ...")
param_grid = {'C': [1, 5, 10, 50, 100],
             'gamma': [0.0001, 0.0005, 0.001, 0.005, 0.01]}
clf = GridSearchCV(SVC(kernel='rbf', class_weight='balanced'), param_
grid, verbose=2, n_jobs=4)
clf = clf.fit(X_train_pca, y_train)
print("Best parameters found by grid search:")
print(clf.best_params_)
```

这一步的执行时间比较长，因为 GridSearchCV 使用矩阵式搜索法对每组参数组合进行一次训练，然后找出最好的参数模型。通过设置 n_jobs=4 来启动 4 个线程并发执行，同时设置 verbose=2 输出一些过程信息。最终选出的最佳模型参数如下：

```
Best parameters found by grid search:
{'C': 10, 'gamma': 0.001}
```

接着使用这个模型对测试样本进行预测，并且使用 confusion_matrix 输出预测准确性信息。

```
start = time.time()
print("Predict test dataset ...")
y_pred = clf.best_estimator_.predict(X_test_pca)
cm = confusion_matrix(y_test, y_pred, labels=range(n_targets))
print("Done in {0:.2f}.\n".format(time.time()-start))
print("confusion matrix:")
np.set_printoptions(threshold=2000)
print(cm)
```

笔者的计算机输出的结果如下：

```
Predict test dataset ...
Done in 0.11.
```

```
confusion matrix:
[[1 0 0 0 0 0 0 0 0 0 0 0 0 0 0 0 0 0 0 0 0 0 0 0 0 0 0 0 0 0 0 0 0
0 0 0 0 0 0 0]
 [1 2 0 0 0 0 0 0 0 0 0 0 0 0 0 0 0 0 0 0 0 0 0 0 0 0 0 0 0 0 0 0 0
0 0 0 0 0 0 0]
 [0 0 1 0 0 0 0 0 0 0 0 0 0 0 0 0 0 0 0 0 0 0 0 0 0 1 0 0 0 0 0 0 0
0 0 0 0 0 0 0]
 [0 0 0 1 0 0 0 0 0 0 0 0 0 0 0 0 0 0 0 0 0 0 0 0 0 0 0 0 0 0 0 0 0
0 0 0 0 0 0 0]
 [0 0 0 0 1 0 0 0 0 0 0 0 0 0 0 0 0 0 0 0 0 0 0 0 0 0 0 0 0 0 0 0 0
0 0 0 0 0 0 0]
 [0 0 0 0 0 1 0 0 0 0 0 0 0 0 0 0 0 0 0 0 0 0 0 0 0 0 0 0 0 0 0 0 0
0 0 0 0 0 0 0]
 [0 0 0 0 0 0 3 0 0 0 0 0 0 0 0 0 1 0 0 0 0 0 0 0 0 0 0 0 0 0 0 0 0
0 0 0 0 0 0 0]
 [0 0 0 0 0 0 0 2 0 0 0 0 0 0 0 0 0 0 0 0 0 0 0 0 0 0 0 0 0 0 0 0 0
0 0 0 0 0 0 0]
 [0 0 0 0 0 0 0 0 4 0 0 0 0 0 0 0 0 0 0 0 0 0 0 0 0 0 0 0 0 0 0 0 0
0 0 0 0 0 0 0]
 [0 0 0 0 0 0 0 0 0 2 0 0 0 0 0 0 0 0 0 0 0 0 0 0 0 0 0 0 0 0 0 0 0
0 0 0 0 0 0 0]
 [0 0 0 0 0 0 0 0 0 0 1 0 0 0 0 0 0 0 0 0 0 0 0 0 0 0 0 0 0 0 0 0 0
0 0 0 0 0 0 0]
 [0 0 0 0 0 0 0 0 0 0 0 0 0 0 0 0 0 0 0 0 0 0 0 0 0 0 0 0 0 0 0 0 0
0 0 0 0 0 0 0]
 [0 0 0 0 0 0 0 0 0 0 0 0 4 0 0 0 0 0 0 0 0 0 0 0 0 0 0 0 0 0 0 0 0
0 0 0 0 0 0 0]
 [0 0 0 0 0 0 0 0 0 0 0 0 0 4 0 0 0 0 0 0 0 0 0 0 0 0 0 0 0 0 0 0 0
0 0 0 0 0 0 0]
 [0 0 0 0 0 0 0 0 0 0 0 0 0 0 1 0 0 0 0 0 0 0 0 0 0 0 0 0 0 0 0 0 0
0 0 0 0 0 0 0]
 [0 0 0 0 0 0 0 0 0 0 0 0 0 0 0 1 0 0 0 0 0 0 0 0 0 0 0 0 0 0 0 0 0
0 0 0 0 0 0 0]
 [0 0 0 0 0 0 0 0 0 0 0 0 0 0 0 0 3 0 0 0 0 0 0 0 0 0 0 0 0 0 0 0 0
0 0 0 0 0 0 0]
 [0 0 0 0 0 0 0 0 0 0 0 0 0 0 0 0 0 2 0 0 0 0 0 0 0 0 0 0 0 0 0 0 0
0 0 0 0 0 0 0]
 [0 0 0 0 0 0 0 0 0 0 0 0 0 0 0 0 0 0 2 0 0 0 0 0 0 0 0 0 0 0 0 0 0
0 0 0 0 0 0 0]
 [0 0 0 0 0 0 0 0 0 0 0 0 0 0 0 0 0 0 0 2 0 0 0 0 0 0 0 0 0 0 0 0 0
0 0 0 0 0 0 0]
 [0 0 0 0 0 0 0 0 0 0 0 0 0 0 0 0 0 0 0 0 1 0 0 0 0 0 0 0 0 0 0 0 0
0 0 0 0 0 0 0]
 [0 0 0 0 0 0 0 0 0 0 0 0 0 0 0 0 0 0 0 0 0 2 0 0 0 0 0 0 0 0 0 0 0
0 0 0 0 0 0 0]
 [0 0 0 0 0 0 0 0 0 0 0 0 0 0 0 0 0 0 0 0 0 0 3 0 0 0 0 0 0 0 0 0 0
0 0 0 0 0 0 0]
```

```
 [0 0 0 0 0 0 0 0 0 0 0 0 0 0 0 0 0 0 0 0 0 0 0 2 0 0 0 0 0 0 0 0 0
 0 0 0 0 0 0 0]
 [0 0 0 0 0 0 0 0 0 0 0 0 0 0 0 0 0 0 0 0 0 0 0 0 3 0 0 0 0 0 0 0 0
 0 0 0 0 0 0 0]
 [0 0 0 0 0 0 0 0 0 0 0 0 0 0 0 0 0 0 0 0 0 0 1 0 0 2 0 0 0 0 0 0 0
 0 0 0 0 0 0 0]
 [0 0 0 0 0 0 0 0 0 0 0 0 0 0 0 0 0 0 0 0 0 0 0 0 0 0 2 0 0 0 0 0 0
 0 0 0 0 0 0 0]
 [0 0 0 0 0 0 0 0 0 0 0 0 0 0 0 0 0 0 0 0 0 0 0 0 0 0 0 2 0 0 0 0 0
 0 0 0 0 0 0 0]
 [0 0 0 0 0 0 0 0 0 0 0 0 0 0 0 0 0 0 0 0 0 0 0 0 0 0 0 0 0 0 0 0 0
 0 0 0 0 0 0 0]
 [0 0 0 0 0 0 0 0 0 0 0 0 0 0 0 0 0 0 0 0 0 0 0 0 0 0 0 0 0 2 0 0 0
 0 0 0 0 0 0 0]
 [0 0 0 0 0 0 0 0 0 0 0 0 0 0 0 0 0 0 0 0 0 0 0 0 0 0 0 0 0 0 2 0 0
 0 0 0 0 0 0 0]
 [0 0 0 0 0 0 0 0 0 0 0 0 0 0 0 0 0 0 0 0 0 0 0 0 0 0 0 0 0 0 0 3 0
 0 0 0 0 0 0 0]
 [0 0 0 0 0 0 0 0 0 0 0 0 0 0 0 0 0 0 0 0 0 0 0 0 0 0 0 0 0 0 0 0 2
 0 0 0 0 0 0 0]
 [0 0 0 0 0 0 0 0 0 0 0 0 0 0 0 0 0 0 0 0 0 0 0 0 0 0 0 0 0 0 0 0 0
 2 0 0 0 0 0 0]
 [0 0 0 0 0 0 0 0 0 0 0 0 0 0 0 0 0 0 0 0 0 0 0 0 0 0 0 0 0 0 0 0 0
 0 0 0 0 0 0 0]
 [0 0 0 0 0 0 0 0 0 0 0 0 0 0 0 0 0 0 0 0 0 0 0 0 0 0 0 0 0 0 0 0 0
 0 0 2 0 0 0 0]
 [0 0 0 0 0 0 0 0 0 0 0 0 0 0 0 0 0 0 0 0 0 0 0 0 0 0 0 0 0 0 0 0 0
 0 0 0 3 0 0 0]
 [0 0 0 0 0 0 0 0 0 0 0 0 0 0 0 0 0 0 0 0 0 0 0 0 0 0 0 0 0 0 0 0 0
 0 0 0 0 1 0 0]
 [0 0 0 0 0 0 0 0 0 0 0 0 0 0 0 0 0 0 0 0 0 0 0 0 0 0 0 0 0 0 0 0 0
 0 0 0 0 0 2 0]
 [0 0 0 0 0 0 0 0 0 0 0 0 0 0 0 0 0 0 0 0 0 0 0 0 0 0 0 0 0 0 0 0 0
 0 0 0 0 0 0 2]]
```

从输出的对角线上的数据可以看出，大部分预测结果都正确。我们再使用 classification_report 输出分类报告，查看查准率、召回率及 F1 Score。

```
print(classification_report(y_test, y_pred, labels=range(n_targets),
target_names=target_names, zero_division=0))
```

笔者的计算机输出的结果如下：

```
          precision    recall  f1-score   support

        c0       0.50      1.00      0.67         1
        c1       1.00      0.67      0.80         3
        c2       1.00      0.50      0.67         2
        c3       1.00      1.00      1.00         1
```

```
         c4       1.00      1.00      1.00         1
         c5       1.00      1.00      1.00         1
         c6       1.00      0.75      0.86         4
         c7       1.00      1.00      1.00         2
         c8       1.00      1.00      1.00         4
         c9       1.00      1.00      1.00         2
        c10       1.00      1.00      1.00         1
        c11       1.00      1.00      1.00         4
        c12       1.00      1.00      1.00         4
        c13       1.00      1.00      1.00         1
        c14       1.00      1.00      1.00         1
        c15       0.75      1.00      0.86         3
        c16       1.00      1.00      1.00         2
        c17       1.00      1.00      1.00         2
        c18       1.00      1.00      1.00         2
        c19       1.00      1.00      1.00         1
        c20       1.00      1.00      1.00         2
        c21       0.75      1.00      0.86         3
        c22       1.00      1.00      1.00         2
        c23       1.00      1.00      1.00         3
        c24       0.67      0.67      0.67         3
        c25       1.00      1.00      1.00         2
        c26       1.00      1.00      1.00         2
        c27       1.00      1.00      1.00         2
        c28       1.00      1.00      1.00         2
        c29       1.00      1.00      1.00         3
        c30       1.00      1.00      1.00         2
        c31       1.00      1.00      1.00         2
        c32       1.00      1.00      1.00         2
        c33       1.00      1.00      1.00         3
        c34       1.00      1.00      1.00         1
        c35       1.00      1.00      1.00         2
        c36       1.00      1.00      1.00         2

avg / total       0.96      0.95      0.95        80
```

在只有400张图片，每位目标人物只有10张图片的情况下，查准率和召回率平均达到了0.95以上，说明性能非常好。读者可以在ch10.03.ipynb文件里找到本节的示例代码。

10.5 拓展阅读

PCA算法的推导涉及大量线性代数的知识。张洋先生的博客《PCA的数学原理》，基本上是从最基础的内容讲起，一步步地推导出PCA算法，值得一读。

此外，在孟岩先生的几篇博客中也介绍了矩阵及其相关运算的物理含义，深入浅出，读后犹如醍醐灌顶，这些博文分别是《理解矩阵（一）》，《理解矩阵（二）》和《理解矩阵（三）》。

最后推荐的是网易公开课的一个视频课程：麻省理工公开课“线性代数是一个质量很高的线性代数课程”，感兴趣的读者可以查阅。

10.6 习　　题

1. 什么是 PCA 算法？它的作用是什么？
2. PCA 算法的计算过程是怎样的？
3. PCA 算法的物理含义是什么？
4. 是否可以用 PCA 算法来解决过拟合问题？为什么？
5. 怎样确定 PCA 算法时的 k 参数？
6. 矩阵叉乘的物理意义是什么？
7. 登录 kaggle.com，从 www.kaggle.com/c/digit-recognizer/data 上下载数字手写识别数据集，然后对这个数据集进行训练并把训练结果提交到 kaggle.com 上。

第 11 章　*k*-均值算法

k-均值算法是一种典型的无监督机器学习算法，用来解决聚类问题（Clustering）。这也是本书介绍的唯一一个无监督的学习算法。但这并不意味着无监督机器学习不重要。相反，由于数据标记需要耗费巨大的资源，无监督或者半监督的学习算法近年来逐渐受到学者青睐，原因是不需要对数据进行标记，可以大大减少工作量。本章涵盖的主要内容如下：

- *k*-均值算法的成本函数；
- *k*-均值算法的原理及计算步骤；
- 通过一个简单的实例，介绍 scikit-learn 里的 *k*-均值算法；
- 使用 *k*-均值算法进行文本分类；
- 聚类问题的性能评估方法。

11.1　算 法 原 理

读者需要注意聚类问题和分类问题的区别。针对监督式学习算法，如 *k*-近邻算法，其输入数据是已经标记了的$(x^{(1)}, y^{(1)}),(x^{(2)}, y^{(2)})\cdots, (x^{(m)}, y^{(m)})$，目标是找出分类边界，然后对新的数据进行分类。而无监督式学习算法，如 *k*-均值算法，只给出一组无标记的数据集 $x^{(1)},x^{(2)},\cdots, x^{(m)}$，目标是找出这组数据的模式特征，如哪些数据是同一种类型，哪些数据是另外一种类型。典型的无监督式学习包括市场细分，即通过分析用户数据，把一个产品的市场进行细分，从而找出细分人群。另外一个是社交网络分析，分析社交网络中参与人员的不同特点，根据特点区分出不同群体。这些都是无监督式学习里的聚类（Clustering）问题。

k-均值算法包含以下两个步骤。

（1）给聚类中心分配点。计算所有的训练样例，把每个训练样例分配到距离最近的聚类中心所在的类别里。

（2）移动聚类中心。将新的聚类中心移动到这个聚类所有的点的平均值处。

一直重复上面的步骤，直到聚类中心不再移动为止，这时就探索出了数据集的结构了。

我们也可以用数学方法来描述 k-均值算法。该算法有两个输入信息，一是 k，表示选取的聚类个数；另一个是训练数据集 $x^{(1)}, x^{(2)}, \cdots, x^{(m)}$。

（1）随机选择 k 个聚类中心 $u_1, u_2, \cdots, u_k$。

（2）从 1～m 中遍历所有的数据集，计算 $x^{(i)}$分别到 $u_1, u_2, \cdots, u_k$ 的距离，记录距离最短的聚类中心点 $u_j(1 \leqslant j \leqslant k)$，然后把 $x^{(i)}$分配给这个聚类，即令 $c^{(i)}=j$。计算距离时，一般使用$\|x^{(i)}- u_j\|$来计算。

（3）从 1～k 中遍历所有的聚类中心，移动聚类中心的新位置到这个聚类的均值处。即 $u_j = \frac{1}{c}\left(\sum_{d=1}^{c} x^{(d)}\right)$，其中，$c$ 表示分配给这个聚类的训练样例点的个数，$x^{(d)}$表示属于 u_j 这个类别的点。

（4）重复步骤（2），直到聚类中心不再移动为止。

11.1.1 k-均值算法的成本函数

根据成本函数的定义，成本即模型预测值与实际值的误差，据此不难得出 k-均值算法的成本函数：

$$J = \frac{1}{m}\sum_{i=1}^{m}\| x^{(i)} - u_{c^{(i)}} \|^2 \tag{11-1}$$

其中，$c^{(i)}$是训练样例，$x^{(i)}$是分配的聚类序号，$u_{c^{(i)}}$ 是 $x^{(i)}$所属聚类的中心点。k-均值算法的成本函数的物理意义是，**训练样例到其所属的聚类中心点的距离的平均值**。

11.1.2 随机初始化聚类中心点

假设 k 是聚类的个数，m 是训练样本的个数，那么必定有 $k<m$。在随机初始化时，随机从 m 个训练数据集里选择 k 个样本作为聚类中心点。这是正式推荐的随机初始化聚类中心的做法。

在实际解决问题时，最终的聚类结果和随机初始化的聚类中心点有关，即不同的随机初始化的聚类中心点可能得到不同的最终聚类结果，原因是成本函数可能会收敛在一个局部最优解，而不是全局最优解上。有一个解决方法就是多做几次随机初始化的操作，训练出不同的聚类中心点及聚类节点分配方案，然后用这些值算出成本函数，从中选择成本最小的那个函数。

假设我们进行 100 次运算，步骤如下：

（1）随机选择 k 个聚类中心点。

（2）运行 k-均值算法，算出 $c^{(1)}, c^{(2)},\cdots, c^{(m)}$和 $u_1, u_2,\cdots, u_k$。

（3）使用 $c^{(1)}, c^{(2)},\cdots, c^{(m)}$和 $u_1, u_2,\cdots, u_k$ 算出最终的成本值。

（4）记录最小的成本值，然后跳回步骤（1），直到达到最大运算次数。

这样就可以适当加大运算次数，从而求出全局最优解。

11.1.3　选择聚类的个数

怎样选择合适的聚类个数呢？实际上，聚类个数和业务有紧密的关联。例如，要对运动鞋的尺码大小进行聚类分析，那么是分成 5 个尺寸等级好还是分成 10 个尺寸等级好呢？这是一个业务问题而非技术问题。5 个尺寸等级可以给生产和销售带来便利，但客户体验可能不好；10 个尺寸等级客户体验好，但可能会给生产和库存造成不便。

从技术角度来讲，也有一些方法可以用于判断。我们可以把聚类个数作为横坐标，成本函数作为纵坐标，把成本和聚类个数的数据画出来。大致趋势是随着 k 值越来越大，成本会越来越低。然后找出一个拐点，即在这个拐点之前成本下降比较快，在这个拐点之后，成本下降比较慢，那么很可能这个拐点所在的 k 值就是要寻求的最优解。

当然，这个方法并不总是有效的，因为很可能会得到一个没有拐点的曲线，这样就必须和业务逻辑结合，以便选择合适的聚类个数。

11.2　scikit-learn 中 k-均值算法的实现

scikit-learn 中的 k-均值算法由 sklearn.cluster.KMeans 类实现。下面通过一个简单的例子来学习怎样在 scikit-learn 中使用 k-均值算法。

先生成一组包含两个特征的 200 个样本。

```
from sklearn.datasets import make_blobs

X, y = make_blobs(n_samples=200,
                  n_features=2,
                  centers=4,
```

```
                        cluster_std=1,
                        center_box=(-10.0, 10.0),
                        shuffle=True,
                        random_state=1);
```

然后把样本画在二维坐标上，以便直观地观察。

```
plt.figure(figsize=(6,4), dpi=144)
plt.xticks(())
plt.yticks(())
plt.scatter(X[:, 0], X[:, 1], s=20, marker='o');
```

结果如图 11-1 所示。

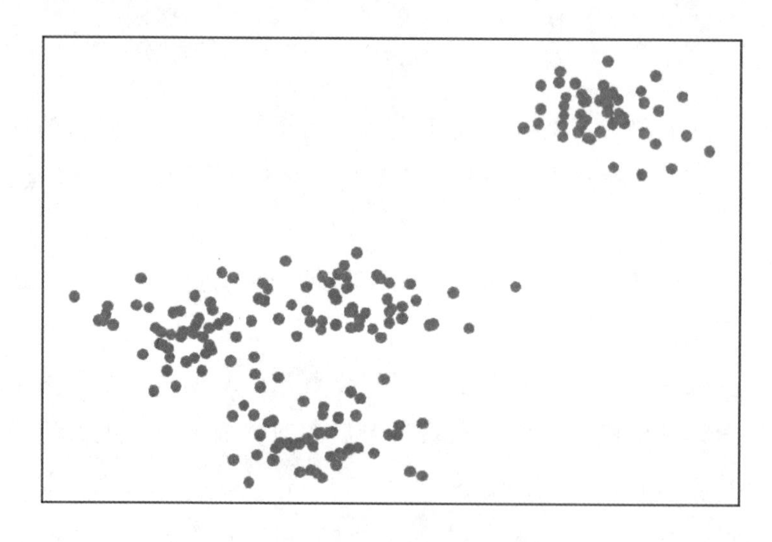

图 11-1　*k*-均值样本

接着使用 KMeans 模型进行拟合。设置类别数量为 3，计算出其拟合后的成本。

```
from sklearn.cluster import KMeans

n_clusters = 3
kmean = KMeans(n_clusters=n_clusters)
kmean.fit(X);
print("kmean: k={}, cost={}".format(n_clusters, int(kmean.score(X))))
```

笔者的计算机输出的结果如下：

```
kmean: k=3, cost=-668
```

KMeans.score()函数计算 *k*-均值算法拟合后的成本，用负数表示，其绝对值越大，说明成本越高。前面介绍过，*k*-均值算法成本的物理意义为**训练样例到其所属的聚类中心点的距离的平均值**。在 scikit-learn 中，计算成本的方法略有不同，它是计算训练样例到其所属的聚类中心点的**距离的总和**。

当然，我们还可以把分类后的样本及其所属的聚类中心都画出来，这样可以更直观地观察算法的拟合结果。

```
labels = kmean.labels_
centers = kmean.cluster_centers_
markers = ['o', '^', '*']
colors = ['r', 'b', 'y']

plt.figure(figsize=(6,4), dpi=144)
plt.xticks(())
plt.yticks(())

# 画样本
for c in range(n_clusters):
    cluster = X[labels == c]
    plt.scatter(cluster[:, 0], cluster[:, 1],
                marker=markers[c], s=20, c=colors[c])
# 画出中心点
plt.scatter(centers[:, 0], centers[:, 1],
            marker='o', c="white", alpha=0.9, s=300)
for i, c in enumerate(centers):
    plt.scatter(c[0], c[1], marker='$%d$' % i, s=50, c=colors[i])
```

笔者的计算机输出的结果如图 11-2 所示。

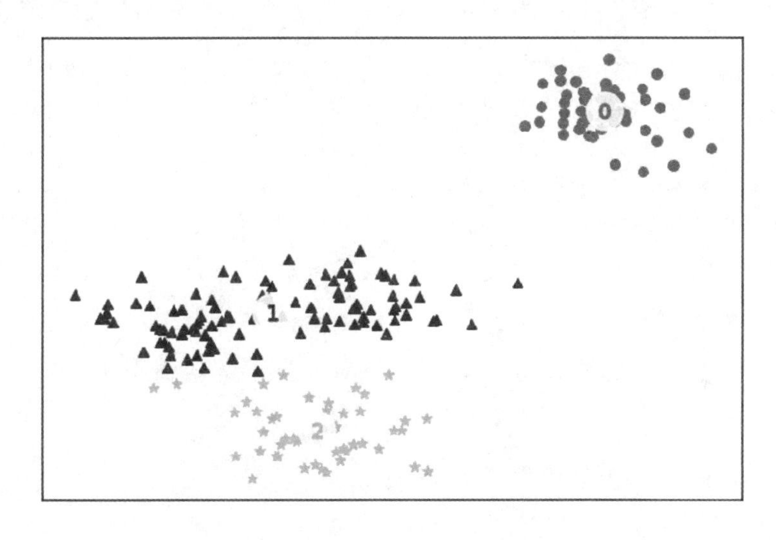

图 11-2　$k = 3$ 的聚类拟合

前面说过，k-均值算法的一个关键参数是 k，即聚类个数。从技术角度来讲，k 值越大，算法成本越低，这个很容易理解。但从业务角度来看，并不是 k 值越大越好。针对本节的例子，分别选择 $k = 2, 3, 4$ 这 3 种不同的聚类个数，来观察一下 k-均值算法最终拟合的结果及其成本值。

我们可以把画出 k-均值聚类结果的代码稍微改造一下，变成一个函数。这个函

数使用 k-均值算法进行聚类拟合，同时会画出按照这个聚类个数拟合后的分类情况。

```
def fit_plot_kmean_model(n_clusters, X):
    plt.xticks(())
    plt.yticks(())

    # 使用 k-均值算法进行拟合
    kmean = KMeans(n_clusters=n_clusters)
    kmean.fit_predict(X)

    labels = kmean.labels_
    centers = kmean.cluster_centers_
    markers = ['o', '^', '*', 's']
    colors = ['r', 'b', 'y', 'k']

    # 计算成本
    score = kmean.score(X)
    plt.title("k={}, score={}".format(n_clusters, (int)(score)))

    # 画样本
    for c in range(n_clusters):
        cluster = X[labels == c]
        plt.scatter(cluster[:, 0], cluster[:, 1],
                    marker=markers[c], s=20, c=colors[c])
    # 画出中心点
    plt.scatter(centers[:, 0], centers[:, 1],
                marker='o', c="white", alpha=0.9, s=300)
    for i, c in enumerate(centers):
        plt.scatter(c[0], c[1], marker='$%d$' % i, s=50, c=colors[i])
```

函数代码略微有点长，但通过注释应该不难理解函数的意图。函数接受两个参数，一个是聚类个数，即 k 的值，另一个是数据样本。有了这个函数，接下来的代码就简单了，可以很容易地分别对[2, 3, 4] 3 种不同的 k 值情况进行聚类分析，并把聚类结果可视化。

```
from sklearn.cluster import KMeans

n_clusters = [2, 3, 4]

plt.figure(figsize=(10, 3), dpi=144)
for i, c in enumerate(n_clusters):
    plt.subplot(1, 3, i + 1)
    fit_plot_kmean_model(c, X)
```

笔者的计算机输出的结果如图 11-3 所示。

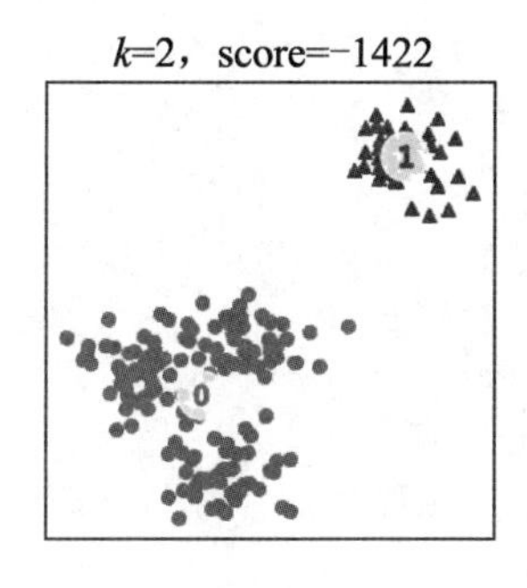

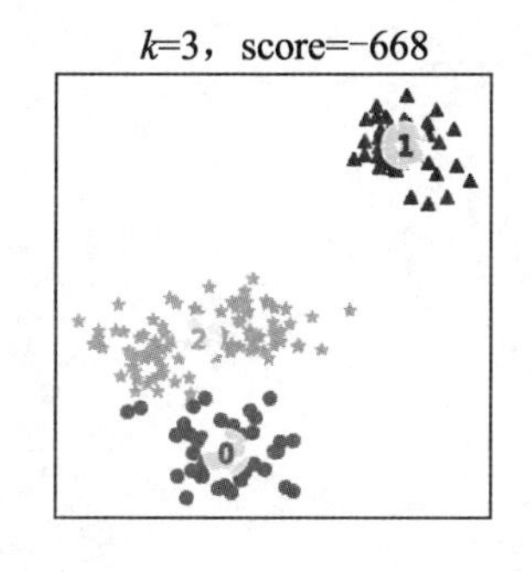

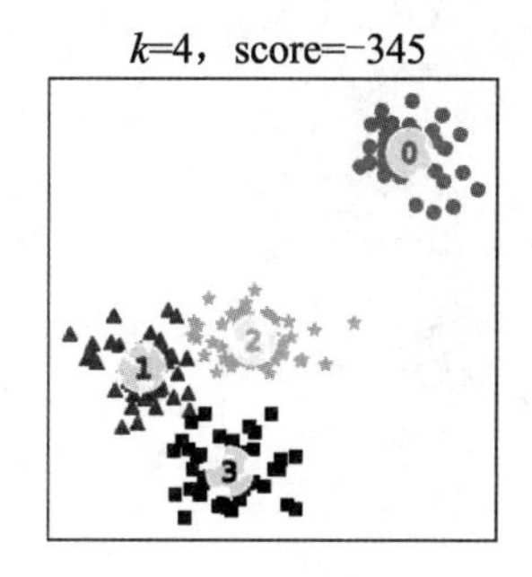

图 11-3　不同 k 值的聚类

读者可以在随书代码 ch11.01.ipynb 中找到本节的示例代码。

11.3　实例：使用 k-均值算法对文档进行聚类分析

本节介绍如何使用 k-均值算法对文档进行聚类分析。假设有一个博客平台，用户在平台上发布博客，如何对博客进行聚类分析，以便展示不同类别下的热门文章呢？

11.3.1　准备数据集

为了简化问题，避免进行中文分词，我们还是使用第 9 章用过的语料库，来自 http://qwone.com/~jason/20Newsgroups/上的 20news-18828。如果读者没有阅读过第 9 章，请先阅读第 9 章 9.5 节的内容，弄清楚如下问题：

- 如何获取语料库？这些语料库是什么内容？格式是什么样的？
- 如何用数学来表达一个文档？
- 如何在 scikit-learn 中导入文档并转化为对应的数学表达？

阅读到这里，先假设读者对上述问题已经明白了，这是理解本节例子的基础。为了进一步简化问题，我们只选择语料库中的部分内容进行聚类分析。假设选择 sci.crypt、sci.electronics、sci.med 和 sci.space 这 4 个类别的文档进行聚类分析。我们到下载的原始语料库中的 raw 文件夹下，复制 sci.crypt、sci.electronics、sci.med 和 sci.space 这 4 个文件夹到 datasets/clustering/data 目录下。如果读者已经下载了随书代码，也可以在 datasets/clustering/ clustering.tar.gz 目录下找到笔者复制的数据集。解压到 datasets/clustering/data 目录下，可以看到 sci.crypt、sci.electronics、sci.med 和 sci.space 这 4 个子目录，这个即是待分析的数据集。最终，数据集的文件夹结构如下：

```
datasets $ tree data -L 2
clustering/
├── clustering.tar.gz
└── data
    ├── sci.crypt
    ├── sci.electronics
    ├── sci.med
    └── sci.space
```

11.3.2 加载数据集

准备好数据集后，笔者再重复一遍本实例的任务：把 datasets/clustering/data 目录下的文档进行聚类分析。读者可能有疑问：这些文档不是按照文件夹已经分好类了吗？是的，这是人工标记过的数据。有了人工标记的数据，我们就可以检验 *k*-均值算法进行聚类分析的性能了。

首先需要导入数据：

```
from time import time
from sklearn.datasets import load_files

print("loading documents ...")
t = time()
docs = load_files('datasets/clustering/data')
print("summary: {0} documents in {1} categories.".format(
    len(docs.data), len(docs.target_names)))
print("done in {0} seconds".format(time() - t))
```

笔者的计算机输出的结果如下：

```
loading documents ...
summary: 3949 documents in 4 categories.
done in 0.0817620754242 seconds
```

总共有 3 949 篇文档，人工标记在 4 个类别里。接着把文档转化为 TF-IDF 向量：

```
from sklearn.feature_extraction.text import TfidfVectorizer

max_features = 20000
print("vectorizing documents ...")
t = time()
vectorizer = TfidfVectorizer(max_df=0.4,
                             min_df=2,
                             max_features=max_features,
                             encoding='latin-1')
X = vectorizer.fit_transform((d for d in docs.data))
print("n_samples: %d, n_features: %d" % X.shape)
print("number of non-zero features in sample [{0}]: {1}".format(
```

```
    docs.filenames[0], X[0].getnnz()))
print("done in {0} seconds".format(time() - t))
```

这里需要注意 TfidfVectorizer 的几个参数的选择。其中，max_df=0.4 表示如果一个单词在 40%的文档中都出现过，则认为这是一个高频词，对文档聚类没有帮助，在生成词典时就会剔除这个词。min_df=2 表示，如果一个单词的词频太低，只在两个以下（包含两个）的文档中出现，那么也把这个单词从词典中剔除。max_features 可以进一步过滤词典的大小，它会根据 TF-IDF 权重从高到低进行排序，然后取前面权重高的单词构成词典。

上述代码在笔者的计算机上输出的结果如下：

```
vectorizing documents ...
n_samples: 3949, n_features: 20000
number of non-zero features in sample
   [datasets/clustering/data/sci.electronics/11902-54322]: 56
done in 1.2915430069 seconds
```

从输出结果中可以知道，一篇文章构成的向量是一个稀疏向量，其大部分元素都为 0。这也容易理解，我们的词典大小为 20 000 个，而实例文章中不重复的单词只有 56 个。

11.3.3　文本聚类分析

接着前面的步骤，下面使用 KMeans 算法对文档进行聚类分析。

```
from sklearn.cluster import KMeans

print("clustering documents ...")
t = time()
n_clusters = 4
kmean = KMeans(n_clusters=n_clusters,
               max_iter=100,
               tol=0.01,
               verbose=1,
               n_init=3)
kmean.fit(X);
print("kmean: k={}, cost={}".format(n_clusters, int(kmean.inertia_)))
print("done in {0} seconds".format(time() - t))
```

我们选择的聚类个数为 4 个。max_iter=100 表示最多进行 100 次 *k*-均值迭代。tol=0.1 表示中心点移动距离小于 0.1 时就认为算法已经收敛，停止迭代。verbose=1 表示输出迭代的过程信息。n_init=3 表示进行 3 次 *k*-均值运算后求平均值，前面介绍过，在算法刚开始迭代时会随机选择聚类中心点，不同的中心点可能导致不同的收敛效果，因此多次运算求平均值的方法可以提供算法的稳定性。

由于笔者开启了迭代过程信息展示，输出了较多的信息：

```
clustering documents ...
Initialization complete
Iteration  0, inertia 7548.338
Iteration  1, inertia 3845.294
...
Iteration 17, inertia 3821.018
Iteration 18, inertia 3821.016
Converged at iteration 18
Initialization complete
Iteration  0, inertia 7484.695
Iteration  1, inertia 3842.812

...
Iteration 52, inertia 3824.223
Iteration 53, inertia 3824.217
Converged at iteration 53
Initialization complete
Iteration  0, inertia 7535.568
Iteration  1, inertia 3847.240
...
Iteration 22, inertia 3822.391
Iteration 23, inertia 3822.389
Converged at iteration 23
kmean: k=4, cost=3821
done in 2.81433701515 seconds
```

从输出信息中可以看到，总共进行了 3 次 *k*-均值聚类分析，分别做了 19、54 和 24 次迭代后收敛。这样就把 3 949 个文档进行自动分类了。kmean.labels_中保存的就是这些文档的类别信息。如我们所预料，len(kmean.labels_)的值是 3 949，还可以通过 kmean.labels_[:100]查看前 100 个文档的分类情况。

```
array([0, 0, 0, 0, 0, 0, 1, 2, 3, 0, 0, 0, 0, 0, 3, 0, 1, 0, 0, 0, 3,0,3,
       0, 0, 0, 0, 0, 1, 0, 0, 0, 0, 0, 0, 0, 0, 1, 2, 0, 0, 2, 0, 1,3,3,
       0, 3, 0, 0, 1, 0, 3, 0, 0, 0, 0, 0, 0, 0, 0, 1, 2, 3, 0, 0, 0,0,1,
       0, 0, 0, 0, 1, 0, 1, 0, 0, 0, 1, 0, 1, 0, 1, 1, 1, 0, 3, 3, 0,0,0,
       0, 1, 1, 0, 0, 3, 3, 2], dtype=int32)
```

我们还可以查看 1000～1010 这 10 个文档的聚类情况及其对应的文件名：

```
kmean.labels_[1000:1010]

array([1, 1, 1, 0, 3, 0, 3, 1, 0, 0], dtype=int32)
```

接着查看对应的文件名：

```
docs.filenames[1000:1010]
```

```
array(['datasets/clustering/data/sci.crypt/10888-15289',
       'datasets/clustering/data/sci.crypt/11490-15880',
       'datasets/clustering/data/sci.crypt/11270-15346',
       'datasets/clustering/data/sci.electronics/12383-53525',
       'datasets/clustering/data/sci.space/13826-60862',
       'datasets/clustering/data/sci.electronics/11631-54106',
       'datasets/clustering/data/sci.space/14235-61437',
       'datasets/clustering/data/sci.crypt/11508-15928',
       'datasets/clustering/data/sci.space/13593-60824',
       'datasets/clustering/data/sci.electronics/12304-52801'],
      dtype='|S52')
```

对比两个输出可以看到，这 10 个文档基本上正确地归类了。需要说明的是，这里类别 1 表示 sci.crypt，但这不是必然的对应关系。重新进行一次聚类分析可能就不是这个对应关系了。我们还可以选择 k 为 3 或 2 进行聚类分析，从而彻底打乱原来标记的类别关系。

到这里，有读者可能比较好奇：在进行聚类分析的过程中，哪些单词的权重最高，从而较容易地决定一个文章的类别？我们可以查看在每种类别文档中，其权限最高的 10 个单词分别是什么：

```
from __future__ import print_function

print("Top terms per cluster:")

order_centroids = kmean.cluster_centers_.argsort()[:, ::-1]

terms = vectorizer.get_feature_names_out()
for i in range(n_clusters):
    print("Cluster %d:" % i, end='')
    for ind in order_centroids[i, :10]:
        print(' %s' % terms[ind], end='')
    print()
```

理解这段代码的关键在于 argsort()函数，它的作用是把一个 NumPy 数组进行升序排列，返回的是排序后的索引。例如下面的示例代码：

```
a = np.array([10, 30, 20, 40])
a.argsort()
```

输出如下：

```
array([0, 2, 1, 3])
```

索引为 0 的元素（10）最小，其次是索引为 2 的元素（20），再次是索引为 1 的元素（30），最大的是索引为 3 的元素（40）。而[::-1]运算是把升序变为降序，例如上述示例代码里 a.argsort()[::-1]的输出为 array([3, 1, 2, 0])。

回到我们的代码中，由于 kmean.cluster_centers_是二维数组，因此 kmean.cluster_centers_.argsort()[:, ::-1]语句的含义就是把聚类中心点的不同分量，按照从大到小的顺序进行排序，并且把排序后的元素索引保存在二维数组 order_centroids 中。vectorizer.get_feature_names()将得到词典单词，根据索引即可得到每个类别中权重最高的那些单词了。

上述代码在笔者的计算机上输出的结果如下：

```
Top terms per cluster:
Cluster 0: my any me by know your some do so has
Cluster 1: key clipper chip encryption government keys will escrow we by
Cluster 2: pat digex access hst prb net mission shuttle steve servicing
Cluster 3: space henry nasa toronto moon zoo spencer launch gov alaska
```

通过上述权重最高的单词可以看出，Cluster 0 的效果不好，因为那些单词太没有特点了，可以是任何类别。而 Cluster 1 的效果比较高，一看就知道是关于网络安全的，对应的是 sci.crypt 这个类别。从高权重的单词中也可以猜得出来，Cluster 2 和 Cluster 3 对应的分别是 sci.med 和 sci.space。

读者可以在随书代码 ch11.02.ipynb 中找到本节的示例代码。

11.4 聚类算法的性能评估

聚类算法性能评估比较复杂，不像分类问题那样直观。针对分类问题，我们可以直接计算被错误分类的样本数量，这样可以直接算出分类算法的准确率。聚类问题不能使用绝对数量的方法进行性能评估，原因是，聚类分析后的类别与原来已标记的类别之间不存在必然的一一对应关系。针对 k-均值算法，我们可以选择 k 的数值不等于已标记的类别个数。

第 7 章曾简单介绍过“熵”的概念，它是信息论中最重要的基础概念。熵表示一个系统的有序程度，而聚类问题的性能评估就是，对比经过聚类算法处理后的数据的有序程度，与人工标记的类别的有序程度之间的差异。本节将介绍几个常用的聚类算法性能评估指标。

11.4.1 Adjust Rand Index 算法简介

Adjust Rand Index 是一种衡量两个序列相似性的算法。它的优点是，对于两个随机序列，它的值为负数或接近于 0；对于两个结构相同的序列，它的值接近于 1，而且对类别标签不敏感。下面来看一个简单的例子。

```
from sklearn import metrics

label_true = np.random.randint(1, 4, 6)
label_pred = np.random.randint(1, 4, 6)
print("Adjusted Rand-Index for random sample: %.3f"
      % metrics.adjusted_rand_score(label_true, label_pred))
label_true = [1, 1, 3, 3, 2, 2]
label_pred = [3, 3, 2, 2, 1, 1]
print("Adjusted Rand-Index for same structure sample: %.3f"
      % metrics.adjusted_rand_score(label_true, label_pred))
```

笔者的计算机输出的结果如下：

```
Adjusted Rand-Index for random sample: -0.023
Adjusted Rand-Index for same structure sample: 1.000
```

11.4.2　齐次性和完整性

根据条件熵分析，可以得到另外两个衡量聚类算法性能的指标，分别是齐次性（Homogeneity）和完整性（Completeness）。齐次性表示一个聚类元素只由一种类别的元素组成。完整性表示给定的已标记的类别，全部分配到一个聚类中。它们的值均介于[0, 1]之间。下面通过一个简单的例子来解释这两个概念。

```
from sklearn import metrics

label_true = [1, 1, 2, 2]
label_pred = [2, 2, 1, 1]
print("Homogeneity score for same structure sample: %.3f"
      % metrics.homogeneity_score(label_true, label_pred))
label_true = [1, 1, 2, 2]
label_pred = [0, 1, 2, 3]
print("Homogeneity score for each cluster come from only one class: %.3f"
      % metrics.homogeneity_score(label_true, label_pred))
label_true = [1, 1, 2, 2]
label_pred = [1, 2, 1, 2]
print("Homogeneity score for each cluster come from two class: %.3f"
      % metrics.homogeneity_score(label_true, label_pred))
label_true = np.random.randint(1, 4, 6)
label_pred = np.random.randint(1, 4, 6)
print("Homogeneity score for random sample: %.3f"
      % metrics.homogeneity_score(label_true, label_pred))
```

笔者的计算机输出的结果如下：

```
Homogeneity score for same structure sample: 1.000
Homogeneity score for each cluster come from only one class: 1.000
```

```
Homogeneity score for each cluster come from two class: 0.000
Homogeneity score for random sample: 0.633
```

第 1 组序列的结构相同，因此齐次性输出为 1，表示完全一致。奇怪的事情是，第 2 组样本[1, 1, 2, 2]和[0, 1, 2, 3]为什么输出也为 1 呢？答案就在齐次性的定义上，当聚类元素只由一种已标记的类别元素组成时，其值为 1。在我们的例子里，已标记为 2 个类别，而输出了 4 个聚类，这样就满足每个聚类元素均来自一种已标记的类别元素这个条件。同样的道理，针对第 3 组样本，由于每个聚类元素都来自 2 个类别的元素，因此其值为 0；而针对随机的元素序列，它不为 0，这是与 Adjust Rand Index 不同的地方。

接下来看一组完整性的例子：

```
from sklearn import metrics

label_true = [1, 1, 2, 2]
label_pred = [2, 2, 1, 1]
print("Completeness score for same structure sample: %.3f"
      % metrics.completeness_score(label_true, label_pred))
label_true = [0, 1, 2, 3]
label_pred = [1, 1, 2, 2]
print("Completeness score for each class assign to only one cluster:
%.3f"
      % metrics.completeness_score(label_true, label_pred))
label_true = [1, 1, 2, 2]
label_pred = [1, 2, 1, 2]
print("Completeness score for each class assign to two class: %.3f"
      % metrics.completeness_score(label_true, label_pred))
label_true = np.random.randint(1, 4, 6)
label_pred = np.random.randint(1, 4, 6)
print("Completeness score for random sample: %.3f"
      % metrics.completeness_score(label_true, label_pred))
```

笔者的计算机输出的结果如下：

```
Completeness score for same structure sample: 1.000
Completeness score for each class assign to only one cluster: 1.000
Completeness score for each class assign to two class: 0.000
Completeness score for random sample: 0.159
```

第 1 组序列的结构相同，输出为 1。第 2 组序列符合完整性的定义，即每个类别的元素都被分配进了同一个聚类里，因此完整性也为 1。第 3 组序列的每个类别的元素都被分配进了两个不同的聚类中，因此完整性为 0。和齐次性一样，它对随机类别的判断能力也比较弱。

从上面的例子中可以看出，齐次性和完整性是一组互补的关系，我们可以把这两个指标综合起来，称为 V-measure 分数。下面来看一个简单的例子：

```
from sklearn import metrics

label_true = [1, 1, 2, 2]
label_pred = [2, 2, 1, 1]
print("V-measure score for same structure sample: %.3f"
      % metrics.v_measure_score(label_true, label_pred))
label_true = [0, 1, 2, 3]
label_pred = [1, 1, 2, 2]
print("V-measure score for each class assign to only one cluster: %.3f"
      % metrics.v_measure_score(label_true, label_pred))
print("V-measure score for each class assign to only one cluster: %.3f"
      % metrics.v_measure_score(label_pred, label_true))
label_true = [1, 1, 2, 2]
label_pred = [1, 2, 1, 2]
print("V-measure score for each class assign to two class: %.3f"
      % metrics.v_measure_score(label_true, label_pred))
```

笔者的计算机输出的结果如下：

```
V-measure score for same structure sample: 1.000
V-measure score for each class assign to only one cluster: 0.667
V-measure score for each class assign to only one cluster: 0.667
V-measure score for each class assign to two class: 0.000
```

针对第 1 组序列，其结构相同，V-measure 输出的值也为 1，表示同时满足齐次性和完整性。第 2 行和第 3 行的输出表明 V-measure 符合对称性法则。

11.4.3　轮廓系数

前面介绍的聚类性能评估方法都需要有已标记的类别数据，这个在实践中是很难做到的。如果已经标记了数据，则会直接用有监督的学习算法，而无监督学习算法的最大优点就是不需要对数据集进行标记。轮廓系数可以在不需要已标记数据集的前提下，对聚类算法的性能进行评估。

轮廓系数由以下两个指标构成。

- **a**：一个样本与其所在相同聚类的平均距离。
- **b**：一个样本与其距离最近的下一个聚类中的点的平均距离。

针对这个样本，其轮廓系数 s 的值为：

$$s = \frac{b-a}{\max(a,b)} \tag{11-2}$$

针对一个数据集，其轮廓系数 s 为其所有样本的轮廓系数的平均值。轮廓系数的数值介于[−1, 1]之间，−1 表示完全错误的聚类，1 表示完美的聚类，0 表示聚类重叠。

针对前面的例子，分别计算本节介绍的几个聚类算法性能评估指标，综合来看聚类算法的性能。

```
from sklearn import metrics

labels = docs.target
print("Homogeneity: %0.3f" % metrics.homogeneity_score(labels, kmean.
labels_))
print("Completeness: %0.3f" % metrics.completeness_score(labels,
kmean.labels_))
print("V-measure: %0.3f" % metrics.v_measure_score(labels,
kmean.labels_))
print("Adjusted Rand-Index: %.3f"
      % metrics.adjusted_rand_score(labels, kmean.labels_))
print("Silhouette Coefficient: %0.3f"
      %metrics.silhouette_score(X, kmean.labels_, sample_size=1000))
```

笔者的计算机输出的结果如下：

```
Homogeneity: 0.351
Completeness: 0.505
V-measure: 0.414
Adjusted Rand-Index: 0.228
Silhouette Coefficient: 0.004
```

这些数值是好是坏呢？坦白讲，只能算为一般。读者可以结合上述介绍的指标含义，理解这些数值背后表达的意义。导致这个结果的一个原因是数据集质量不高，感兴趣的读者可以阅读原始的语料库，检验一下如果通过人工标记，是否能够标记出这些文章的正确分类。另外，对于 Cluster 0 的前十大 TF-IDF 权重的单词 my、any、me、by、know、your、some、do、so、has，它们都是没有特征的单词，即使人工标记，也无法判断这些单词应该属于哪种类别的文章。

11.5 习　　题

1．什么是 *k*-均值算法？它和 *k*-近邻算法有什么区别？

2．*k*-均值算法的基本迭代步骤是什么？

3．怎样选择 *k*-均值算法的 *k* 值？它和成本有什么关系？

4．运行 ch11.02.ipynb 示例代码，修改聚类个数 n_clusters 为 2 是什么结果？

5．聚类算法常见的性能评估指标有哪些？

后记

回顾与展望

本书涵盖基本的机器学习算法，以及基于 Python 的 scikit-learn 软件包，介绍了这些算法的应用和实例。通过阅读本书，读者可以具备从事机器学习相关研究的基本技能。然而不得不承认，机器学习是一个涉及范围极广的前沿学科，在掌握了这些基础技能后，读者还需要在广度和深度方面继续学习、钻研。

1．数学基础

笔者写作本书的宗旨是淡化数学。但不得不承认，数学是机器学习的基础。良好的数学功底可以达到事半功倍的效果。机器学习主要涉及概率与统计、线性代数和微积分等学科。建议读者利用搜索引擎找一些相关的视频教程，花一些时间把视频学习一遍，可以达到固本正源的目的。笔者在读大学时，觉得微积分和线性代数的用途不大，当进入机器学习这一行后，回顾之前大学里的数学课程，突然有种醍醐灌顶的感觉，一下子豁然开朗起来。

此外，麻省理工学院的 *Mathematics for computer scienc* 是一本不可多得的好书，读者可以看一下。这里还强烈推荐吴军老师的《数学之美》这本书，因为这本书把高深的数学知识写得深入浅出，引人入胜。

2．英语

机器学习是当下非常热门的前沿学科。前段时间，有人把中、美两国的机器学习和人工智能方面的实力进行了对比。结论是，在人工智能应用领域，中、美旗鼓相当，但是在基础算法研究及基础架构开发方面，中国和美国还是有差距的。可以说，在这个方面，基本上还是美国的研究机构、大学院校和大公司（如 Google、Facebook 和 Microsoft 等）起主导作用。这就要求我们如果想要接触到最权威的第一手资料，就必须要学好英语。学好英语，并且学会使用 Google 等搜索引擎，你会发现可学习的东西变得更多了。

3．横向对比学习

通过一本书想要掌握一门学科的内容基本上是不可能的，也是不现实的。笔者希望本书可以将广大读者带入机器学习的大门。在此也推荐几本前辈写的机器学习的优秀图书。这些图书都是笔者在学习机器学习这门学科的过程中看过不止一遍的好书。首先，李航老师的《统计学习方法》是一本不可多得的好书。*The Elements of Statistical Learning* 是一本内容全面的机器学习算法大全，本书介绍的算法在这本书里全部能找到。这是一本很“硬”的书，阅读起来比较吃力，要全部理解透则更吃力，但不得不承认这是一本好书。笔者把它当成一本算法工具书，常常翻阅，每次都有收获。

Coursera 上吴恩达老师的 *Machine Learning* 可以算是机器学习领域的经典教程。此外，台湾大学林轩田老师的“机器学习的基石”也是一个非常优秀的视频教程。建议读者横向对比学习，以此来深入理解机器学习基础部分的内容。

4．深度学习

深度学习是机器学习和人工智能领域的“新宠”，对于海量数据，它能达到非常高的精度。Alpha Go 及当前热门的自动驾驶技术，都是基于深度学习算法来实现的。吴恩达老师在 Coursera 上以 deeplearning.ai 名义发布的 Deep Learning 视频课程，吸引了越来越多想要掌握深度学习的爱好者的关注。

在深度学习领域，许多大公司都开源了它们的框架，这大大简化了应用领域的开发，促进了整个行业的快速发展。TensorFlow 是由 Google 开源的一个深度学习框架，是目前最热门的深度学习框架，网络上有大量的相关资源和学习材料，它提供 Python 的调用接口，简单易用。Torch 是另一个有大量机器学习算法支持的科学计算框架，其诞生已经有十年之久，但是真正起势得益于 Facebook 开源了大量 Torch 的深度学习模块。Torch 的另外一个特殊之处是采用了编程语言 Lua 作为接口调用语言。此外，还有 MXNet 和 Caffe 等框架，读者可以通过搜索引擎了解相关信息。

5．自然语言处理

机器学习的一个重要分支是自然语言处理。本书涉及少量自然语言处理方面的内容。自然语言处理广泛应用在语音识别、聊天机器人、语义挖掘和文章自动分类等方面。据报道，支付宝的客户机器人的满意度比人工客服高很多，这也侧面印证了自然语言处理的广阔前景。感兴趣的读者可以搜索相关的资料进行学习。

6. Kaggle

www.kaggle.com 是一个神奇的网站，它主要为开发商和数据科学家提供了举办机器学习竞赛、托管数据库、编写和分享代码的平台。该平台已经吸引了全球大约 100 万名数据科学工作者的关注。建议读者可以在该网站注册为会员，加入这个大社区。阅读完本书后，读者已经可以完成 Kaggle 上的基础入门课题了。此外，在 Kaggle 网站上还有大量的数据集供大家使用。如果你足够优秀，还可以参加 Kaggle 举办的机器学习竞赛，赢取百万美元的巨额奖金。

7. 展望

无限风光在险峰。学习是枯燥的，但也是充满乐趣的。如果你有志于从事机器学习和数据挖掘领域的开发工作，可以到招聘网站上搜索这些职位的招聘要求，有目的、有针对性地学习相关知识。先给自己定一个小目标，然后用一年的时间去准备，最后顺利地进入心仪的公司，从事机器学习开发这份工作。祝你成功！